Chandra Obul Reddy Puli
Sudhakar Chinta

Clonagem de genes que respondem à seca em culturas de leguminosas

Chandra Obul Reddy Puli
Sudhakar Chinta

Clonagem de genes que respondem à seca em culturas de leguminosas

ScienciaScripts

Imprint

Cover image: www.ingimage.com

This book is a translation from the original published under ISBN 978-3-659-86712-5.

Publisher:
Sciencia Scripts
is a trademark of
Dodo Books Indian Ocean Ltd. and OmniScriptum S.R.L publishing group

120 High Road, East Finchley, London, N2 9ED, United Kingdom
Str. Armeneasca 28/1, office 1, Chisinau MD-2012, Republic of Moldova, Europe
Managing Directors: Ieva Konstantinova, Victoria Ursu
info@omniscriptum.com

Printed at: see last page
ISBN: 978-620-8-57193-1

LISTA DE CONTEÚDOS

INTRODUÇÃO

As Nações Unidas previram que a população mundial aumentará em cerca de 2,5 mil milhões de pessoas nos próximos 25 anos e que necessitaremos de mais 40% de cereais do que os que produzimos atualmente nos países em desenvolvimento, mas a taxa anual de aumento do rendimento é inferior à taxa de aumento da população (Somerville e Briscoe, 2001). Assim, um grande desafio para a comunidade mundial nos próximos anos será manter a produção alimentar ao ritmo do aumento da população mundial. O abastecimento de água é o principal fator limitador da produção de mais alimentos no futuro. A agricultura continua a ser responsável por pelo menos 70% da utilização total de água no mundo (Inocencio et al., 2003). Atualmente, cerca de 18% das terras agrícolas mundiais são irrigadas (mais de 240 milhões de hectares) e até 40% do abastecimento alimentar mundial é produzido nestas terras (Somerville e Briscoe, 2001).

As culturas, ao contrário dos animais, permanecem num único local e, por conseguinte, estão à mercê do ambiente em que se encontram. Por conseguinte, têm de ser consideravelmente mais adaptáveis a ambientes stressantes e têm de adquirir uma maior tolerância a múltiplas pressões, como a seca, a salinidade e a temperatura, do que os animais e os seres humanos. Podem ocorrer certas perturbações rápidas e imprevistas no ambiente que resultam em condições de stress. Por exemplo, a escassez de água durante longos períodos devido à falta de irrigação, a chuvas pouco frequentes ou ao rebaixamento do lençol freático provoca stress por seca. Uma vez que a maioria das plantas cultivadas não foi selecionada para responder às exigências causadas por esses factores de stress abiótico, a sua capacidade de adaptação a essas condições é geralmente limitada.

Entre todos os stresses abióticos, a seca é um dos principais factores que limitam a produção agrícola. As plantas sofrem de stress hídrico quando o abastecimento de água às raízes se torna difícil ou quando a taxa de transpiração se torna muito elevada. Estas condições coincidem frequentemente em climas áridos e semi-áridos. A tolerância ao stress hídrico é observada em quase todas as espécies de plantas, mas a sua extensão varia de espécie para espécie. Geralmente, as leguminosas cultivadas em regiões semi-áridas dependentes da precipitação atual sofrem de stress de seca intermitente durante o período de crescimento vegetativo ou reprodutivo. A recuperação da cultura após a seca depende totalmente da precipitação subsequente (Turner et al., 1985).

A seca afecta quase todas as funções das plantas. As plantas respondem à seca iniciando uma série de alterações de desenvolvimento, fisiológicas, bioquímicas e moleculares. Muitos estudos examinaram os efeitos destes factores de stress com o objetivo de descobrir os mecanismos utilizados pelas espécies tolerantes ao stress e os elementos que podem conferir tolerância às plantas sensíveis (Kawasaki et al., 2001). As plantas desenvolveram uma série de estratégias para lidar com os fenómenos fisiológicos associados à seca. As plantas apresentam frequentemente caraterísticas de evitamento e tolerância para resistir ao stress da seca. Muitas espécies de culturas têm caracteres físicos ou morfológicos que lhes permitem evitar a exposição ao stress. Um dos caracteres de evitamento importantes que as plantas cultivadas apresentam é um sistema radicular profundo que penetra no lençol freático (Westgate e Boyer, 1985). Além disso, são também importantes os caracteres de reflectância das folhas para diminuir a carga térmica, as folhas carnudas, as cutículas espessas ou a pubescência, os estomas afundados e outras variações estomáticas para regular a transpiração através dos estomas (Chaves et al., 2003).

Embora estas caraterísticas sejam relevantes e importantes para manter um crescimento sustentável a nível celular, a tolerância intrínseca deve ser elevada. A queda das folhas mais velhas pode poupar água e redistribuir os nutrientes armazenados nas folhas mais velhas. A tolerância dos tecidos a uma desidratação severa não é comum nas plantas superiores, incluindo as culturas, mas surge em espécies nativas de ambientes extremamente secos (Ingram e Bartels, 1996).

A compreensão dos mecanismos subjacentes a estas diferentes respostas pode apoiar a conceção de novas ferramentas de gestão e de genótipos para a agricultura de precisão moderna. A regulação da expressão genética resultou em alterações universais e únicas nos níveis de transcrição como parte da resposta ao stress hídrico. Na última década, os genes induzidos pelo stress por défice hídrico foram enumerados com êxito em plantas relativamente sensíveis à desidratação celular, em especial a Arabidopsis thaliana (Bray, 2004) e o arroz (Reddy et al., 2002; Markandeya et al., 2005).

Pensa-se que os genes induzidos durante condições de stress de seca protegem as células contra a desidratação através da produção de proteínas de stress e também através da regulação de genes para a transdução de sinais na resposta ao stress de seca (Shinozaki et al., 2003). Estes produtos genéticos são classificados em dois grupos, proteínas funcionais e proteínas reguladoras. O primeiro grupo inclui proteínas que provavelmente funcionam na tolerância ao stress, tais como as enzimas necessárias para a biossíntese de osmólitos, chaperonas, proteínas LEA (Late Embryogenesis Abundant), proteínas de ligação ao mRNA, proteínas de canal de água, transportadores de açúcar e prolina, enzimas de desintoxicação e várias proteases (Ingram e Bartels, 1996; Ramanjulu e Bartels, 2002; Seki et al., 2002; Bray, 2004). O segundo grupo inclui factores proteicos envolvidos na regulação da transdução de sinais e da expressão genética que provavelmente funcionam na resposta ao stress, como as proteinas cinases, os factores de transcrição e as enzimas do metabolismo dos fosfolípidos (Shinozaki e Yamaguchi-Shinozaki, 1997).

A existência de uma variedade de genes induzíveis pela água sugere que as respostas das plantas ao stress hídrico são bastante complexas. Embora tenham sido identificados alguns elementos moleculares, não se sabe ao certo quais deles são importantes e quais os mecanismos que funcionam nas plantas para lhes conferir tolerância ao stress (Zhu, 2002; Xiong et al., 2002; Bartels e Ramanjulu, 2005). Por conseguinte, o desafio num futuro próximo continua a ser a identificação de mais elementos moleculares.

A subtração de cDNA é um método eficiente amplamente utilizado no estudo da expressão genética diferencial. Recentemente, o microarray de cDNA foi utilizado para monitorizar a expressão genética global em resposta a vários stresses abióticos em plantas superiores (Fowler e Thomashow, 2002; Ozturk et al., 2002; Kawasaki et al., 2001; Seki et al., 2001, 2002, 2003, 2004; Wong et al., 2005). Além disso, o macroarray de cDNA também provou ser uma ferramenta poderosa na caraterização da expressão genética (Yang et al., 1999; Hirai et al., 2003; Zheng et al., 2004; Way et al., 2005).

No entanto, até à data, a caraterização de genes utilizando microarray só é possível em espécies susceptíveis, Arabidopsis e arroz. Mas é necessário desenvolver um sistema de microarray para genes de stress em espécies adaptadas ao stress. É provável que os genes responsivos ao stress expressos em espécies tolerantes sejam novos e possam ter maior significado adaptativo do que os das espécies susceptíveis. Neste sentido, a primeira tentativa deveria ser clonar e caraterizar os genes que respondem ao stress em espécies adaptadas. Esta abordagem servirá dois objectivos, um para desenvolver sistemas de micro/macro-arranjos e o outro para descobrir novos genes de espécies adaptadas.

O dente-de-leão (Macrotyloma uniflorum (Lam.) Verdc.) é cultivado como cultura de leguminosas nas regiões semi-áridas da Índia peninsular. Considera-se que o Horsegram tem potencial para ser utilizado como forragem seca, alimento em grão para o gado e cultura de cobertura para a conservação do solo e da água em regiões semi-áridas. Esta cultura é também útil para melhorar a fertilidade do solo e para a gestão integrada da fertilidade na agricultura de sequeiro. Na Índia, o horsegram é cultivado numa área de cerca de dois milhões de hectares, com uma produção anual de cerca de 0,65 milhões de toneladas (http:// agri.ap.nic.in/). O horsegram desenvolve-se razoavelmente bem em zonas propensas à seca, em solos muito pobres, onde outras culturas falham invariavelmente, sendo uma cultura inexplorada do ponto de vista científico. Os estudos efectuados até à data indicam que o horsegram é relativamente mais tolerante à seca e à salinidade do solo do que outras leguminosas do semiárido (Padmavathi, 1989; Sudhakar et al., 1997; Reddy et al., 1998).

O amendoim (Arachis hypogaea L.) é uma importante cultura oleaginosa de rendimento para os agricultores de todas as regiões tropicais e subtropicais do mundo. O amendoim é tradicionalmente cultivado em condições de sequeiro. A Índia é líder na produção e cultivo de amendoim. Andhra Pradesh ocupa o primeiro lugar no cultivo de amendoim, com 1,88 milhões de hectares e uma produção de cerca de 1,2 milhões de toneladas (Reddy et al., 2003). Os principais distritos produtores de amendoim são Anantapur, Kurnool, Kadapa e Mahaboob Nagar, em Andhra Pradesh. Anantapur tem a distinção de possuir a maior área cultivada com amendoim num único distrito, em todo o mundo. Só no distrito de Anantapur, o amendoim é cultivado em quase 1,0 milhão de hectares, em condições de sequeiro e de regadio (Reddy et al., 2003).

A importância económica, a vasta área de cultivo regional e os conhecimentos limitados sobre os fenómenos fisiológicos e moleculares em condições de stress hídrico foram os principais critérios para a presente investigação no contexto de duas espécies de culturas: o amendoim e o dente-de-leão. No nosso laboratório, o rastreio preliminar do stress hídrico em culturas de leguminosas revela que o horsegram é relativamente mais tolerante ao stress hídrico do que o amendoim e outras culturas estudadas.

Para este fim, a ênfase foi inicialmente colocada na identificação de espécies adaptadas ao stress, na clonagem e no estudo da expressão de genes de stress relevantes e na obtenção de uma perspetiva da relevância funcional destes genes na transmissão da tolerância ao stress destas espécies de culturas que diferem em termos de sensibilidade ao stress. Por conseguinte, o principal objetivo desta investigação é "Clonar e caraterizar os genes diferencialmente expressos sob condições de stress de seca em cavalinha e amendoim".

Para atingir o objetivo principal, o presente inquérito foi concebido com os seguintes subobjectivos

1. Desenvolver um protocolo fiável de indução de stress de seca para a expressão máxima de genes responsivos ao stress.
2. Avaliar as diferenças nas respostas ao stress em duas espécies de culturas com base em caraterísticas fisiológicas de marcadores de stress.
3. Construir bibliotecas de cDNA subtrativo de alta qualidade a partir de duas espécies de culturas.
4. Caracterizar clones de cDNA subtractivos.
5. Comparar o padrão de expressão de genes em condições de stress em duas culturas através de macro-arranjos de cDNA e análise de gel blot de RNA.

REVISÃO DA LITERATURA

O stress hídrico pode ser definido, no sentido agronómico, como "a falta de humidade disponível, incluindo a do solo, que atribui a redução do rendimento dos grãos", é também a "falta de água disponível para irrigação para a cultura" (Subbarao et al., 1995; Khanna-Chopra e Sinha, 1998). As plantas desenvolveram uma série de estratégias para lidar com os fenómenos fisiológicos associados à seca. Estas estratégias dividem-se em três grandes categorias: fuga à seca, evitamento e tolerância (Courtois et al., 2000)

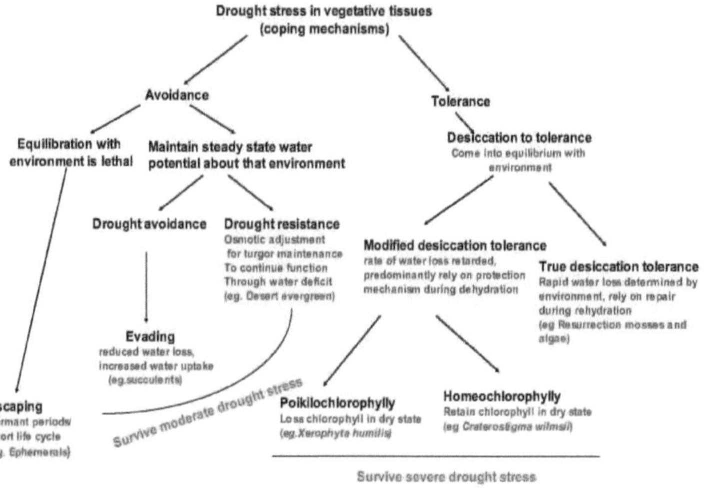

Mecanismos de tolerância à seca (Mundree et al., 2002)

O escape à seca refere-se aos padrões de crescimento que as plantas desenvolveram ao longo da evolução para reduzir a sua exposição ao stress ambiental. Este aspeto da resistência à seca inclui o desenvolvimento de folhas pequenas e espessas com cutículas cerosas, bem como o desenvolvimento de folhas com uma maior concentração de estomas na parte inferior (Chaves et al., 2003). Além disso, as plantas tendem a completar os estágios mais sensíveis de seu desenvolvimento durante períodos de chuvas intensas (Courtois et al., 2000). Em geral, genótipos originários de climas com sazonalidade acentuada são capazes de se aclimatar às flutuações das condições ambientais, aumentando sua eficiência para essas condições (Pereira e Chaves, 1993, 1995). No caso de défices hídricos de desenvolvimento lento, as plantas podem também escapar à desidratação encurtando o seu ciclo de vida. Por exemplo, nas regiões da África Ocidental, os novos genótipos de amendoim de maturação precoce são geralmente mais bem sucedidos quando comparados com as variedades tradicionais (Virmani e Singh, 1986).

A prevenção da seca refere-se às estratégias adoptadas pelas plantas para manter um elevado potencial hídrico durante os períodos de défice hídrico (Tripathy et al., 2000). A perda de água é minimizada através do fecho dos estomas, da redução da absorção da luz através de folhas enroladas (Ehleringer e Cooper, 1992), de uma camada densa de tricomas que aumenta a reflectância (Larcher, 2000) ou de ângulos foliares acentuados, ou ainda da diminuição da área foliar da copa através da redução do crescimento e da queda das folhas mais velhas. O padrão de crescimento das raízes também muda em resposta à disponibilidade de água. Quanto mais elaborado for o sistema radicular, maior será a hipótese de a planta sobreviver durante os períodos de seca. Foram registadas variações genotípicas na profundidade de enraizamento em várias leguminosas (Kaspar et al., 1984; White e Castillo, 1988). No amendoim, vários fisiologistas relataram variações genotípicas na profundidade das raízes, no volume das raízes e no padrão de extração de água a diferentes profundidades (Ketring, 1984; Mathews et al., 1988; Wright et al., 1991; Chapman et al., 1993).

Em determinadas situações, como períodos prolongados de seca, as plantas não podem evitar uma diminuição do potencial hídrico. A tolerância à seca envolve mecanismos que permitem às plantas manter o seu metabolismo e limitar os danos causados por uma seca prolongada (Courtois et al., 2000). A célula vegetal necessita de 28 a 30% de água para manter a sua integridade funcional. A tolerância a um baixo potencial hídrico dos tecidos pode implicar um ajustamento osmótico (Morgan, 1984), paredes celulares mais rígidas ou células mais pequenas (Wilson et al., 1980). Muitos dos arbustos e árvores sempre verdes em regiões áridas ou semi-áridas combinam a elevada concentração de solutos nas células vivas com esclerofilia, baixa capacidade fotossintética e condutância estomática (Faria et al., 1998).

A dormência parcial das plantas para sobreviver à estação seca é outra estratégia de tolerância registada, por exemplo, na leguminosa perene Retama raetam (Mittler et al., 2001). Nessas plantas, a dormência é evidente pela repressão de genes que codificam proteínas fotossintéticas. Após a chuva, as proteínas são sintetizadas dentro de 6 a 24 horas. A tolerância extrema à seca é encontrada nas plantas angiospérmicas de ressurreição, bem como em alguns fetos, plantas não vasculares, algas e líquenes (Ingram e Bartels, 1996). No entanto, os mecanismos de tolerância ocorrem através da aclimatação, que se processa através da perceção de sinais e da alteração da expressão genética, conduzindo a uma alteração do metabolismo celular.

Respostas fisiológicas e bioquímicas das plantas durante o stress hídrico

A capacidade de dissipação de energia (Flexas et al., 2002) e de proteção metabólica (induzida ou constitutiva) contra os efeitos nocivos das espécies reactivas de oxigénio (Foyer e Noctor, 2003) é um elemento-chave para o sucesso das plantas sob seca. Foi demonstrado que a divisão e a expansão celular são diretamente inibidas pelo stress hídrico (Zhu, 2001). O crescimento mais lento tem sido sugerido como uma caraterística adaptativa para a sobrevivência das plantas sob stress, porque permite que as plantas desviem assimilados e energia, de outra forma utilizados para o crescimento dos rebentos, para moléculas protectoras para combater o stress (Zhu, 2002) e/ou para manter o crescimento das raízes, melhorando a aquisição de água (Chaves et al., 2003). Por outro lado, a capacidade das plantas para acumular (e mais tarde remobilizar) reservas no caule é provavelmente uma caraterística importante para manter o crescimento reprodutivo sob défices hídricos em várias espécies, como os cereais e algumas leguminosas (Blum et al., 1994).

O stress por seca é um dos factores ambientais mais importantes que inibem a fotossíntese devido a vários eventos coordenados, como o encerramento dos estomas e a redução da atividade das enzimas fotossintéticas (Tabaeizadeh, 1998). Foi registada uma redução do teor de clorofila total da folha sob stress de seca na amoreira (Ramanjulu et al., 1998, Thimmanaik., 2002). Vários estudos demonstraram que o stress por seca provocou danos no complexo de evolução do oxigénio do PSII (Toivonen e Vidaver, 1988). Houve também uma redução proporcional na atividade de várias enzimas da fixação de carbono pathway (Chaves et al., 2002).

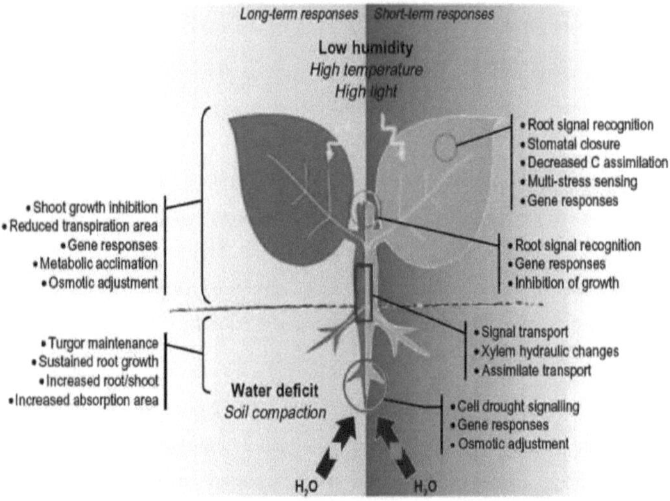

Respostas de toda a planta ao stress de seca (Chaves et al., 2003)

Uma caraterística comum das plantas sob stress hídrico é a acumulação de hidratos de carbono de baixo peso molecular (Pelah et al., 1997; Ramos et al., 1999). A acumulação de açúcares solúveis (sacarose, glucose e frutose) está fortemente relacionada com a aquisição de tolerância à seca em plantas de ressurreição e em várias espécies de culturas (Mundree e Farrant, 2000; Whittaker et al., 2001; Cooper e Farrant, 2002).

Durante o stress hídrico, as plantas tentam manter o seu turgor através do "ajustamento osmótico" (AOS), acumulando os solutos compatíveis (Blum, 1988). Isto inclui aminoácidos, prolina livre, compostos de amónio quaternário (betainas de glicina), iões inorgânicos (potássio) e ácidos orgânicos (malato e citrato) (Morgan e Condon, 1986; Rhodes e Samars, 1994). A prolina protege as membranas e as proteínas contra o stress da desidratação (Paleg et al., 1984; Santoro et al., 1992). Foi observada uma diminuição da taxa de oxidação da prolina que pode contribuir para a acumulação líquida de prolina durante o stress hídrico no amendoim (Madhusudhan, 1998) e na amoreira (Ramanjulu, 1996;

Thimmanaik, 2002).

A manutenção da integridade da membrana e a consequente redução da quantidade de fuga de solutos em resultado da seca é considerada como uma tolerância ao stress. As células vegetais protegem a integridade da membrana durante a seca (Loewus e Loewus, 1987), aumentando a fluidez da membrana na célula (Buchanan et al., 2000). Esta tendência foi observada em algumas variedades tolerantes de amendoim (Madhusudhan, 1998, Gopalakrishna et al., 2001).

Sistemas vegetais utilizados para compreender o mecanismo molecular da tolerância à seca

A base molecular da tolerância à desidratação foi investigada utilizando três abordagens principais nas plantas: (a) examinar sistemas tolerantes, como sementes e plantas de ressurreição (b) analisar mutantes de espécies-modelo genéticas e (c) analisar os efeitos do stress em culturas de importância agrícola.

Uma contribuição importante para a compreensão do mecanismo de tolerância à dessecação provém das "plantas de ressurreição", um pequeno grupo de plantas vasculares que podem tolerar perdas extremas de água e manter-se num estado de dormência dessecada até que haja água suficiente para um novo crescimento (Black e Pritchard, 2002). Estes sistemas podem expressar tolerância à dessecação em todas as fases e tecidos. Os sistemas tolerantes utilizados para este estudo são Craterostigma plantagineum (Bartels e Salamani, 2001), Xerophyta viscosa (Mundree e Farrant, 2000), Tortula ruralis (Wood et al., 1999) e Sporobolus stapfinus (Neale et al., 2000).

Os estudos moleculares sobre o sistema-modelo genético Arabidopsis thaliana têm sido informativos para identificar a rede de sinalização molecular e os produtos gerais que se exprimem em caso de stress hídrico. A maior parte da informação foi obtida a partir de estudos sobre mutantes com défice hídrico (Kirch et al., 2002; Leung e Giraudat, 1998) e diferentes ecótipos que apresentam vários graus de tolerância ao stress hídrico (Meyre et al., 2001). Para além dos estudos a nível de toda a planta, a investigação que utiliza células-guarda de Arabidopsis permite uma melhor compreensão das moléculas de sinalização relacionadas com o stress hídrico, uma vez que estas células têm sido fundamentais para a identificação do mecanismo de sinalização (Assmann e Wang, 2001).

Além disso, muitas espécies de culturas arvenses têm sido utilizadas para compreender as alterações moleculares sob stress hídrico. Com efeito, as culturas arvenses podem fornecer novas perspectivas para compreender as alterações que ocorrem durante o stress hídrico. As culturas arvenses foram utilizadas para estudos moleculares, incluindo o arroz (Reddy et al., 2002), a cevada (Ozturk et al., 2002), o amendoim (Gopalakrishna et al., 2001; Jain et al., 2001), o girassol (Cellier et al., 1998), o milho (Zheng et al., 2004), o grão-de-bico (Boominathan et al., 2004) e o trigo (Way et al., 2005).

A resposta das plantas ao stress da seca envolve uma série de vias diferentes associadas à perceção do stress, à transdução de sinais, à expressão genética e à síntese de uma série de compostos. Dada a complexidade da resposta à seca, os avanços metodológicos na robótica e na miniaturização estão a revolucionar a forma de descobrir genes e a engenharia genética de plantas cultivadas para a tolerância à seca.

Estratégias para clonar genes diferencialmente expressos

A identificação de genes diferencialmente expressos conduz frequentemente a uma melhor compreensão dos mecanismos moleculares subjacentes ao stress abiótico. Para facilitar a identificação de genes diferencialmente expressos, foram desenvolvidos nos últimos anos vários métodos, incluindo a visualização diferencial simples (Liang e Pardee, 1992), a visualização diferencial multicolorida marcada com florescência (Cho et al., 2001), a análise do polimorfismo do comprimento do fragmento de amplificação do cDNA (cDNA-AFLP) (Vos et al, 1995), métodos de clonagem de genes diferencialmente expressos baseados em PCR, como a análise da diferença de representação do cDNA (cDNA-RDA) (Hubank e Schatz, 1994; Chang e Denny, 1998; Welford et al., 1998), hibridação subtractiva por supressão (SSH) (Diatchenko et al., 1996) e análise em série da expressão genética (SAGE) (Dale et al., 2001). A tecnologia de microarray tornou-se também um instrumento útil para a análise da alteração da expressão genética a nível global e utiliza chips de cDNA (Schena et al., 1995) ou a matriz de oligonucleótidos sintéticos (Lockhart et al., 1996) e a técnica de 2DE (Zivy e de Vienne , 2000).

A visualização diferencial foi utilizada com êxito para clonar transcrições que respondem à seca em amendoim (Jain et al., 2001) e chá (Sharma e Kumar, 2005). No entanto, as limitações mais significativas da DDRT-PCR são a reprodutibilidade, a geração de falsos positivos (Zegzouti et al., 1997) e a escassa informação sobre as sequências que correspondem maioritariamente às extremidades 3' dos ARNm. Para ultrapassar estes problemas, Dubos e Plomion (2003) utilizaram cDNA-AFLP não radioativo para identificar trinta e três genes putativos regulados pelo stress hídrico em raízes de pinheiro-bravo. Também monitorizaram a regulação da expressão genética a nível transcricional em agulhas de pinheiro em desenvolvimento (Dubos et al., 2003).

Nos últimos anos, foram utilizados vários métodos de análise da expressão génica de elevado rendimento, como a análise em série da expressão génica (SAGE) (Dale et al., 2001) e microarray, para identificar genes diferencialmente expressos. Lee e Lee (2003) analisaram perfis de expressão genética diferencial sob stress por frio, construindo uma biblioteca de etiquetas SAGE a partir de folhas de Arabidopsis tratadas a frio. Uma comparação das etiquetas SAGE derivadas das folhas tratadas com frio e das folhas de controlo produziu 190 genes específicos do stress por frio altamente expressos. Jung et al., (2003) identificaram nas folhas de Arabidopsis muitos genes induzidos pelo frio, incluindo vários COR, proteínas de transferência de lípidos, álcool desidrogenase, amilase e muitos genes novos.

A hibridação subtractiva de cDNA tem sido uma abordagem poderosa para identificar e isolar cDNAs de genes diferencialmente expressos (Hara et al., 1991). A hibridação subtractiva, em que a hibridação entre o testador e o condutor é seguida da remoção selectiva de produtos de genes comuns, enriquece os produtos de genes únicos na população de cDNA do testador e reduz a abundância de cDNAs comuns (Sagerstrom et al., 1997). A biblioteca de cADN subtraído tem sido utilizada para identificar e clonar genes diferencialmente expressos através da seleção aleatória de colónias ou do rastreio diferencial.

Gopalakrishna et al. (2001) identificaram um gene sensível ao stress hídrico que codifica a flavonol 3-

O-glucosiltransferase envolvida na biossíntese de antocianina do amendoim, utilizando a hibridação subtractiva. Posteriormente, este método foi muito melhorado, utilizando ligantes genéricos adaptados ao cDNA e permitindo a amplificação selectiva por PCR do cDNA do testador e combinando a normalização e a subtração num único procedimento (Diatchenko et al., 1996). A hibridação subtractiva supressiva (SSH) é amplamente utilizada para clonar genes diferencialmente expressos em muitas plantas. Em Arabidopsis, Mahalingam et al., (2003) identificaram um total de 1.058 genes diferencialmente expressos a partir de oito bibliotecas de cDNA específicas de stress, utilizando o método SSH. A combinação de SSH e macroarray de cDNA em plântulas de milho sujeitas a stress hídrico produziu 533 clones que são específicos do stress hídrico (Zheng et al, 2004). Muito recentemente, Way et al. (2005) isolaram cerca de 2500 clones cuja expressão é alterada em folhas associadas a um stress lento de défice hídrico "semelhante ao do campo" no trigo.

As etiquetas de sequências expressas (ESTs) são uma fonte rica para a descoberta de genes em vários organismos. As etiquetas de sequência
As etiquetas de sequência expressa são obtidas por sequenciação de passagem única de clones de cDNA e fornecem informações sobre as regiões
regiões transcritas de um genoma. Como as bibliotecas de cDNA são normalmente geradas a partir de tecidos específicos
ou fases de desenvolvimento específicas ou outras condições experimentais e são selecionadas aleatoriamente para sequenciação. As representações de EST fornecem uma visão dinâmica do conteúdo e da expressão do genoma. As bases de dados de EST podem ser utilizadas para a extração de dados em grande escala de genes envolvidos em vias específicas e para a análise do perfil de expressão útil para analisar a resposta global de tecidos ou organismos inteiros e para a descoberta de novos genes sob stress biótico ou abiótico (Cushman e Bohnert, 2000). Um grande número de novos genes foi identificado a partir das EST geradas a partir de Tortula ruralis submetida a diferentes stresses abióticos (Wood et al., 1999; Oliver et al., 2004). Reddy et al., (2002) identificaram novos genes e genes que respondem ao stress hídrico na coleção de EST de uma biblioteca de cDNA normalizada construída a partir de plântulas de arroz sujeitas a stress hídrico. Foi isolado e caracterizado um comprimento total de etiquetas de sequências expressas sob stress abiótico a partir de folhas de choupo (Nanjo et al., 2004). Foram isoladas EST induzidas por stress abiótico a partir de Thellungiella halophila (Wang et al., 2004; Wong et al., 2005), amendoim (Luo et al., 2005) e cultivares de arroz tolerantes ao sal (Shiozaki et al., 2005; Wu et al., 2005). Do mesmo modo, em Avicennia, foram identificados genes específicos de halófitos através da construção de uma biblioteca de cDNA e da geração de ESTs para tolerância ao sal (Mehta et al., 2005).

A tecnologia de microarray tornou-se uma ferramenta útil para a análise da alteração da expressão genética a nível global e utiliza chips de cDNA (Schena et al., 1995) ou a matriz de oligonucleótidos sintéticos (Lockhart et al., 1996). Estas análises de microarranjos foram utilizadas com êxito para monitorizar o padrão de expressão de milhares de genes em Arabidopsis durante a exposição a stress de seca, frio e sal (Seki et al., 2003, 2004). Seki et al., (2001) aplicaram o microarray de cDNA completo contendo 1300 clones de cDNA do RIKEN Arabidopsis full length (RAFL) e identificaram 44 e 19 clones de cDNA para genes induzidos pela seca e pelo frio, respetivamente. O microarray de cDNA RAFL, que contém 7000 clones de cDNA de comprimento total de Arabidopsis, foi utilizado para identificar 299 genes induzidos pela seca, 54 genes induzidos pelo frio, 213 genes induzidos pelo stress de alta salinidade e 245 genes induzidos pelo ABA (Seki et al., 2002). Do mesmo modo, esta matriz também foi utilizada para identificar 152 genes induzidos pela re-hidratação (Oono et al., 2003). Chen et al., (2002) identificaram uma série de genes que codificam factores de transcrição putativos que são expressos especificamente em determinados órgãos, fases de desenvolvimento e/ou induzidos em determinadas condições de stress. A análise do transcriptoma da cevada submetida a stress hídrico e salino revelou uma centena de genes mais fortemente regulados, metade dos quais são funcionalmente desconhecidos (Ozturk et al., 2002). Atienza et al., (2004) identificaram semelhanças e diferenças entre as respostas ao stress abiótico utilizando o microarray de cDNA da cevada.

Apesar do entusiasmo gerado por esta tecnologia, apenas um número limitado de laboratórios de investigação está atualmente a realizar estudos de expressão genética à escala do genoma. No entanto, esta tecnologia só é possível em sistemas modelo em que se conhece a sequência completa do genoma ou em que se dispõe de um grande número de clones de cDNA caracterizados.

Um dos principais inconvenientes das ferramentas para todo o genoma é a alteração da expressão genética que não conduz necessariamente a uma resposta funcional, uma vez que os eventos pós-transcricionais e/ou pós-tradução podem impedir que uma resposta genética seja traduzida numa resposta proteica funcional. Tal como a análise de microarranjos, a eletroforese bidimensional em gel de poliacrilamida (2DE) permite obter informações importantes sobre a capacidade de resposta dos genes ao stress (Zivy e de Vienn, 2001). Riccardi et al., (1998) observaram as alterações nos padrões proteicos em consequência do défice hídrico em duas linhas de milho não relacionadas e no seu híbrido F1. Poucas manchas proteicas, como a cafeato O-metiltransferase, foram detectadas apenas em plantas sujeitas a stress, indicando um aumento das lenhificações em resposta ao tratamento de stress. Kawasaki et al., (2000) estudaram a resposta das proteínas foliares da melancia selvagem e identificaram sete proteínas foliares que são reguladas positivamente sob stress de seca. A análise proteómica de duas variedades de arroz durante o stress hídrico e a recuperação mostrou claramente uma alteração significativa na abundância de 42 proteínas sob stress e 27 delas apresentaram uma resposta diferencial entre as duas cultivares (Salekdeh et al., 2002). Um estudo recente sobre a análise do proteoma das folhas de beterraba sacarina sob stress hídrico levou à identificação de proteínas envolvidas na regulação redox, stress oxidativo, transdução de sinais e actividades de chaperona (Hajheidari et al., 2005).

Sensação e sinalização de stress

As plantas desenvolveram mecanismos que lhes permitem aumentar a sua tolerância através de adaptações físicas e de alterações moleculares e celulares interactivas que começam após o início do stress. O primeiro passo para ativar essas respostas moleculares é perceber o stress à medida que ele ocorre e transmitir a informação sobre ele através de uma via de transdução de sinal. Estas vias acabam por conduzir a alterações fisiológicas, como o encerramento das células-guarda ou a expressão de genes e a consequente modificação dos processos moleculares e celulares (Knight e Knight, 2001).

Uma via geral de transdução de sinal começa com a perceção do estímulo por receptores de superfície ligados à membrana ou por receptores intracelulares, seguida da ativação de certas funções da membrana, como a abertura de canais iónicos, a ativação de proteínas G, a produção de segundos mensageiros por hidrólise de componentes da membrana, como os fosfoinositídeos (Berridge, 1984; Hokin, 1985).

O primeiro passo para ativar uma resposta molecular ao sinal de stress hídrico é a sua perceção por receptores específicos, seguida de uma cascata de respostas para transmitir a informação através de uma via de transdução de sinal. Estudos realizados com leveduras demonstraram que a perceção inicial do sinal de stress hídrico é transmitida através de uma histidina quinase transmembranar que actua como "osmosensor" (Posas et al., 1996). O stress hídrico induz a perda de turgor que conduz concomitantemente à diminuição do volume celular e a um aumento da distância entre a membrana plasmática e a parede celular.

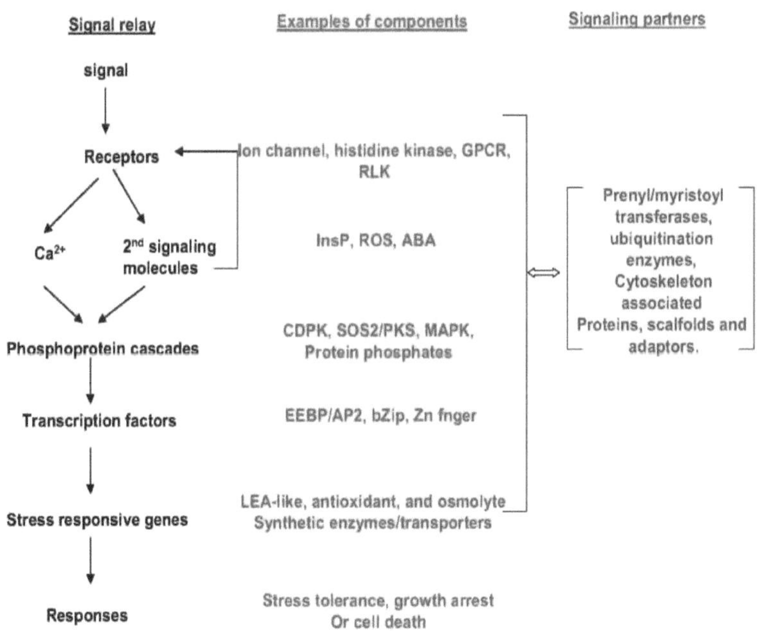

Transdução de sinais de stress abiótico em plantas - uma via (Xiong et al., 2002)

Reiser et al., (2003) identificaram um sistema regulador de dois componentes SLN1, um elemento de transdução de sinal bem caracterizado que provavelmente detecta a mudança na pressão de turgor em procariotas. Em Arabidopsis, um homólogo de SLN1, AtHK1, foi identificado como um primeiro componente que detecta mudanças no potencial osmótico dentro da célula e desencadeia a cascata de sinalização a jusante induzindo a expressão de genes devido ao stress de seca (Urao et al., 1999). No tabaco, o transcrito NtC7 acumula-se rápida e transitoriamente não só em resposta a ferimentos, mas também ao stress salino e osmótico (Tamura et al., 2003). O gene NtC7 codifica uma proteína de membrana semelhante a um recetor e a sua sobreexpressão melhorou a tolerância ao stress osmótico induzido pelo manitol, sugerindo que o NtC7 pode desempenhar um papel na deteção (Tamura et al., 2003).

Reiser et al., (2003) identificaram um recetor de citocinina Cre1 (cytokinin response1) em Arabidopsis como outro candidato para a deteção de stress osmótico em plantas. Cre1 e SLN1 têm organizações semelhantes dos domínios citoplasmáticos da histidina quinase e do recetor. Estas observações sugerem que foram propostos vários candidatos a osmosensores, embora o seu papel como osmosensores ainda não tenha sido demonstrado. Após a perceção das alterações osmóticas por estimulação do osmossensor, ocorrem numerosas alterações na cascata de transdução de sinal durante o stress da seca.

Ca^{2+} como segundo mensageiro

O envolvimento do $[Ca^{2+}]_{cyt}$ em vários processos de sinalização intracelular foi bem documentado tanto em animais como em plantas (Sanders et al., 1999). O stress abiótico estimula a concentração de $Ca^{(2+)}$no citosol libertando o Ca^{2+} do armazenamento intracelular (Knight et al., 1996) e das mitocôndrias (Subbaiah et al., 1998) através de canais de Ca^{2+}. O $Ca^{(2+)}$pode entrar nas células a partir do exterior através de uma classe específica de canais de Ca^{2+} operados por receptores activados por voltagem e activados por hiperpolarização ou canais de Ca^{2+} operados por armazenamento. Como resultado da perceção da seca, a ativação de canais aniónicos e a consequente abertura de canais permeáveis de Ca^{2+} activados por despolarização podem levar à elevação do Ca^{2+} (Sanders et al., 2002). O ABA estimulou a expressão de canais de Ca2 activados por hiperpolarização^{+} nas células guardas de Vicia (Hamilton et al., 2000), aumentando subsequentemente a produção de ROS (Zhang et al., 2001). Sabe-se que a assinatura do Ca^{2+} é alterada em função do tipo de stress (Kiegle et al., 2000), da taxa de desenvolvimento do stress (Plieth et al., 1999), da exposição prévia a condições de stress (Knight et al., 1997) e dos tipos de tecido (Kiegle et al., 2000).

Muitos estudos indicaram que o aumento do (Ca^{2+})cyt aumenta a expressão de muitos genes regulados pelo (Ca^{2+})cyt e sugeriram que as proteínas quinases dependentes do cálcio (Sheen, 1996) e os fosfatos (Meyer et al., 1994, Leung et al., 1994) têm um papel na transdução de sinais de stress e apoiaram indiretamente a importância do papel do $(Ca^{2+})_{cyt}$ na transdução de sinais (Knight e Knight, 2001).

Os fosfolípidos como moléculas de sinalização secundária

A membrana plasmática desempenha um papel importante na perceção e transmissão de sinais ambientais, uma vez que actua como uma barreira selectiva entre o ambiente e as células vivas. Durante o stress osmótico, as alterações da fluidez da membrana e dos fosfolípidos foram recentemente reconhecidas como acontecimentos importantes que medeiam os sinais de stress osmótico nas plantas

(Munnik e Meijer, 2001). A hipótese atual é que os fosfolípidos são clivados por fosfolipases que produzem segundos mensageiros derivados de fosfolípidos. Nas plantas, tal como noutros organismos, distinguem-se quatro grandes classes de fosfolipases com base no seu local de clivagem: a fosfolipase C (PLC), a fosfolipase D (PLD) e as fosfolipases A1 e A2 (PL A1 e PL A2) (Wang, 2002). A sinalização dos fosfolípidos pode ser regulada através de proteínas G e pode estar estreitamente ligada ao cálcio. As principais moléculas de sinalização derivadas de fosfolípidos são o inositol 1,4,5-trifosfato (IP3), o diacilglicerol (DAG) e o ácido fosfatídico (PA) (Xiong e Zhu, 2001).

O papel do IP3 na transdução de sinais de stress abiótico foi demonstrado em células-guarda de Arabidopsis, onde o IP3 exógeno foi capaz de induzir a libertação de Ca^{2+} das vesículas do tonoplasto ou de vacúolos isolados (Schumaker e Sze, 1987). Lee et al. (1996) observaram um aumento transitório do IP3 após tratamento com ABA em protoplastos de células-guarda de Vicia faba. O IP3 é gerado pela hidrólise do PIP2 pela fosfolipase C (PLC). Verificou-se que um gene PLC de Arabidopsis, AtPLC1, era fortemente induzido pelo stress salino e hídrico e também induzido em menor grau pela baixa temperatura (Hirayama et al. 1995). El-Maarouf et al., (2001) clonaram dois genes, VuPLC1 e VuPLC2, de variedades de feijão-frade sensíveis e tolerantes à seca. Verificou-se que o VuPLC1 era expresso constitutivamente e diminuía sob stress hídrico, enquanto os níveis de transcrição do VuPLC2 se acumulavam sob stress hídrico na planta tolerante e diminuíam progressivamente na planta sensível.

O ácido fosfatídico (PA) é outro segundo mensageiro que é sintetizado através da clivagem de fosfolípidos membranares pela fosfolipase D (PLD) e pode ativar a PLC e a proteína quinase C (Munnik e Meijer, 2001). Foram clonadas muitas PLD que respondem ao stress da seca no feijão-frade (El-Maarouf et al., 1999), C. plantagineum (Frank et al., 2000) e Arabidopsis (Katagiri et al., 2001). Foi observado um nível elevado de ácido fosfatídico em plantas de Arabidopsis tratadas com stress de seca e transformadas com um PLDδ. Os níveis elevados de ácido fosfatídico foram associados ao stress e o aumento da atividade da PLDδ foi proporcionado por plantas transgénicas PLD antisense, nas quais a produção de ácido fosfatídico induzida pela desidratação foi substancialmente reduzida (Katagiri et al., 2001).

Transdutores de sinal: Proteínas reguladas pelo cálcio

As plantas desenvolveram mecanismos para explorar as alterações conformacionais induzidas pela ligação do Ca^{2+} para ativar eventos a jusante nas vias de sinalização. Uma vez que o Ca^{2+} tem a capacidade de coordenar seis a oito átomos de oxigénio não carregados, permite que domínios remotos participem na ligação do Ca^{2+} e provoquem alterações conformacionais nas proteínas (McPhalen et al., 1991). Nas plantas, foram identificadas quatro grandes famílias de proteínas de ligação ao cálcio: calmodulinas, proteínas semelhantes à calmodulina, proteínas semelhantes à calcineurina B e proteínas quinases dependentes do cálcio (CDPK) (Snedden e Fromm, 1998, 2001, Luan et al., 2002; Sanders et al., 2002).

A calmodulina é uma proteína sensora de Ca^{2+} ubíqua, sem atividade catalítica, mas que, ao ligar-se ao Ca^{2+}, ativa proteínas-alvo envolvidas em vários processos celulares. Sabe-se também que a calmodulina contribui para a deteção de sinais de Ca^{2+} causados por stress osmótico ou salino. A transcrição dos genes CaM é induzida quando se cultivam células de tomate (Delumeau et al., 2000). A calmodulina é provavelmente um componente regulador durante as respostas a stresses osmóticos e salinos, tendo sido identificadas apenas algumas proteínas de ligação à calmodulina (CaMBPs) envolvidas nestas vias (Bouche et al., 2005).

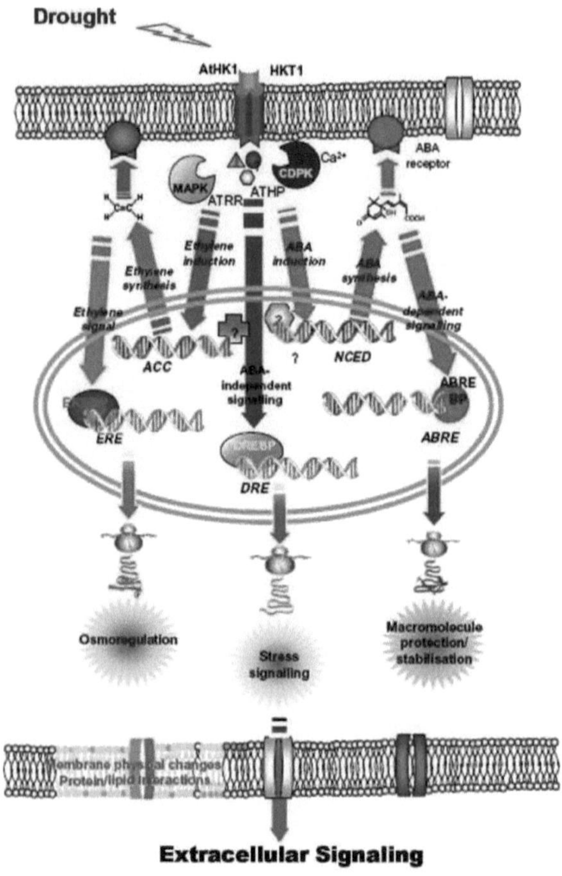

Perceção dos sinais de stress, transdução e resposta a nível celular (Chaves et al., 2003)

As plantas possuem muito mais proteínas do tipo Calmodulina (CMLs) do que qualquer outro organismo conhecido. Em Arabidopsis, foram identificados seis loci CAM, que codificam três isoformas CaM e 50 genes CML em bibliotecas de EST geradas a partir de plantas sujeitas a stress ou a tratamento hormonal (McCormack e Braam, 2003). Estes resultados apoiam a ideia de que as proteínas CaM e CML estão envolvidas na resposta a estímulos ambientais, provavelmente através da ativação de CaMBPs específicas (Bouche et al., 2005).

As proteínas do tipo Calcineurina B têm caraterísticas semelhantes às das calmodulinas. Kudla et al. (1999) registaram a elevada expressão da família de genes CBL por ferimentos, seca, sal elevado, frio e ácido abscísico. Em Arabidopsis, as plantas mutantes knockout de SCaBP5/CBL1 apresentaram hipersensibilidade à seca e à salinidade, em contraste com as plantas com expressão excessiva de CBL1 que apresentaram tolerância à seca (Albrecht et al., 2003). Estes padrões de expressão sugerem que CBL1 e CBL2 têm funções específicas e sobrepostas.

As proteínas quinases dependentes de cálcio (CDPK) estão implicadas como importantes sensores do fluxo de $Ca2^{+}$ nas plantas em resposta a stresses abióticos. Em Arabidopsis, a expressão de AtCDPK10 e AtCDPK11 foi observada tanto em condições de seca como de stress salino (Urao et al., 1994). Uma resposta semelhante ao stress hídrico ou salino foi observada para McCDPK1 na planta do gelo comum (Mesembryanthemum crystallinum (Patharkar e Cushman, 2000). Várias hormonas vegetais como GA, ABA induziram a expressão de NtCDPK1 no tabaco (Yoon et al., 1999). Saijo et al., (2000) desenvolveram plantas de arroz transgénicas OsCDPK7 com sentido e anti-sentido que mostraram uma tolerância alterada ao frio, à seca e ao stress salino. A extensão da tolerância em plantas sobre-expressas correlacionou-se com o aumento do nível de OsCDPK7, enquanto a supressão da expressão de OsCDPK7 diminuiu a tolerância ao stress.

Via de sinalização da MAP quinase

Uma das vias importantes responsáveis pela tolerância à seca é a cascata da proteína quinase activada por mitogénio (MAPK). Esta via permite que os sinais extracelulares sejam transduzidos em respostas intracelulares. As MAPK são módulos de sinalização que fosforilam resíduos específicos de serina/treonina no substrato proteico alvo e regulam uma variedade de actividades celulares (Zhu, 2002). O sistema de fosforilação das MAPK serve de elo de ligação entre os receptores a montante e os alvos a jusante, controlando assim muitas funções celulares importantes. Foi demonstrado em trabalhos recentes (Agrawal et al., 2003) que as MAPK são activadas em resposta à seca e a outras pressões ambientais.

A cascata MAPK consiste em três proteínas quinases funcionalmente interligadas: uma MAP quinase quinase quinase (MAPKKK), uma MAP quinase quinase (MAPKK) e uma MAP quinase (MAPK) (Agrawal et al., 2003). Neste módulo de fosforilação, uma MAPKKK é fosforilada diretamente a jusante do estímulo. A MAPKKK activada fosforila e ativa depois uma MAPKK específica, que por sua vez fosforila e ativa uma MAPK. As MAPK activadas são importadas para o núcleo, onde fosforilam e activam componentes de sinalização específicos a jusante, como factores de transcrição, para induzir respostas celulares (Xiong e Yang, 2003).

No arroz, Agrawal et al. (2002) utilizaram um sistema in vitro para ilustrar que os transcritos (ARNm) de OsMSRMK2 se acumulavam a níveis significativos 15 minutos após o início do stress de seca. Além disso, o stress por seca resultou em níveis sustentados de OsMSRMK2 mRNA durante 120 minutos, ao passo que noutros contextos de stress abiótico (salinidade, temperaturas baixas/elevadas, etc.) estes mRNA desapareceram após 60 minutos (Agrawal et al., 2002). Estes resultados sugerem que

OsMSRMK2 funciona a jusante da perceção do stress de seca.

Em Arabidopsis, a expressão de AtMEKK1 é aumentada pela seca, alta salinidade e toque (Mizoguchi et al., 1996). De acordo com um papel para a AtMPK3 durante a desidratação, um homólogo da alfafa estreitamente relacionado, a SAMK, também é regulada positivamente em termos de transcrição após o stress da seca (Jonak et al., 1996). Ichimura et al., (2000) em Arabidopsis, mostraram que a AtMPK4 e a AtMPK6 são activadas pós-translacionalmente pelo frio, stress osmótico e feridas. Recentemente, a OXI1, uma serina/treonina quinase, foi identificada como um componente a jusante da sinalização das ROS, possivelmente actuando a montante da AtMPK3 e da AtMPK6. Foi ainda demonstrado que as plantas transgénicas de tabaco que expressam a versão constitutivamente ativa de NPK1, um ortólogo de ANP1 do tabaco, apresentam tolerância a múltiplas tensões, como o frio, o calor, a seca e a elevada salinidade (Kovtun et al., 2000).

Regulação da transcrição

As respostas primárias ao stress incluem a regulação transcricional da expressão genética e esta depende da interação de factores de transcrição com sequências cis-reguladoras. Os factores de transcrição são intervenientes moleculares terminais na via de transdução de sinais. Foram identificadas muitas sequências de consenso específicas do stress nos promotores de genes específicos do stress, tendo sido demonstrado que os factores de transcrição pertencentes a diferentes famílias são modificados pelo stress.

Em resultado do stress hídrico, um evento inicial de deteção leva à produção de outras moléculas de sinalização e outros eventos reguladores, como a regulação positiva da expressão genética, iniciam a acumulação de ABA (Cutler e Krochko, 1999; Qin e Zeevaart, 1999). A análise da expressão de genes em mutantes de Arabidopsis deficientes em ABA (aba) e insensíveis a ABA (abi), após desidratação ou stress por frio, levou à conclusão de que a expressão de alguns genes ocorre através de vias de transdução de sinal dependentes de ABA e outros podem ocorrer através de vias independentes de ABA (Yamaguchi- Shinozaki e Shinozaki, 1994; Ingram e Bartels, 1996; Shinozaki e Shinozaki, 2000). Isto implica que os genes que respondem à desidratação são alvo de vias dependentes e independentes do ABA. O ABA induz a expressão genética através de factores de ação cis e trans que respondem ao ABA e de proteínas quinase fosfatases que interagem com o Ca^{2+} (Liu e Luan 1998; Bowler e Fluhr, 2000).

Nas vias dependentes de ABA, a expressão dos genes é mediada por um elemento ABRE e por factores de transcrição b-ZIP (Busk e Pages, 1998), enquanto as vias independentes de ABA podem ativar a expressão dos genes através de elementos MYC e MYB e de factores de transcrição (Yamaguchi-Shinozaki e Shinozaki, 1993). Uno et al., (2000) mostraram que muitos genes regulados positivamente sob stress hídrico continham um elemento de resposta ao ácido abscísico (ABRE) nas suas regiões promotoras. Estes elementos têm um núcleo ACGT- contendo G-box e são ligados por factores de transcrição bZIP. Estes, por sua vez, ligam-se ao ADN como dímeros e a dois elementos cis-acting essencialmente necessários para a resposta.

No promotor HVA22 da cevada, foi necessário um elemento de acoplamento CE1 para a resposta ao ABA (Shen e Ho, 1995). Foram também registados outros ABRE, incluindo uma sequência contendo um elemento Sph (CGTGTCGTCCATGCAT) do gene C1 do milho (Kao et al., 1996), os sítios de ligação MYB e MYC do gene rd22 de Arabidopsis (Abe et al., 1997) e um novo elemento presente no gene CDeT27-45 de C. plantagineum (Michel et al., 1993). Em Arabidopsis, verificou-se que os factores de transcrição relacionados com ABI5 (bZIP), AREB1 e AREB2, promovem a ativação de ABA da expressão de genes alvo que foi reprimida pelo tratamento de células de tipo selvagem com inibidores da proteína quinase ou por uma mutação abi1-1 dominante-negativa (Uno et al., 2000).

Estudos de genética molecular em mutantes de Arabidopsis aba (deficiente em ABA) e abi (insensível ao ABA) revelam que vários genes são induzidos pela desidratação, indicando que estes genes não necessitam de ABA para a sua expressão em condições de seca (Shinozaki e Yamaguchi-Shinozaki, 2000). Em Arabidopsis, foram clonados e caracterizados dois grupos de factores de transcrição que se ligam ao DRE de ação cis (Knight e Knight, 2001). Os genes cbf1 (dreb1) e cbf2 (dreb2) codificam proteínas estruturalmente diferentes que se ligam ao DRE mas são induzidas por diferentes stresses abióticos. Foram clonadas duas isoformas de DREB2 que apresentam uma especificidade tecidular diferente (Liu et al., 1998). Nakashima et al., (2000) observaram que dreb2a é expressa apenas em caules e raízes em resposta à salinidade, enquanto dreb2B é expressa em caules e raízes em resposta à seca.

A partilha de vias dependentes e independentes do ABA também pode ocorrer a jusante dos primeiros eventos de reconhecimento e sinalização do stress e/ou um gene pode conter elementos DRE e ABRE no seu promotor. Em Arabidopsis, a regulação do gene rd29A (que contém um DRE e um ABRE) é independente de ABA nas primeiras horas de desidratação, mas torna-se dependente de ABA em fases posteriores de expressão (Shinozaki e Yamaguchi-Shinozaki, 2000). Do mesmo modo, dreb1 tem um motivo conservado que também se encontra no elemento responsivo ao etileno (ERE) da família de genes responsivos ao etileno (Stockinger et al., 1997; Shinozaki e Yamaguchi-Shinozaki, 2000).

Vários factores bZIP que ligam ABREs foram clonados como candidatos a factores de transcrição responsivos ao ABA. Estas proteínas incluem EmBP1 do trigo (Guiltinan et al., 1990), TAF-1 do tabaco (Oeda et al., 1991), OSBZ8 do arroz (Nakagawa et al., 1996) e OsZIP-1a (Nantel e Quatrano., 1996). Choi et al., (2000) também isolaram uma família de factores b-ZIP de ligação a elementos responsivos a ABA (ABFs) em Arabidopsis e referiram que ABF2, ABF3 e ABF4 funcionam em vários sinais de stress ambiental. A sobreexpressão de ABF3 e ABF4 em plantas transgénicas de Arabidopsis resultou numa maior tolerância à seca acompanhada de uma diminuição da transpiração, o que sugere que ABF3 e ABF4 estão envolvidos no fecho dos estomas mediado por ABA e que os promotores de ABF3 e ABF4 são mais activos nas raízes e nas células-guarda, o que confirma o seu papel na regulação dos estomas e na resposta ao stress hídrico (Kang et al., 2002).

As proteínas Myb são compostas por três repetições imperfeitas, formando um motivo relacionado com a hélice-volta-hélice (Meissner et al., 1999). A expressão de Arabidopsis induzida pela desidratação, Atmyb-2, foi identificada como um regulador positivo da expressão do gene rd22 (Abe et al., 1997). As plantas transgénicas com sobreexpressão de AtMYB-2 apresentaram hipersensibilidade, enquanto os mutantes knockout apresentaram insensibilidade ao ABA (Abe et al., 2003). Iturriga et al. (1996) isolaram dois genes relacionados com Myb, cpMYB7 e cpMYB10, cuja expressão é regulada positivamente por desidratação e ABA, respetivamente, em C. plantagineum. Villalobos et al., (2004) desenvolveram plantas transgénicas de Arabidopsis com cpMYB10 e mostraram tolerância à seca e à salinidade.

Os genes HD-ZIP (homeodomain-leucine zipper) foram identificados em plantas para regular o processo de desenvolvimento e a resposta a vários stresses ambientais. Dois genes da família II HD-ZIP (CPHB-1 e CPHB-2) foram isolados de C. plantagineum (Frank et al., 1998). Em Arabidopsis, três genes HD-ZIP (ATHB-6, ATHB-7 e ATHB-12) mostraram ser reactivos à desidratação (Soderman et al., 1996, 1999; Lee e Chun, 1998). Gago et al., (2002) mostraram a regulação ascendente de Hahb-4 por seca e ABA em raízes, caules e folhas de girassol.

Recentemente, foi identificado e caracterizado um novo grupo de factores de transcrição contendo o domínio EREBP/AP2 que participa na regulação de genes induzidos por stress abiótico (Shinozaki et al., 2003);

Novillo et al., 2004). A sobreexpressão de factores de transcrição do domínio AP2 em Arabidopsis transgénica (Stockinger et al., 1997; Jaglo-Ottosen et al., 1998; Kasuga et al., 1999; Gilmour et al., 2000; Haake et al., 2002; Aharoni et al., 2004), Medicago (Zhang et al., 2005) induziu um conjunto de genes de tolerância ao stress e conferiu tolerância ao stress.

Papel dos genes e produtos genéticos regulados positivamente

A transdução de sinais em caso de stress resulta na expressão de genes de resposta ao stress, que têm importância funcional para conferir tolerância ao stress. Estes genes funcionais são responsáveis pela alteração do metabolismo sob stress. Alguns destes genes que foram implicados ou demonstraram ter relevância na tolerância ao stress são revistos nesta parte.

A indução da expressão de um gene não implica necessariamente que esse gene desempenhe um papel adaptativo (Bray, 2002, 2004). Foi descrita uma variedade de genes que respondem ao stress hídrico em várias espécies de plantas e que funcionam para muitas proteínas, tal como previsto a partir da homologia da sequência com proteínas conhecidas. Pensa-se que os genes induzidos durante o stress hídrico funcionam não só na proteção das células contra a seca através da produção de proteínas metabólicas importantes, mas também na regulação de genes para a transdução de sinais na resposta ao stress hídrico.

Os produtos genéticos são classificados em vários grupos com base nas suas funções. Estes grupos funcionais incluem: proteínas do canal de água envolvidas no movimento da água através das membranas, as enzimas necessárias para a biossíntese de vários osmoprotectores (açúcares, prolina e glicina betaína), proteínas que podem proteger macromoléculas e membranas (proteína LEA, osmotina, proteína anticongelante, chaperon e proteínas de ligação ao mRNA), proteases para a renovação de proteínas (tiol proteases, Clp protease e ubiquitina), as enzimas de desintoxicação (glutationa-S-transferase, epóxido hidrolase solúvel, catalase, superóxido dismutase e ascorbato peroxidase) (Bray, 2002).

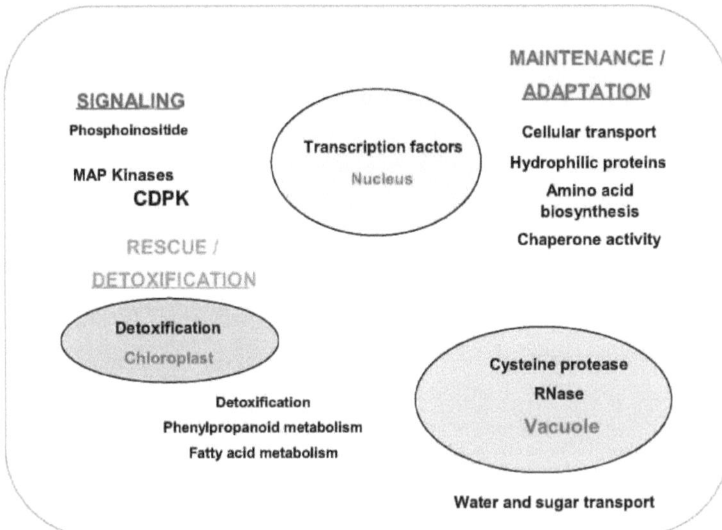

Funções previstas de genes induzidos por défice hídrico (Bray, 2002)

Acumulação de osmoprotectores

Muitas plantas respondem ao stress da seca acumulando compostos orgânicos de baixo peso molecular, conhecidos coletivamente como solutos compatíveis ou osmólitos. Os solutos compatíveis são sintetizados em resposta ao stress osmótico e podem ocorrer em concentrações intracelulares elevadas sem prejudicar o metabolismo celular normal (Ramanjulu e Bartels, 2002).

O aumento da síntese de osmólitos é conseguido através da modulação dos genes que codificam as enzimas da via biossintética dos osmólitos. As plantas de tabaco transgénicas que exprimem a pirrolina 5-carboxilato sintase (P5CS de Vigna aconitifolia) apresentaram uma maior acumulação de prolina e tolerância ao stress salino (Kavikishor et al., 1995). A regulação positiva simultânea da P-5-C sintase (P-5-CS) e a regulação negativa do gene da prolina desidrogenase (ProDH) conduzem à acumulação de prolina durante o stress hídrico (Yoshiba et al., 1997). Além disso, um transportador (LeProT1) envolvido na prolina e na glicina-betaína foi também induzido pelo stress hídrico (Schwacke et al., 1999).

A acumulação de glicina betaína melhora marginalmente a tolerância ao stress osmótico em plantas transgénicas (Hayashi et al., 1997). As plantas de Arabidopsis thaliana apresentaram uma maior acumulação de glicina betaína após a expressão ectópica de colina oxidase (Cod A), isolada de Arthrobacter globiformis, que foi direcionada para o cloroplasto. No entanto, as plantas que exprimem a cod A direcionada para o citoplasma tiveram menos efeitos na tolerância (Hayashi et al., 1997). As plantas transgénicas que exprimem em excesso a colina monooxigenase (gene da síntese da glicina-betaína) apresentam um melhor crescimento in vitro sob stress osmótico (Yi-Guo Shen et al., 2002). Ruidang et al., (2004) desenvolveram plantas transgénicas de milho tolerantes à seca através da sobre-expressão do gene da colina desidrogenase.

O manitol, um soluto compatível acumulado por algumas plantas durante a seca, é também um eficaz eliminador de hidroxilo in vitro (Smirnoff e Cumbes, 1989). A manitol 1-P desidrogenase (MtlD) demonstrou aumentar a acumulação de manitol em plantas de Nicotana tabaccum (Tarczynski et al., 1993; Shen et al., 1997; Karakas et al., 1997), trigo (Abebe et al., 2003) e Arabidopsis thalana (Thomas et al., 1995) após transformação. Taji et al., (2002) exprimiram em excesso o gene de síntese do galactinol, o que resultou na acumulação de galactinol e rafinose em condições controladas e melhorou a tolerância à seca. A prova direta do papel dos ciclotóis foi fornecida por plantas de tabaco transgénicas que acumularam ononitol, o que resultou em tolerância à seca e ao stress salino (Sheveleva et al., 1997).

As proteínas LEA foram isoladas em condições de stress que resultam em desidratação celular e classificadas em vários grupos (Allagulova et al., 2003; Dure, 1993). As proteínas vegetais mais abundantes produzidas durante a embriogénese tardia ou em resposta à seca, a baixas temperaturas, à salinidade e ao ABA são as desidrinas e as LEAs, presentes em muitas plantas, incluindo a Arabidopsis, o trigo, a cevada e o arroz (Close, 1996, 1997). Outro grupo que inclui as proteínas RAB (reactivas ao ácido abscísico) e COR (reguladas pelo frio) (Nylander et al., 2001). Pensa-se que estas proteínas actuam como chaperons e, assim, estabilizam vesículas, proteínas e estruturas membranares em plantas sob stress (Bray, 1993; Close, 1996; Koag et al., 2003). Grelet et al., (2005) clonaram a proteína LEA do grupo 3 (PsLEAm) que estava localizada no espaço da matriz das mitocôndrias de sementes de ervilha. Os genes que codificam LEA do grupo 4 são expressos em tecidos vegetativos em resposta à salinidade, seca, ABA e baixa temperatura (Cohen et al., 1991; Hsing et al., 1995).

A expressão de HVA1, uma proteína LEA do grupo 3 da cevada (Hordeum vulgare L.) conferiu tolerância ao défice de água no solo e ao stress salino em plantas transgénicas de arroz (Xu et al., 1996, Rohila et al., 2002, Babu et al., 2004), melhorou a produtividade da biomassa e a eficiência da utilização da água em condições de défice de água no trigo transgénico (Sivamani et al., 2000). As plantas transgénicas de couve chinesa que contêm a proteína LEA demonstraram uma maior capacidade de crescimento em condições de stress salino e de seca. O aumento da tolerância reflectiu-se no atraso do desenvolvimento de sintomas de danos causados pelo stress. Park et al., (2005) observaram que o rabanete transgénico teve um melhor crescimento do que as plantas de controlo não transformadas em condições de stress salino e osmótico. A síntese de proteínas corretamente estruturadas e a sua manutenção são importantes para a eficiência das funções celulares. A família das proteínas de choque térmico engloba muitas chaperonas, que têm um papel importante na dobragem e montagem de proteínas durante a síntese, bem como na remoção e eliminação de proteínas não funcionais e degradadas. As Hsps são induzidas pelo stress hídrico em várias plantas (Alamillo et al., 1995; Coca et al., 1996;

Campalans et al., 2001). As plantas transgénicas de Arabidopsis que exprimem AtHSP17.7 revelaram uma maior tolerância à seca e à salinidade (Sun et al., 2001).

Foi demonstrado que as BiPs vegetais (HSP 70) são induzidas por uma variedade de stresses ambientais, incluindo o stress hídrico (Cascardo et al., 2000). A sobreexpressão de BiP aumentou a tolerância ao stress hídrico em plantas de tabaco transgénicas, enquanto as plantas transgénicas antisense mostraram hipersensibilidade ao stress hídrico (Alvim et al., 2001).

A proteólise é uma atividade celular importante para manter a homeostase proteica. Foi relatado um aumento da proteólise durante condições de stress de seca/sal (Guerrero et al., 1990; Ramanjulu et al., 1994; Ramanjulu e Sudhakar, 1997; de Carvalho et al., 2001). Foi demonstrado que as proteases de cisteína são induzidas durante a seca e a salinidade (Koizumi et al., 1993; Forsthoefel et al., 1998; Khanna-Chopra et al., 1999; Campalans et al., 2001; Seki et al., 2002).

O stress oxidativo, ou seja, a acumulação de espécies reactivas de oxigénio (ROS), que danificam as estruturas celulares, é uma consequência de muitas pressões ambientais, incluindo a desidratação (Smirnoff, 1998). Em condições óptimas, as folhas estão equipadas com enzimas e metabolitos antioxidantes suficientes para fazer face às ERO. Os mecanismos de desintoxicação podem ser classificados como superóxido dismutase enzimática (SOD), ascorbato peroxidase (APX), catalase (CAT), glutationa-S-transferase (GST), glutationa-peroxidase (GR), monodehidroascorbato redutase (MDAR) e flavanonas não enzimáticas, antocianinas, carotenóides e ácido ascórbico (AA).

Vários estudos relataram uma maior tolerância ao stress relacionada com a produção excessiva de SOD, APX e catalase em plantas transgénicas (Allen, 1995; Roxas et al., 1997; Ramanjulu e Bartels, 2002). A sobreprodução de uma APX peroxissomal de Arabidopsis no tabaco transgénico (N.tobacum cv. xanthi) aumentou a proteção contra o stress oxidativo causado pela inibição da atividade da catalase (Wang et al., 1999). As plantas transgénicas de Nicotiana tabacum, que exprimem em excesso a manganês-superóxido dismutase mitocondrial (MnSOD) orientada para o cloroplasto, conduziram a uma diminuição dos danos nas membranas mediados por espécies reactivas de oxigénio geradas por metilviolência (Bowler et al., 1991). Estudos semelhantes que conduziram à expressão de MnSOD em Medicago sativa também levaram a um aumento da tolerância ao stress oxidativo (Mckersie et al., 1993). Wang et al., (2005) desenvolveram plantas transgénicas de arroz que expressam a MnSOD nos cloroplastos sob o controlo de um promotor induzido por stress.

As plantas transgénicas de arroz que expressaram a proteína CAT do trigo apresentaram uma maior resistência ao stress a baixas temperaturas. As plantas transgénicas apresentaram uma maior tolerância ao stress foto-oxidativo imposto pela seca com uma intensidade de luz elevada. O sistema de defesa nos cloroplastos das plantas de tabaco transgénicas foi também avaliado contra o stress foto-oxidativo causado pelo tratamento com paraquato sob iluminação (Miyagawa et al., 2000).

Uma aldeído desidrogenase de Craterostigma plantagineum (Cp-ALDH) e o seu homólogo de Arabidopsis, Ath-ALDH3, foram induzidos por diversos factores de stress abiótico que induzem stress oxidativo (Kirch et al., 2001; Sunkar et al., 2003). As aldeído desidrogenases induzidas por stress osmótico também foram descritas noutras plantas (Seki et al., 2002; Ozturk et al., 2002; Chen et al., 2002). As aldose/aldeído redutases induzidas pelo stress osmótico foram isoladas de plantas (Oberschall et al., 2000; Mundree et al., 2000). As análises funcionais da aldose/aldeído redutase e das aldeído desidrogenases em Arabidopsis apontam para um papel de desintoxicação de aldeídos in vitro (Oberschall et al., 2000; Sunkar et al., 2003) em condições de stress abiótico.

Plantas Transgénicas Desenvolvidas para Tolerância à Desidratação

Gene	Ação dos genes	Espécies	Expressão do fenótipo	Referência
adc	Arginina descarboxilase	Arroz	Redução da perda de clorofila sob stress hídrico	Capell *et al.* 1998
adc	Síntese de poliaminas	Arroz	Resistência à seca	Capell *et al.*, 2004
AtGolS2	Acumulação de galactinol e rafinose	*Arabidopsis*	Redução da transpiração	Taji et *al.* 2002
betA	Colina desidrogenase (síntese de glicina-betaína)	Milho	Resistência à seca no estádio de plântula e rendimento elevado após a seca	Ruidang *et al.*, 2004
OCM	Colina monooxigenase (síntese de glicina betaína)	Tabaco	Melhor crescimento *in vitro* sob salinidade e stress osmótico (PEG6000)	Yi-Guo Shen ei *al*. 2002
LWR1, LWR2	Acumulação de soluto (prolina)	*Arabidopsis*	Crescimento, ajustamento osmótico, estado da água	Verslues e Bray, 2004
mtlD	Manitol-1 -fosfato desidrogenase (síntese de manitol)	Tabaco	Não contribui para o crescimento sustentado sob stress de salinidade e seca.	Karakas *et al.*, 1997
mtlD	Manitol-1 -fosfato desidrogenase (síntese de manitol)	Trigo	Tolerância à seca e à salinidade de calos e plantas	Abebe *et al.*, 2003
OtsA	Trealose-6-fosfato sintase (síntese de trealose)	Tabaco	Aumento do peso seco das folhas e da atividade fotossintética em condições de seca. Aumento da acumulação de hidratos de carbono.	Pilon-Smits *et al.* 1998
OtsB	Trealose-6-fosfato sintase (síntese de trealose)	Tabaco	Aumento do peso seco das folhas e da atividade fotossintética em condições	Pilon-smits *et al.* (1998)

			de seca. Aumento da acumulação de hidratos de carbono.	
P5CS	Pirrolina carboxilato sintase (síntese de prolina)	Arroz	Aumento da produção de biomassa sob stress de seca e salinidade	Zhu *et al.* 1998
P5CS	Pirrolina carboxilato sintase (síntese de prolina)	Arroz	Redução do stress oxidativo sob stress osmótico	Hong Zong Lie ei *al.*, 2000
P5CS	Pirrolina carboxilato sintase (síntese de prolina)	Arroz	Resistência ao stress hídrico e à salinidade	Su e Wu, 2004
P5CS	Pirrolina carboxilato sintase (síntese de prolina) (tomate)	Citrinos	Ajustamento osmótico e resistência à seca	Molinari *et al.*, 2004
P5CS	Pirrolina carboxilato sintase (síntese de prolina) (tomate)	Soja	Resistência à seca, elevada RWC, elevada prolina	De Ronde *et* "/.,2001
PPO	Supressão das polifenol oxidases	Tomate	Resistência à seca	Thipyapong et "/.,2004
SAMDC	S-adenosil metionina descarboxilase (síntese de poliaminas)	Tabaco	resistência à seca, à salinidade e às murchas *de Verticillium* e *Fusarium*	Waie e Rajam,2003
shn	Aumento da cera cuticular	Arabidopsis	Elevada resistência cuticular	Aharoni *al al.*, 2004
SPE	Espermidina sintase	Arabidopsis	Resfriamento, congelamento, salinidade, seca hiper 14-3-3 proteína osmose	Kasukabe *et al.*, 2004
TPSP	Síntese de trealose	Arroz	Tolerância à seca, ao sal e ao frio expressa pela fluorescência da clorofila	In-Cheol Jang *et al.*, 2003
Genes relacionados com a embriogénese tardia abundante (LEA)				
HVAl	Gene da proteína LEA do grupo 3	Arroz	Maior tolerância ao stress da seca e da salinidade	Xueto/. 1996
HVAl	Gene da proteína LEA do grupo 3	Arroz	Evitar a desidratação e a estabilidade da membrana celular	Babu *et al.*, 2004
HVAl	Gene da proteína LEA do	Trigo	Aumento da biomassa e da	Sivamani *al.*

	grupo 3		UTE sob stress	2000
HVAl	Gene da proteína LEA do grupo 3	Arroz	Tolerância à seca e à salinidade	Rohila *et al.* 2002
Rab 17	Proteína LEA	*Arabidopsis*	Resistência ao stress osmótico e à salinidade	Figueras *et al.*, 2004
HVAl	Gene da proteína LEA do grupo 3	Aveia	Murchidão retardada sob stress hídrico	Maqbool *et al.,2Q22*
LEA3	Gene da proteína LEA do grupo 3	Rabanete	Melhor desempenho de crescimento sob stress osmótico	Park et al. , 2005
Vários genes reguladores				
ALDH3	Aldeído desidrogenase	*Arabidopsis*	Tolerância à desidratação, NaCl, metais pesados (Cu^{2+} e Cd^{2+}), VM e H2O2	Sunkar *et al.* 2003
ASRl	Indeterminado	*Tabaco*	Diminuição da perda de água, tolerância ao sal	Perlson <?t *al.*, 2004
AZFl, AZF2, AZF3 e STZ	Proteínas de dedo de zinco do tipo Cys2/His2	*Arabidopsis*	Crescimento reduzido e resistência à seca	Sakamoto *et α/.*, 2004
CBF4	Fator de transcrição	*Arabidopsis*	Tolerância à seca e ao congelamento (através da ativação do elemento responsivo à desidratação/repetição C)	Haake *et al.*, 2002
CBLl	Proteína de deteção de Ca	*Arabidopsis*	Tolerância ao sal e à seca e sensibilidade ao frio	Cheong *al.* 2003
CBLl	Proteína de deteção de Ca	*Arabidopsis*	Resistência ao sal e à seca - transpiração reduzida	Albrecht *al al.*, 2003
CBP20	complexo de ligação da tampa	*Arabidopsis*	A perda de função (recessiva) induz resistência à seca	Papp *al al.*, 2004
CpMYB 10	Sensível à glicose e hipersensível ao ABA	*Arabidopsis*	Tolerância à dessecação e à salinidade	Villalobos *et α/.*2004
DREB	Fator de transcrição	*Arabidopsis*	Maior tolerância ao frio, à seca e à salinidade	Kasuga et *al.* 1999
DREBlA	Fator de transcrição	Tabaco	Tolerância à seca e ao frio	Kasuga *al al.*, 2004
DREBlA	Fator de transcrição	trigo	Murchidão retardada sob	Pellegrineschi

			stress hídrico	*al.*, 2004
NPK1	Proteína quinase activada por mitogénio	*Milho*	Resistência da fotossíntese à seca	Shou *et al.*, 2004
NtC7	Proteína transmembranar, regulação osmótica	Tabaco	Resistência ao stress osmótico	Tamura <?/ *al.*, 2003
0sCDPK7	Fator de transcrição	Arroz	Aumento da tolerância ao frio, à salinidade e à seca	Saijo *et al.* 2000
OSDREBIA	Fator de transcrição	*Arabidopsis*	Tolerância à seca, ao sal e à congelação	Dubouzet *et a/.*,2003
PARPl; PARP2	Polimerase de poli (ADP-ribose)	*Arabidopsis Brassica*	O silenciamento induz tolerância à seca e ao calor	Block *et al.*, 2005
SRK2C	Proteína quinase	*Arabidopsis*	Stress OsmóticoResistência à seca	Umezawa *et a/.*,2004
Tsil	Fator de transcrição	Tabaco	Aumentar o stress osmótico tolerância	Park *et al.* 2001
ZPT2-3	Codifica uma proteína de dedo de zinco do tipo Cys2/His2	Petúnia	Tolerância à desidratação	Shoji *et al.*, 2004
CBF3 e ABF3	Fator de transcrição	Arroz	Tolerância ao stress abiótico sem crescimento atordoante	Oh et "/., 2005
WXPl	Fator de transcrição	*Medicago*	Aumento da produção de cera cuticular e tolerância ao stress hídrico.	Zhang *et al.*, 2005
AtEBP	Fator de transcrição	tabaco	Resistente à morte celular induzida por BAX e stress abiótico	Ogawa *et al.*, 2005
Genes reguladores de hormonas				
AtNCED3	Aumento da síntese de ABA	*Arabidopsis*	Redução da transpiração e da resistência à seca	Iuchi *et al.*, 2001
PLD alfa	Expressão da fosfolipaseD(alfa)	*Arabidopsis*	Aumenta a sensibilidade ao ABA e reduz a transpiração	Sang *et al.* 2001
ZmACS	Síntese de etileno	*Milho*	O mutante não funcional expressou a senescência induzida pela seca	Todd *et al.*, 2004
Genes relacionados com o stress oxidativo				
ALR	AldoseZaldeído redutase	Tabaco	Tolerância à seca e aos UV-	Hideg *et al.*,

			B	2003
Apx3	Ascorbato peroxidase	Tabaco	Maior proteção contra o stress oxidativo	Wang *et al.* 1999
Apx3	Ascorbato peroxidase	Tabaco	Resistência à seca na fotossíntese	Juqiang Yan et *al.*2003
GST/GPX	Glutatião S- transferase com Glutatião peroxidase	Tabaco	Aumento da tolerância ao stress	Roxas et *al.* 2000
MsFer	Ferritina (armazenamento de ferro)	Tabaco	Aumento da tolerância aos danos oxidativos causados pelo excesso de ferro	Deak *et al.* 1999
SOD	Superóxido dismutase Cu/Zn	Tabaco, Tomate	Não se observa proteção contra a toxicidade do superóxido	Tepperman e Dunsmuir 1990
SOD	Superóxido dismutase Cu/Zn	Tabaco	Maior tolerância às tensões de sal, água e PEG,	Badawi *et al.*, 2004
SOD	Mn superóxido dismutase	Alfafa	Tolerância ao défice hídrico	McKersie *et al.*1993
SOD	Superóxido dismutase Mn/Fe	Alfafa	Aumento da fotossíntese dependente do fundo sob stress de seca ligeiro	Maria *et al.*, 1999
GF14	Proteína 14-3-3	Algodão	Murcham menos e mantêm uma fotossíntese mais elevada do que as plantas de controlo não transgénicas segregadas em condições de défice hídrico	Yan et al., 2004
SOD	Mn superóxido dismutase	Arroz	Tolerância ao stress hídrico	Wang et al., 2005
Genes que codificam chaperones moleculares				
BiP	Proteína de ligação ao retículo endoplasmático (BiP)	Tabaco	Manutenção do estado hídrico das plantas sob stress hídrico e defesa antioxidante	Alvim *et al.*, 2001
hs	Fator de transcrição de choque térmico	*Arabidopsis*	Aumento da tolerância térmica em plantas transgénicas	Leeeia/. 1995
HsplOl	Proteína de choque	*Arabidopsis*	Diminuição da tolerância	Hong e Vierling

	térmico		térmica no mutante deficiente em Hsp IOl (hotl)	2000
HsplOl	Proteína de choque térmico	*Arabidopsis*	Manipulação da tolerância ao themo em plantas transgénicas	Queitsch ei *al.* 2000
HsplOl	Proteína de choque térmico	Arroz	Tolerância ao calor no crescimento das plantas	Katiyar-Agarwal et *al.* 2003
Hsp 17.7	Proteína de choque térmico	Cenoura	Aumento ou diminuição da tolerância térmica	Malik *et al.* 1999
Hsp70	Anti-sentido induzido pelo calor HSP70	*Arabidopsis*	Aumento da tolerância térmica em plantas transgénicas	Lee e Schoof1996
TLHSl	HSP pequenas citosólicas de classe I com expressão excessiva	Tabaco	Tolerância térmica das plântulas	Park e Hong 2002
wx	Controlo da síntese de amilose	Arroz	Aumento do teor de amilose a baixa temperatura	Hirano e Sano 1998
Genes que codificam bombas de protões, antiportadores e transportadores de iões				
AqpLl	Aquaporina-Iike	Tabaco	Aumenta a absorção osmótica de água pelas células das folhas	Ding <?/ *al.*, 2004
AtMRP4	Transportador ABC de membrana plasmática da célula de guarda estomática ABCC- ,	*Arabidopsis*	Suscetibilidade à seca devido à perda de controlo dos estomas	Klein *et al.*, 2004
AVPl	Sobreexpressão da bomba de protões AVPl	*Arabidopsis*	Tolerância ao sal no crescimento e estado hídrico sustentado das plantas	Gaxiola *et al.*, 2001
NtAQPl	PIPI aquaporina da membrana plasmática	Tabaco	Condutância hidráulica radicular elevada e redução do défice hídrico das plantas sob stress hídrico	Franka *et al.*, 2002
PIP2;2	Eliminação da aquaporina da membrana plasmática	*Arabidopsis*	Redução da condutividade hidráulica das células do córtex radicular	Javot *et al.*, 2003
PIPlb	Sobreexpressão da	Tabaco	Nenhum efeito sob stress	Aharon *et al.*

	aquaporina da membrana plasmática		salino e efeito negativo sob stress hídrico	2003
RWC 3	Sobreexpressão da aquaporina	Arroz	Manutenção do potencial hídrico foliar e da transpiração sob stress IOh PEG	Lian *et al.*, 2004
Outros				
	Acumulação de diferentes solutos compatíveis	Tabaco	Fotossistema frio	Parvanova *et* "/., 2004
eibil	Wilty mutante, cutícula	Cevada selvagem	Suscetível à seca	Chen et *al.*, 2004

A partir da literatura citada acima, é evidente que foram feitos esforços consideráveis de investigação para a identificação de genes de plantas induzidos pelo stress de seca enumerados em várias plantas que são relativamente sensíveis à desidratação celular, em particular Arabidopsis thaliana e arroz. No entanto, mesmo com a recente adição de um exame aprofundado dos padrões de expressão dos genes utilizando microarrays de Arabidopsis, temos poucos conhecimentos sobre os aspectos funcionais dos genes que respondem ao stress de seca. Embora existam poucos relatórios disponíveis na literatura, relativos às respostas fisiológicas e bioquímicas do amendoim e do cavalinha a condições de stress de seca, as respostas moleculares destas importantes culturas são mal compreendidas. Para compreender melhor as alterações na expressão de genes de stress associados à tolerância à seca em duas culturas de leguminosas do semiárido, cavalinha e amendoim, a presente investigação utiliza uma abordagem genómica para a clonagem e caraterização de genes que respondem ao stress.

MATERIAIS E MÉTODOS

O presente estudo teve como objetivo clonar e caraterizar os genes responsivos ao stress hídrico diferencialmente expressos em duas culturas de leguminosas do semi-árido, nomeadamente o grão-de-bico e o amendoim. Para atingir o objetivo da investigação, foram realizadas várias experiências, cujos pormenores gerais são descritos a seguir.

Identificação de sistemas contrastantes de tolerância ao stress hídrico

A identificação de sistemas vegetais contrastantes, quer a partir de genótipos quer de espécies, é muito importante para compreender a resposta ao stress a nível molecular. Do mesmo modo, a imposição de stress que imite as condições naturais é também importante. Por conseguinte, foram desenvolvidos protocolos para impor o stress da seca em condições naturais semelhantes às do campo.

Conceção experimental

Sementes de duas espécies de culturas, cavalinha (Macrotyloma uniflorum (Lam.) Verdc.) Var.VZM1, amendoim (Arachis hypogaea L.) Var. K-134 foram adquiridas na Estação Experimental Agrícola de Andhra Pradesh, Anantapur. As sementes foram esterilizadas à superfície com uma solução de hipoclorito de sódio a 0,1% (p/v) durante 5 minutos, bem lavadas com água destilada, germinadas em vasos de plástico contendo 2 kg de mistura de solo: areia (2:1) e deixadas crescer durante catorze dias. Os vasos foram mantidos no jardim botânico do departamento sob fotoperíodo natural (10-12 horas; temperatura 28+ $^{4(0)}$C). As plântulas em vasos foram divididas em dois conjuntos: um conjunto de plantas (controlo) foi mantido a 100% da capacidade de campo (CF) através de rega diária, outro conjunto de plantas (stress) foi sujeito a stress de seca através da retenção de água e o stress foi continuado até serem observados sintomas de murchidão. As plantas foram mantidas durante mais vinte e quatro horas (a 0%FC). Em seguida, os vasos foram recarregados com água até a humidade do solo atingir 100% FC. Após três dias, foi monitorizada a sobrevivência das plântulas e a resposta de recuperação de ambas as espécies de culturas.

Capacidade de campo do solo

A mistura de solo e areia foi verificada quanto à capacidade máxima de retenção de água. Verificou-se que 1 kg de mistura de solo e areia (proporção 2:1) retém 180 ml de água. As plantas foram cultivadas numa quantidade conhecida de mistura de solo e areia e, por cada kg de material, foram adicionados 180 ml de água para manter 100% da capacidade de campo. Durante a imposição de stress, a capacidade de campo do solo foi monitorizada através da verificação da quantidade de água presente no meio do solo em comparação com a água máxima que este pode conter. A água perdida nos recipientes com plantas de controlo foi reposta regularmente.

$$\text{Percent field capacity} = \frac{\text{Water present in the soil medium}}{\text{Maximum water the soil can hold}} \times 100$$

Teor relativo de água

O conteúdo relativo de água (RWC) dos discos de folhas foi quantificado de acordo com Barrs e Weatherly (1968). Foi recolhido material foliar fresco de plantas de controlo e de plantas sujeitas a stress (ao nível de 20%FC) e foram preparados discos foliares de 1 cm de diâmetro. O peso fresco de 150 discos de folhas, em três réplicas, foi registado. Os discos de folhas foram colocados a flutuar em 10 ml de água durante 6 horas e deixados a ganhar turgidez. Em seguida, os pesos túrgidos foram registados e secos em estufa a 80°C durante 24 horas e o peso seco das amostras foi registado. A RWC foi quantificada e expressa em percentagem utilizando a seguinte fórmula.

$$RWC = \frac{\text{Fresh weight} - \text{Dry weight}}{\textit{Turgid weight} - \textit{Dry weight}} \times 100$$

Teor total de clorofila (TCC)

O teor de clorofila total foi estimado nas folhas de plantas de amendoim e cavalinha de controlo e de plantas sujeitas a stress de seca, de acordo com o método de Arnon (1949). As folhas frescas foram colhidas, lavadas e secas, e o material foliar foi homogeneizado num almofariz previamente arrefecido com acetona fria a 80%. O homogenato foi centrifugado a 3000 rpm durante 30 minutos e o sobrenadante foi recolhido. O sedimento foi reextraído com acetona a 80% fria. Todos os sobrenadantes recolhidos em cada momento foram agrupados e completados até um volume conhecido com acetona a 80%. A densidade ótica do extrato de acetona foi medida a 645 nm e 663 nm utilizando acetona a 80% como branco num espetrofotómetro (espetrofotómetro UV-Visível, Shimadzu-1601, Japão). O teor total de clorofila foi calculado utilizando a seguinte fórmula. Os resultados são a média de três réplicas.

$$TCC = 20.2 \times O.D. \text{ (at 645)} + 8.02 \times O.D. \text{ (at 663nm)}$$

Prolina livre

A extração e a estimativa da prolina livre foram feitas nas folhas de plantas de amendoim e cavalinha de controlo e de plantas sujeitas a stress de seca, de acordo com Bates *et al.*, (1973). 500mg de material vegetal foram homogeneizados num almofariz com pilão usando 10,0ml de ácido sulfossalicílico aquoso a 3%. O homogenato foi filtrado através de um pano de musselina com 4 camadas e o filtrado foi recolhido. A extração foi repetida duas vezes e todos os filtrados foram reunidos e completados até um volume conhecido.

Colocaram-se 2,0 ml do filtrado num tubo de ensaio e adicionaram-se 2,0 ml de ninidrina ácida e 2,0 ml de ácido acético glacial. Os tubos foram incubados a 100°C durante 1h num banho de água a ferver. Após a incubação, os tubos foram transferidos para um banho de gelo para terminar a reação. Foram adicionados 4,0 ml de tolueno ao conteúdo dos tubos e misturados cuidadosamente com um agitador de tubos de ensaio durante 15 segundos. O cromóforo contendo tolueno foi aspirado da fase aquosa. Em seguida, mediu-se a absorvância da solução a 520 nm num espetrofotómetro UV-Visível Shimadzu-

1601 (Japão), em relação ao tolueno. A prolina foi medida a partir da curva-padrão preparada com prolina autêntica e a sua quantidade foi calculada com base no peso seco.

Percentagem de sobrevivência das plântulas

A percentagem de sobrevivência das plântulas foi calculada com base no número de plântulas que sobreviveram após o tratamento de recuperação do stress, em comparação com o número total de plântulas inicialmente colocadas em cada vaso de plástico, utilizando a seguinte fórmula

$$\text{Percent survival of seedlings} = \frac{\text{Number of seedlings survived}}{\text{Total number of seedlings exposed to stress}} \times 100$$

Percentagem de retenção da área foliar

A área foliar foi medida tanto nas plântulas de controlo como nas de stress, utilizando o medidor de área foliar Delta-T (Delta-T devices Limited, Inglaterra) após 72 horas de recuperação. Foi calculada a percentagem de área foliar retida em comparação com o controlo.

$$\text{Percent leaf area retention} = \frac{\text{Leaf area per seedling in stressed plants}}{\textbf{Leaf area per seedling in control plants}} \times 100$$

Integridade das membranas em duas espécies de culturas

A integridade da membrana foi medida em plantas de horsegram e de amendoim com dezanove dias de idade. Foram preparados discos de folhas de 1 cm de diâmetro com uma broca de cortiça, depois de lavados em água destilada e secos, e submetidos a uma tensão de dessecação lenta e rápida numa câmara de crescimento mantida a uma temperatura de 35 °C, 60% de humidade relativa e uma intensidade luminosa de 700 pein/m^2/s. Para o stress de dessecação rápida, os discos de folhas foram submetidos a stress em placas de Petri abertas sobre papel de filtro seco, enquanto o stress de dessecação lenta foi imposto mantendo os discos de folhas em placas de Petri fechadas e deixando-os perder água lentamente. A percentagem de perda de água foi monitorizada por pesagem periódica. Os discos de folhas mantidos em papel de filtro húmido em condições semelhantes serviram de controlo. A percentagem de fuga, que reflecte a perda de integridade da membrana, foi quantificada seguindo o método explicado por Leopold et al., (1981).

Os discos de folhas de controlo e de stress foram incubados em 10 ml de água durante 2 horas. A solução foi filtrada e a DO foi examinada a 273 nm (DO inicial). Subsequentemente, os discos de folhas foram fervidos na mesma solução durante 30 minutos, arrefecidos, filtrados e a DO foi examinada a 273 nm (DO final). A percentagem de fuga foi calculada utilizando a fórmula. Os resultados são a média de 150 discos de folhas de cinco experiências independentes.

$$\text{Percent leakage} = \frac{\text{Initial OD}}{\text{Final OD}} \times 100$$

Otimização do nível de stress para a expressão máxima dos genes de stress

Os genes que respondem ao stress expressam-se após a imposição de stress por humidade. No entanto, é muito importante saber em que fase o gene se expressa a um nível máximo. Por conseguinte, o ARN isolado de folhas de horsegram e de amendoim sujeitas a diferentes níveis de stress foi analisado quanto à expressão de genes que respondem ao stress. Foram recolhidas amostras de folhas de plantas de horsegram e de amendoim sujeitas a diferentes níveis de humidade do solo (75, 55, 45, 35, 25 e 20%). O ARN foi extraído de plantas sujeitas a stress e das respectivas plantas de controlo, tendo sido efectuada uma análise de Norte com genes de stress conhecidos, utilizando os seguintes protocolos.

Isolamento do ARN total

O ARN total foi extraído de acordo com o protocolo descrito por Datta et al., 1989. O ARN adicional foi precipitado seletivamente com cloreto de lítio ($LiCl_2$). Teve-se o cuidado de utilizar materiais isentos de RNase para trabalhar o ARN, de acordo com as instruções (Sambrook et al., 1989). As soluções foram preparadas com 0,1% de pirocarbonato de dietilo (DEPC), exceto as soluções que continham Tris. A solução Tris foi preparada a partir de água estéril sem RNAse e autoclavada antes da utilização. Todo o material de vidro foi cozido a 200° C durante a noite. Os artigos de plástico certificados como isentos de RNase e DNase foram utilizados sem qualquer manuseamento adicional. Os tubos Oakridge foram pré-tratados com peróxido de hidrogénio a 3% (H_2O_2) durante uma noite e autoclavados antes de serem utilizados.

PROTOCOLO DE EXTRACÇÃO DE RNA

Foram recolhidos materiais frescos de folhas (1,5 g), congelados em azoto líquido e armazenados a -70°C

↓

O material congelado em azoto líquido foi levado para um pilão e triturado em pó fino em azoto líquido

↓

Foram adicionados 10 ml de tampão de extração e devidamente triturados [0,1 M Tris HCl pH 9,0, 0,25 M Sacarose, 0,2 M NaCl e 10 mM MgCl2]

↓

Adicionaram-se 10 ml de uma mistura de fenol (saturado com água) e clorofórmio (1:1) v/v e triturou-se

↓

Foram adicionados sequencialmente 1 ml de EDTA potássico 0,5 M e 1 ml de SDS a 20% e triturados novamente. A solução

A solução triturada foi transferida para um tubo de Oakridge.

↓

Adicionou-se 144 µl de⁄ ⅛ercaptoetanol e agitou-se a 4°C durante 20 min

↓

Centrifugou-se a 16.000 rpm durante 30 minutos e transferiu-se o sobrenadante para outro tubo de Oakridge. Adicionou-se um volume igual de clorofórmio:álcool isoamílico (49:1) à fase aquosa, agitou-se em vórtice e centrifugou-se a 15 000 rpm durante 15 minutos a 4°C

↓

A fase aquosa foi transferida para outro tubo de oakridge e adicionou-se LiCl2 8 M até à concentração final

de 3 M e mantida a 4°C durante 20 horas

↓

Centrifugado a 16.000 rpm durante 30 min a 4°C

↓

O sobrenadante foi rejeitado e o precipitado foi lavado com 5 ml de LiCl2 2 M e com 5 ml de etanol a 75 %

por centrifugação a 15 000 rpm durante 20 minutos a 4 °C

↓

O sedimento foi seco ao ar e dissolvido em 150 µl de água DEPC e a estimativa do ARN foi efectuada Espectrofotometricamente, diluindo 2 µl de ARN em 1 ml de água DEPC a 260 nm. A pureza foi verificada através da análise do rácio 260/280, bem como da visualização no gel desnaturante de formaldeído.

Separação do ARN e transferência para a membrana

O ARN total (20 µg) foi separado após eletroforese em gel desnaturante de formaldeído (Sambrook et al., 1989). As amostras foram colocadas em membranas de nylon Hybond N^+ (Amersham pharmacia, EUA).

Foi colocada uma folha de papel Whatman 3MM num suporte sobre um reservatório de 20 X SSC. Após a completa

Depois da saturação completa do pavio, o gel foi colocado cuidadosamente no topo para garantir que não havia bolhas de ar entre o gel e o pavio.

entre o gel e o pavio. Uma folha de membrana Hybond N^+ cortada à medida do gel foi humedecida com 20 X SSC e colocada no topo do gel. Colocou-se película aderente (Saran Wrap) à volta dos bordos do gel e da membrana para evitar "curto-circuitos" no procedimento de blotting. Seis folhas de papel 3MM (do mesmo tamanho que o gel e com a primeira folha humedecida com 20 X SSC) e uma pilha de toalhas de papel foram colocadas em cima da membrana. Após a transferência do ARN durante a noite, o filtro foi lavado com 2 X SSC e colocado sobre duas folhas de Whatman 3MM humedecidas com 2 X SSC. O ARN foi fixado à membrana por irradiação UV a 120 000 μJoules cm^{-2} durante 30 segundos, utilizando um UV Stratalinker (Stratagene).

Preparação da sonda

Os plasmídeos que contêm inserções Sdi (Sdi-1 e Sdi-8) (induzida pela desidratação do girassol) foram fornecidos pela Prof.ª Françoise Cellier, França, pcC 3-06 (clones de Craterostigma de plantas) pela Prof.ª Dorothea Bartels, Alemanha, e Gdi-15 (induzida pela dessecação do amendoim) pela Prof.ª Udayakumar, Bangalore). Estes clones Sdi, *pCC* e *Gdi* foram transformados em células DH5α E. *coli* seguindo o procedimento de transformação com cloreto de cálcio (Sambrook *et al.*, 1989).

Preparação de células competentes e transformação

As células E. *coli* DH5α foram cultivadas em meio LB (100 ml) a 37°C com agitação vigorosa até a OD_{600} atingir 0,4-0,5. As células foram colhidas por centrifugação a 3000 rpm durante 10 minutos a 4 °C. O sedimento foi suspenso em 20 ml de CaCl2 50 mM e incubado em gelo durante 1 hora. As células foram recolhidas por centrifugação a 3000 rpm durante 10 minutos a 4 °C e ressuspendidas em 4 ml de CaCl2 50 mM, 20% de glicerol e incubadas a 4 °C durante 2 horas. Alíquotas de 0,1 ml de suspensão celular foram colocadas em tubos Eppendorf e armazenadas a -80°C. Os fragmentos de ADN foram ligados aos vectores plasmídicos adequados utilizando T4 DNA ligase durante a noite a 16°C. A mistura de ligação foi adicionada às células competentes, misturada suavemente e incubada em gelo durante 30 min. As células foram submetidas a um choque térmico a 42° C durante 90 segundos e arrefecidas imediatamente em gelo durante 1 minuto. Permitiu-se que as células recuperassem, adicionando 1 ml de meio LB ao tubo e incubando a 37° C durante 1 hora com agitação lenta. Foram colocados volumes diferentes de células competentes transformadas em placas LB contendo 100 Lg/ml de ampicilina (ou o antibiótico desejado) e incubadas de um dia para o outro a 37 °C. As colónias transformadas foram selecionadas e os plasmídeos foram isolados para cada construção seguindo o método de lise alcalina (Sambrook *et al.*, 1989).

Isolamento e purificação em pequena escala do ADN de plasmídeos (lise alcalina)

Cinco ml de cultura de células bacterianas cultivadas durante a noite foram colhidos por centrifugação à velocidade máxima durante 30 segundos. O sedimento foi ressuspenso em 100 μl de solução I gelada (50 mM Tris-HCl, pH 8,0, 10 mM EDTA, 100 Lig ml RNase A) e agitado vigorosamente em vórtex. As células foram lisadas adicionando 200 μl de solução II recentemente preparada (200 mM NaOH, 1 % SDS) e misturadas suavemente por inversão. Foram então adicionados 150 μl de solução III refrigerada (acetato de potássio 3,0 M, pH 5,5), bem misturados e incubados em gelo durante 3-5 minutos. O sobrenadante foi recolhido por centrifugação à velocidade máxima durante 5 minutos a 4°C e extraído uma vez com igual volume de Fenol:Clorofórmio:Álcool isoamílico (25:24:1). O ADN foi precipitado pela adição de 0,7 volumes de isopropanol e o sedimento recuperado por centrifugação à velocidade máxima durante 5 minutos. O sedimento de ADN plasmídico foi lavado com etanol a 70 %, seco ao ar e dissolvido em tampão TE.

As inserções clonadas foram libertadas por digestão de restrição com diferentes enzimas, as inserções Sdi (Sdi-1 e Sdi-8) com a enzima EcoRI, pcC 3-06 com Pst-1, Gdi-15 com EcoR1 e Xho1 e as inserções foram eluídas do gel após a técnica de congelação-descongelação.

Método da fratura por congelação com fenol

Os pedaços cortados de gel de agarose que contêm a banda foram macerados passando-os através de uma agulha ligada a uma seringa. Adicionou-se um volume igual de Tris-Cl, pH 8,0, fenol saturado, agitou-se em vórtice e congelou-se a -80°C durante 1 hora. As amostras foram então centrifugadas a 13.000 rpm durante 5 minutos à temperatura ambiente. A fase aquosa superior foi recolhida e submetida a duas rondas de tratamento com clorofórmio e clorofórmio/álcool isoamílico (24:1). O fragmento de ADN foi então precipitado por adição de 0,1 volume de Na-acetato 3 M (pH 4,8) e 2,5 volumes de etanol com glicogénio adicionado a uma concentração final de 40 µg/ml do volume total e mantido durante 1 hora a -80°C. O ADN foi recolhido por centrifugação a 14 000 rpm durante 15 minutos a 4 °C, lavado com álcool a 70%, seco ao ar e dissolvido em TE.

Coluna de extração de gel Qiaquick

Aos pedaços cortados de gel de agarose que contêm o fragmento de ADN pretendido, foram adicionados 3 volumes de tampão QG, tal como fornecido com o kit de extração de gel Qiaquick (Qiagen GmbH, Hilden, Alemanha), que foram dissolvidos por aquecimento a 50°C durante 10 minutos. A mistura foi colocada na coluna de centrifugação Qiaquick e centrifugada brevemente. O fluxo foi eliminado e a coluna foi lavada duas vezes com tampão PE. O fragmento de ADN purificado foi eluído com 50 µl de Tris-Cl 10 mM, pH 8,0

Preparação da sonda marcada radioactivamente

Preparação aleatória

Cinquenta nanogramas de cada inserção foram radiomarcados com (α^{32}P)dCTP, seguindo as instruções do kit de marcação aleatória (GIBCO-BRL). A marcação aleatória de primers foi efectuada de acordo com as instruções do fabricante (Gibco BRL), numa mistura de reação de 50 µl que continha 50ng de modelo de ADN plasmídico, 15 µl de tampão, 2 µl de dATP, dGTP, dTTP e 5 µl de [α^{32}P]dCTP e 1 µl de enzima de Klenow. Esta mistura foi incubada a 25°C durante 1 hora. A reação foi interrompida pela adição de 5 µl de tampão de paragem da reação. A mistura de reação foi fervida durante 5 minutos e mantida no gelo para a purificação da sonda.

Pré-hibridação, hibridação e lavagens

A membrana contendo o RNA reticulado foi transferida para o frasco de hibridização e pré-hibridizada em 8 ml de solução de Church (1%BSA, 1 mM EDTA, 0,25 M Na_2HPO_4-NaH_2PO_4, 7%SDS) e 10 µg/mL de DNA de espermatozoide de salmão a 65°C por 5 horas.As sondas individuais foram fervidas, imediatamente congeladas em gelo e adicionadas ao tampão de pré-hibridização de tal forma que a contagem na solução foi de 0,5-1,0 milhões de contagens por ml. A hibridação foi efectuada a 55ºC durante 16-20 horas.

Após a hibridação, as membranas foram lavadas à temperatura ambiente em 2X SSC, 0,5% SDS durante 15 min, a 55°C em 1X SSC, 0,5% SDS durante 15 min, 0,5 X SSC, 0,5% SDS a 55°C durante 15 min e, finalmente, 0,1 X SSC, 0,1% SDS a 55°C durante 15 min. O blot foi exposto numa película de raios X Kodak durante uma noite e revelado. Foi utilizado o mesmo protocolo para as experiências de análise do norte, exceto quando especificamente mencionado de outra forma.

Clonagem e caraterização de genes responsivos ao stress hídrico diferencialmente expressos após hibridação subtractiva

Existem muitos métodos para identificar genes diferencialmente expressos. No entanto, muitos deles têm os seus próprios méritos e deméritos. Aqui seguimos a hibridação subtractiva para clonar os genes diferencialmente expressos de plantas de cavalinha e amendoim expostas ao stress da seca.

Flow chart: cDNA subtractive hybridization method

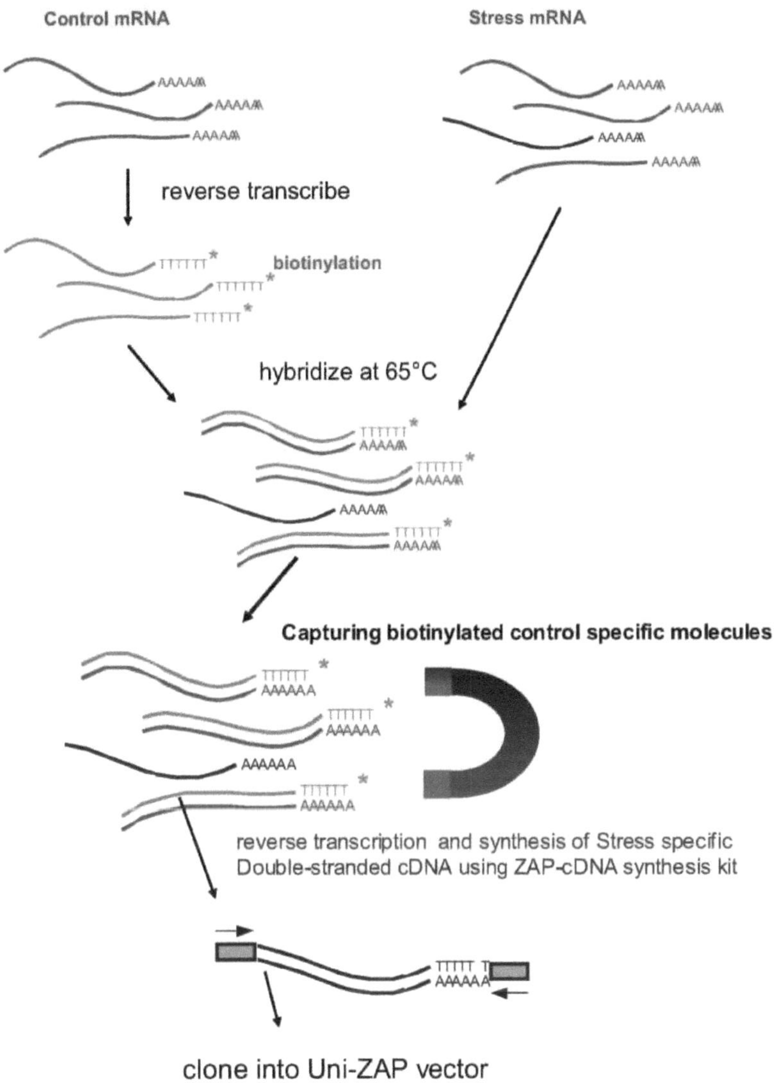

Hibridação subtractiva

Foi efectuada uma hibridação subtractiva entre o cDNA de cadeia simples de controlo biotinilado e o mRNA sob tensão (Mishra et al., 2005). Foi produzida uma biblioteca primária de cDNA utilizando um kit de síntese de cDNA lambda ZAP XR (Stratagene, EUA). Tomou-se o cuidado de tornar todas as soluções, material de vidro e plástico livres de RNase. A hibridação subtractiva foi efectuada de acordo com o protocolo apresentado no fluxograma 1.

O protocolo foi subdividido em 8 etapas.

a) Extração de ARN total de folhas de controlo e de folhas sujeitas a stress

b) Purificação de ARNm a partir de ARN total

c) Síntese de sscDNA de controlo utilizando Oligo dT marcado com biotina

d) Hibridação subtractiva entre sscDNA de controlo e mRNA de stress e precipitação selectiva de mRNA específico de stress

e) Síntese de cDNA específico do stress e conversão de cDNA subtraído de cadeia simples em cDNA de cadeia dupla

f) Bloqueio do cDNA, fosforilação e ligação do adaptador

g) Digestão por restrição e fracionamento por tamanho.

h) Ligação ao vetor Uni-ZAP XR e empacotamento in vitro utilizando Packaging Extração **a. Extração de ARN total de folhas de controlo e de folhas sujeitas a stress**

Uma vez que a expressão máxima dos genes conhecidos que respondem ao stress foi observada depois de o solo atingir 25% da capacidade de campo, foi efectuada uma subtração para clonar os genes que foram expressos em plantas de horsegram e de amendoim sujeitas a stress de seca. O RNA total foi extraído de folhas de plantas sem stress (100% da capacidade de campo) e com stress de seca (25% da capacidade de campo) seguindo o protocolo mencionado anteriormente.

b. Purificação de ARNm a partir de ARN total

Aproximadamente 750 µg (stress) e 750 µg (controlo) de ARN total foram dissolvidos em Tris 10 mM, pH 7,5
em água tratada com DEPC e adicionou-se KCl até à concentração final de 0,5 M. O ARN foi aquecido a 70°C
durante 10 min para remover todas as estruturas secundárias e adicionou-se 200 ng de iniciador oligo dT biotinilado na extremidade 5' e deixou-se recozer
e deixou-se recozer por arrefecimento lento até à temperatura ambiente (30 min). Entretanto, 100 µl de suspensão de pérolas paramagnéticas ligadas à estreptavidina (Roche, Alemanha) foram lavados duas vezes com Tris 10 mM, pH 7,5, contendo KCl 500 mM (preparado com água DEPC). A suspensão de esferas paramagnéticas ligadas à estreptavidina lavadas foi adicionada à solução de ARN contendo oligo dT e mantida à temperatura ambiente durante 20 minutos. O ARNm, juntamente com as esferas de estreptavidina, foi retirado com a ajuda de um separador magnético (Roche, Alemanha) e lavado duas vezes com 500 µl de Tris 10 mM contendo KCl 500 mM para eliminar qualquer ARN contaminante não ligado. As esferas lavadas foram suspensas em 250 µl de água tratada com DEPC e incubadas durante

5 minutos num banho de água a 70 °C. As esferas de estreptavidina foram rapidamente separadas do ARNm com um separador magnético. O ARNm foi precipitado com acetato de sódio e 2,5 volumes de álcool absoluto. Após a precipitação durante a noite a -20°C, foi pelleted e dissolvido em água DEPC (28 µl no caso de controlo e 41µl no caso de stress).

c. Síntese de cDNA de cadeia simples de controlo (condutor) utilizando Oligo dT marcado com biotina

O ADNc de primeira cadeia foi sintetizado a partir do ARNm de controlo (condutor) utilizando 100 µg de oligo dT biotinilado e transcriptase reversa superscript (Invitrogen, EUA). O ADNc foi purificado utilizando colunas de purificação de PCR (Qiagen, Alemanha) e precipitado utilizando acetato de sódio e 2,5 volumes de álcool absoluto. Após a precipitação nocturna a -20°C, foi pelletizado e dissolvido em 41 µl de água sem nuclease.

d. Hibridação subtractiva entre o sscDNA de controlo e o ARNm do stress e precipitação selectiva do ARNm específico do stress

Hibridação subtractiva entre 41 µl de mRNA de stress (testador) e 41,0 µl de cDNA de cadeia simples biotinilado (condutor) na presença de 16,6 µl de KCl 3M (conc. final 0,5M) e 1,0 µl de Tris-Cl 1M (conc. final 10mM) a 65 °C durante 1 hora em banho-maria. Após 1 hora, adicionar 50µl de esferas paramagnéticas lavadas ao tubo de reação e aquecer a 70°C durante 5 minutos. O ARNm específico do stress (testador) foi rapidamente separado dos híbridos com um separador magnético. O ARNm subtraído foi precipitado com acetato de sódio e 2,5 volumes de álcool absoluto. Após a precipitação nocturna a -20°C, foi pelleted e dissolvido em 37,5 µl de água tratada com DEPC.

e. Síntese de cDNA específico do stress e conversão de cDNA subtraído de cadeia simples em cDNA de cadeia dupla

A síntese da primeira cadeia de cDNA foi efectuada com mRNA subtraído. O ARNm subtrativo foi utilizado como modelo e preparado com oligodT concebido com uma sequência "GAGA" para proteger a enzima de restrição XhoI. O cDNA da primeira cadeia foi sintetizado utilizando os componentes do lambda ZAP XR cDNA Synthesis Kit (Stratagene, EUA) e incubado a 42°C durante 1 hora na presença de modelo, iniciador, dNTPs, tampão de reação e enzima Strata script reverse transcriptase, de acordo com o manual de instruções.

Primário para a síntese da primeira cadeia de cDNA

5′-GAGAGAGAGAGAGAGAGAGAACTAGT**CTCGAG**TTTTTTTTTTTTTTTTTT-3-" GAGA"
Sequence *XhoI* poly(dT)

O segundo suporte do cADN é feito utilizando a iniciação aleatória da primeira cadeia de cADN por iniciadores de ARN produzidos por digestão limitada do modelo de ARNm por E. coli RNAse H, seguida de transcrição com E. coli DNA polimerase I a 16 °C durante 2,5 horas.

f. Bloqueio do cDNA, ligação do adaptador e fosforilação

Após a síntese da segunda cadeia, o cDNA é desbastado através de um breve tratamento com a polimerase de ADN Pfu clonada, incubando a 72°C durante 30 minutos. Em seguida, foi tratado com fenol: clorofórmio (24:24) V/V e foi recolhido um volume igual de clorofórmio e de fase aquosa. O cDNA em extremidade cega presente na fase aquosa foi precipitado com 2,5 volumes de etanol na presença de acetato de sódio 3M durante uma noite a -20°C. A película foi novamente aglomerada por centrifugação a 4°C durante 1 hora e lavada com etanol a 80%. Secagem ao ar e ligação com adaptadores EcoRI por incubação durante a noite a 8°C na presença de T4 DNA ligase. A reação foi interrompida colocando os tubos num banho de água a 70°C durante 30 minutos e fosforilou-se o adaptador incubando a reação a 37°C durante 30 minutos na presença de T4 polinucleótido quinase.

g. Digestão de restrição e fracionamento de tamanhos

O ADNc ligado ao adaptador foi digerido com a enzima de restrição XhoI a 37°C durante 1,5 horas, seguido de precipitação com etanol e o sedimento foi dissolvido em corante de carga. As moléculas de ADNc digeridas foram separadas com base no seu tamanho utilizando uma coluna de filtração em gel de sepharose CL-2B, tendo sido recolhidas as três primeiras fracções (cada fração contém três gotas). Estas fracções foram reunidas e precipitadas com 2,5 volumes de etanol na presença de acetato de sódio 3M durante uma noite a -20°C. Posteriormente, o pellet foi agitado por centrifugação a 4°C durante 1 hora e lavado com álcool a 80% e, finalmente, dissolvido em 15µl de água esterilizada.

h. Ligação ao vetor Uni-ZAP XR e empacotamento in vitro utilizando a extração de empacotamento (Stratagene)

A fração de concentração de cDNA foi quantificada utilizando o ensaio em placa com brometo de etídio. 100 ng de cDNAs foram ligados a 1 µg de vetor Uni-Zap XR pré-digerido numa razão molar de 1:1 utilizando T4 DNA ligase e incubados a 12°C durante dois dias.

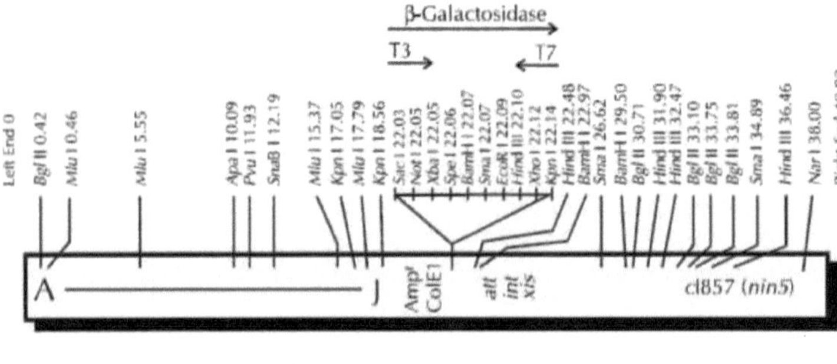

Mapa do vetor de inserção Uni-ZAP XR.

Após a ligação estar concluída, 4 µl de reação de ligação foram embalados em células XL1-Blue MRF'usando o extrato de embalagem Gigapack III Gold de acordo com as instruções de embalagem. Os fagos e as bactérias foram incubados a 37°C durante 15 minutos para permitir que os fagos se ligassem às células hospedeiras bacterianas. Foram adicionados 3 ml de ágar NZY top à reação de acondicionamento e deixados arrefecer até ~48°C, sendo imediatamente colocados em placas de ágar NZY pré-aquecidas e secas. As placas foram deixadas em repouso durante 10 minutos, após o que foram invertidas e incubadas a 42°C. Após 6 horas, foram observadas placas visíveis nas placas. As placas selecionadas aleatoriamente da placa de ágar foram transferidas para um tubo de microcentrífuga estéril contendo 500 μl de tampão SM e 20 μl de clorofórmio e armazenadas a -80°C para análise posterior.

Análise da biblioteca subtraída

Presença de inserção

As colónias que continham a inserção foram analisadas submetendo as placas isoladas diretamente à reação em cadeia da polimerase (PCR). A PCR de colónias foi realizada tomando 2 μl de placa individual única que foi dissolvida em tampão SM, como modelo e amplificada por PCR utilizando primers universais M13 forward (5'- GTAAAACGACGGCCAGT-3') e primers reversos (5'-GGAAACAGCTATGACCATG-3') complementares às sequências do vetor que flanqueiam as inserções de cDNA, a PCR foi realizada numa microplaca de 96 poços. A mistura de reação de 100 **μl** continha 2μl de cada iniciador (150ng/μl), 10 μl de tampão de ensaio Taq-polimerase 10X (Genotex international, Hyderabad, Índia), 2 μl (10 mM) de dNTPs (Amarsham Pharmacia) e duas unidades de enzima Taq-polimerase (Genotex international, Hyderabad, Índia). As inserções foram amplificadas num termociclador programado PTC 100™ (MJ Research, EUA) utilizando um programa de amplificação de 94^{0}C durante 5 minutos, 94^{0}C durante 1 minuto, 55^{0}C durante 1 minuto, 72^{0}C durante 1 minuto, com a extensão final a 72^{0}C durante 10 minutos e o ciclo foi repetido 30 vezes. Após a reação, o produto foi separado num gel de agarose a 1% para identificar os clones positivos.

Preparação de modelos para sequenciação

As reacções de PCR que produziram uma única banda e apresentaram um tamanho superior a 300 pares de bases na PCR de colónia com os iniciadores M13 Forward e Reverse foram selecionadas para sequenciação. Em primeiro lugar, as reacções PCR foram purificadas utilizando o kit de purificação Strata Prep 96 PCR (Stratagene, EUA), uma tecnologia especial de matriz de fibra à base de sílica num formato de 96 poços para capturar ADN na presença de um sal caotrópico. Os contaminantes nas amostras de PCR são lavados com a utilização de um coletor de vácuo para facilitar o fluxo de soluções através da matriz de fibras, enquanto o ADN permanece ligado. A eluição para 60μl de água esterilizada foi efectuada por centrifugação, pelo que a amostra de PCR recuperada estava limpa e foi utilizada para reacções de sequenciação.

Sequenciação de cDNA, processamento e análise de bases de dados

A extremidade 3'da sequência de cADN foi determinada utilizando o kit de terminação DYEnamic ET Dye (Amersham Pharmacia, Uppsala, Suécia) e o sistema de análise de ADN MegaBACE 1000 (Amersham Pharmacia, Uppsala, Suécia). As sequências são processadas utilizando o pipeline HarvEST (http://harvest.ucr.edu) para remover sequências de vectores e oligo de clonagem e vários contaminantes, e para cortar numa região de alta qualidade. Com base nas sequências qualificadas, as sequências de aminoácidos previstas foram utilizadas para procurar sequências de péptidos semelhantes em bases de dados públicas do NCBI (http://www.ncbi.nlm.nih.gov) (National Center for Biotechnology Information, Bethesda, EUA), utilizando o algoritmo de pesquisa BlastX (Altschul et al.,1997) e os parâmetros predefinidos do programa foram utilizados em todos os casos. As pontuações de semelhança entre os clones de cDNA e as sequências conhecidas foram representadas pelos valores E de probabilidade do BlastX. Os cDNAs foram classificados de acordo com os valores E gerados nas pesquisas BLAST.

Classificação funcional de ESTs

Se um EST tiver uma boa correspondência na base de dados com um bom valor E, diz-se que tem uma correspondência significativa. As ESTs classificadas em diferentes categorias funcionais baseiam-se nos nossos conhecimentos de bioquímica, fisiologia vegetal e biologia molecular vegetal (http://www.MetaCyc.org/) e na pesquisa de resumos relacionados na PubMed (http://www.ncbi.nlm.nih.gov/PubMed/).

Análise de macroarray

Amplificação por PCR de inserções de cDNA das bibliotecas de cDNA subtraídas de cavalinha e amendoim

Alguns clones selecionados de cDNA de cavalinha e amendoim foram amplificados por PCR com primers universais T3 (5'- AATTAACCCTCACTAAAGGG-3') e T7 (5'GTAATACGACT CAC TATAG GGC-3') em placas de 96 micropoços (Biorad, EUA) num termociclador programado PTC 100 (MJ Research, EUA). Uma vez que os cDNAs foram clonados no vetor derivado pBluescript, foram utilizados primers universais forward e reverse. Foram colocados 2 µL de cada clone (retirados de placas armazenadas em SM Buffer) em placas de 96 micropoços. Foi preparada uma mistura principal de PCR e foram dispensados 98 µL em cada poço.

Mistura de reação PCR (µL)

H O_2	80
Tampão PCR 10 X	10
dNTP 10 mM (cada)	02
Iniciador T3 (150ng/µL)	02
Primário T7 (150ng/µL)	02
Taq polimerase	02
Clone (modelo)	02
Volume total	100 µL

A placa de 96 micropoços foi selada e colocada num termociclador da MJ Research.

A amplificação foi efectuada nas seguintes condições

Ciclos	Desnaturação		Recozimento		Extensão	
	Tempo (min)	0°C	Tempo (min)	0°C	Tempo (min)	0°C
1	5	94	1	55	1	72
30	1	94	1	55	1	72

Após a ciclagem, a reação foi incubada durante 10 min a 72°C e mantida a 4°C.

As amostras adicionais de PCR foram purificadas utilizando o kit de purificação Strata Prep 96 PCR (Stratagene, EUA), como mencionado anteriormente.

Colocação de ADN em filtros de nylon

O macroarray de cDNA foi preparado seguindo um método padrão (Boominathan et al., 2004). Foram dispostos 100 ng de produtos de PCR de cada clone EST a partir de uma placa de 96 poços em duas membranas de nylon idênticas (15x12 cm) (Amersham Pharmacia, Suécia) utilizando o aparelho Bio-Dot de 96 poços (Bio-Rad, EUA) com a utilização de um coletor de vácuo. Além disso, foi utilizado um produto de PCR da rubisco, do ARN ribossómico 40s e da tubulina como controlos positivos e o vetor pBSK como controlo negativo. Após secagem ao ar, as membranas de foram desnaturadas em NaOH 0,6 M durante 5 minutos, neutralizadas em Tris-HCl 0,5 M (pH 7,5) durante 5 minutos e lavadas em água destilada durante 3 minutos. As amostras marcadas foram reticuladas às membranas por irradiação UV a 120 000 μJoules cm^{-2} durante 30 segundos, utilizando um Stratalinker (Stratagene, EUA). Após lavagem em 2 x SSC, as matrizes foram secas durante 1 hora a 80°C e armazenadas à temperatura ambiente até nova utilização.

Preparação da sonda de cDNA

O RNA total foi isolado das folhas de estresse por seca (25%FC), sal (250mM) por 2 dias e frio (4°C) por 24 horas, como descrito anteriormente. sondas de cDNA foram preparadas a partir do RNA total usando transcrição reversa. A reação de transcrição reversa foi realizada em uma solução de 40μl da seguinte forma: 2 μl de Oligo$(dT)_{18}$, 30μg de RNA total e água destilada (até 20 μl), aqueceu-se a mistura a 65°C por 5 min e resfriou-se rapidamente em gelo, coletou-se o conteúdo por breve centrifugação. Em seguida, foram adicionados 8 μl de 5 X First-Strand Buffer, 4 μl 0,1 M DTT, 2μl 10 mM dNTP Mix (10 mM cada dATP, dTTP, dGTP), 6μl (^{32}P)dCTP e 2μl (400 unidades) SuperScripts ™ II (Invitrogen) e os tubos foram misturados por incubação suave a 42°C durante 1 hora. As sondas foram desnaturadas num bloco de aquecimento a 100°C durante 5 minutos, seguidos de 5 minutos em gelo, e depois utilizadas para hibridação.

Hibridação e digitalização de macroarranjos

As membranas reticuladas foram transferidas para o frasco de hibridação e pré-hibridizadas em 8 ml de solução Church (1%BSA, 1 mM EDTA, 0,25 M Na_2HPO_4-NaH_2PO_4, 7% SDS) e 10 µg/mL de ADN de esperma de salmão a 65°C durante 5 horas. As sondas desnaturadas foram então adicionadas à solução e a hibridização foi realizada durante a noite a 65 ° C. Após a hibridação, as membranas foram lavadas à temperatura ambiente em 2X SSC, 0,5%SDS durante 15 min, a 65°C em 1X SSC, 0,5% SDS durante 15 min, 0,5 X SSC, 0,5% SDS durante 15 min e, finalmente, com 0,1X SSC, 0,1% SDS durante 15 min. Em seguida, os filtros foram secos por um curto período de tempo, cobertos com película aderente e submetidos a uma análise com o Phosphor Imager, expondo-os a um ecrã de fósforo (Amersham Biosciences, Suécia) durante a noite. As imagens foram obtidas por varrimento das membranas com um scanner Typhoon 9210 (Amersham Biosciences, Suécia).

Análise de dados

A análise dos dados foi efectuada com o software Image Quant TL v 2005 (Amersham Biosciences, Suécia). A intensidade radioactiva de cada ponto foi quantificada como valores de volume e os níveis de fundo locais subtraídos, resultando em valores de volume subtraídos designados por sVOL. Foi utilizado um ARN ribossómico de 40s como controlo interno, cujo valor de volume subtraído permite uma quantificação exacta.

Análise de gel-blot de ARN

O RNA total isolado das folhas de stress de seca (25%FC), sal (250mM) durante 2 dias, frio (4°C) durante 24 horas e controlo que cresceu em condições normais foi utilizado para análise de RNA em gel-blot. 20µg de RNA total foram transferidos para a membrana e a análise do norte foi realizada seguindo o protocolo mencionado anteriormente.

Preparação da sonda

Alguns clones selecionados de cDNA de cavalinha e amendoim foram amplificados por PCR com primers universais T3 e T7. 1 µL de cada clone (retirado de uma placa armazenada em tampão SM) foi utilizado como modelo para a PCR. Foi preparada uma mistura principal de PCR com (^{32}P)dCTP e foram dispensados 49 µL em cada tubo.

Mistura de PCR Mistura de reação (µL)

$H O_2$ 38

Tampão PCR 10 X 05

dNTP 10 mM (-CTP) 01

Primário T3 (150ng/ µL) 01 Primário T7 (150ng/ µL) 01 Taq polimerase 01

Clone (modelo) 01

(^{32}P)dCTP 02

Volume total 50 µL

A amplificação foi efectuada nas seguintes condições:

Ciclos	Desnaturação		Recozimento		Extensão	
	Tempo (min)	O°C	Tempo (min)	0°C	Tempo (min)	0°C
1	5	94	1	55	1	72
30	1	94	1	55	1	72

Após a ciclagem, a reação foi incubada durante 10 min a 72°C e mantida a 4°C.

A reação de PCR marcada radioactivamente foi purificada dos dNTPs não incorporados utilizando colunas de purificação de PCR (Qiagen, Alemanha).

As sondas individuais foram fervidas, imediatamente congeladas em gelo e adicionadas ao tampão de pré-hibridação de forma a que a contagem na solução fosse de 0,5-1,0 milhões de contagens por ml. A hibridação foi efectuada a 55°C durante 16-20 horas.

Após a hibridação, as membranas foram lavadas à temperatura ambiente em 2X SSC, 0,5% SDS durante 15 minutos, a 55°C em 1X SSC, 0,5% SDS durante 15 minutos, 0,5 X SSC, 0,5% SDS durante 15 minutos e, finalmente, com 0,1X SSC, 0,1% SDS durante 15 minutos. Em seguida, os filtros foram secos por breves instantes, cobertos com película aderente Saran Wrap e submetidos a análise com Phosphor Imager, expondo-os a um ecrã de fósforo (Amersham Biosciences, Suécia) durante a noite. As imagens foram obtidas por varrimento das membranas com um scanner Typhoon 9210 (Amersham Biosciences, Suécia).

Análise estatística

Os dados obtidos em todos os casos foram submetidos a uma análise de variância (ANOVA) e os valores médios foram comparados pelo teste de Duncan de intervalo múltiplo (DMR) ao nível de 0,05% (Duncan, 1955).

RESULTADOS E DISCUSSÃO

O presente estudo trata da "Clonagem molecular e caraterização de genes diferencialmente expressos em cavalinha (Macrotyloma uniflorum (Lam.) Verdc.) e amendoim (Arachis hypogaea L.) sob stress de seca". Inicialmente, foi padronizado um protocolo de indução de stress de seca e duas espécies de culturas foram analisadas quanto à sua tolerância ao stress de seca. Além disso, foram construídas duas bibliotecas de cDNA subtrativo de alta qualidade para ambas as culturas, a fim de clonar genes diferencialmente expressos em situações de stress hídrico.

Protocolo fiável de indução de stress para stress de seca

No presente estudo, foi imposto um stress hídrico gradual às plantas em condições climáticas naturais semelhantes às do campo. O estado hídrico do solo e das plantas foi monitorizado como medida do stress hídrico pelo método gravimétrico. Os protocolos de indução de stress foram normalizados para ambas as culturas, submetendo-as a um stress hídrico gradual mas severo.

Estudos de desidratação

A resposta ao stress de duas espécies de culturas, nomeadamente o horsegram e o amendoim, foi avaliada de acordo com os protocolos de stress normalizados. Plantas de horsegram e de amendoim com dezanove dias de idade foram submetidas a stress de seca através da retenção de água. O estado da água no solo das plantas (percentagem da capacidade de campo) foi medido a intervalos regulares pelo método gravimétrico e os resultados estão tabelados no quadro 1.

A partir dos resultados dos estudos de desidratação, verificou-se que o tempo necessário para atingir 20% de humidade no solo foi de aproximadamente 48 horas para o horsegram e 32 horas para o amendoim cultivado em vasos. Também se verificou no quadro 1 que o horsegram apresentou sintomas visuais de murchidão quando a humidade do solo atingiu 0% no dia 4 (78 horas) após os tratamentos de stress. No entanto, o amendoim apresentou sintomas visuais de murchidão a um nível de humidade do solo de 5% no dia 3 (52 horas) após os tratamentos de stress. O stress foi continuado até serem observados sintomas de murchidão em ambas as culturas, como mostram as figuras 1 e 2 (painel A).

Tabela 1. Protocolo de indução de stress

Temperatura 0±4°C

Humidade relativa 60%

Duração do stress Dia	 horas	 tempo	Capacidade de campo (percentagem)
GRAMA DE CAVALO:			
Dia I	0	8.00 A.M	100
	4	12.00 A.M	80.5
	8	4.00 P.M	62.0
Dia 2	24	8.00 A.M	57.9
	28	12.00 A.M	40.0
	32	4.00 P.M	25.6
Dia 3	48	8.00 A.M	21.4
	52	12.00 A.M	9.2
	58	4.00 P.M	1.1
Dia-4	74	8.00 A.M	0.0
	78	12.00 A.M	Plantas que apresentaram sintomas de murchidão
AMENDOIM :			
Dia I	0	8.00 A.M	100
	4	12.00 A.M	76.1
	8	4.00 P.M	50.8
Dia 2	24	8.00 A.M	46.0
	28	12.00 A.M	30.0
	32	4.00 P.M	20.5
Dia 3	48	8.00 A.M	16.0
	52	12.00 A.M	5.0 plantas apresentaram sintomas de murchidão

Figura 1. Indução e recuperação do stress de seca

Plantas de horsegram com dezanove dias de idade submetidas a stress de seca por retenção de água em condições naturais. O stress foi imposto até serem observados sintomas visuais de murchidão. Plantas sem stress mantidas a 100% F.C. As plantas foram mantidas mais 24 horas (a 0%FC).

Em seguida, os vasos foram regados até a humidade do solo atingir 100%FC. Após três dias, a resposta de recuperação foi monitorizada.

Figura 2. Estudos de indução e recuperação do stress de seca no amendoim

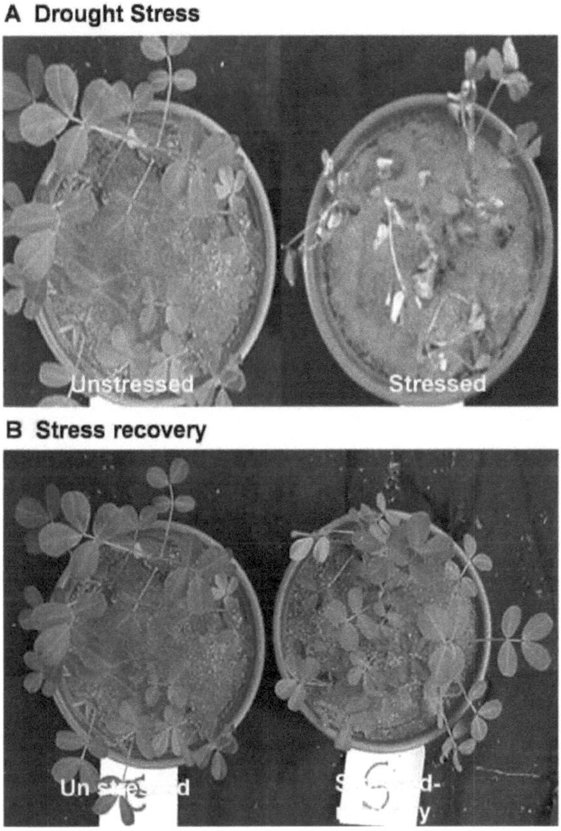

Plantas de amendoim com dezanove dias de idade submetidas a stress de seca por retenção de água em condições naturais. O stress foi imposto até serem observados sintomas visuais de murchidão. Plantas sem stress mantidas a 100% F.C. As plantas foram mantidas mais 24 horas (a 0%FC). Depois os vasos foram regados até a humidade do solo atingir 100%FC. Após três dias, a resposta de recuperação foi monitorizada.

O estado hídrico da folha em termos de conteúdo relativo de água (RWC) foi medido no horsegram e no amendoim submetidos a condições de controlo e de stress de seca (em murcha) e representado na figura 3. A partir da figura, verificou-se que o conteúdo relativo de água nas folhas do amendoim e do horsegram diminuiu em relação aos controlos. A percentagem de diminuição do RWC foi maior no amendoim (35,19) em comparação com o horsegram (25,98) após a indução de stress por seca. Os resultados também mostram claramente que o horsegram manteve um teor de água relativamente mais elevado do que o amendoim ao nível de stress estudado.

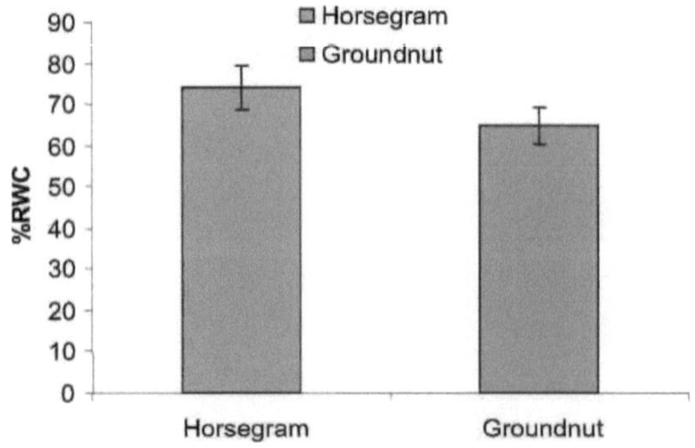

Figura 3. Plantas de horsegram e de amendoim cultivadas em vaso, com 19 dias de idade, sujeitas a stress de seca, tendo sido recolhidas amostras de folhas de plantas sem stress (100%FC) e com stress (em murcha) e medido o RWC.

O teor de clorofila total nas folhas de horsegram e groundnut em condições de controlo (100% FC) e de stress hídrico (20% FC) foi medido e representado na figura 4. O teor de clorofila total diminuiu ligeiramente nas folhas das plantas de horsegram e de amendoim em relação aos controlos. A percentagem de diminuição do teor de clorofila total foi de 1,386 mg g^{-1} de peso fresco no amendoim e de 1,497 mg g^{-1} de peso fresco no horsegram sob stress de seca. Em geral, o teor de clorofila total não foi muito afetado pelo stress hídrico em ambas as culturas.

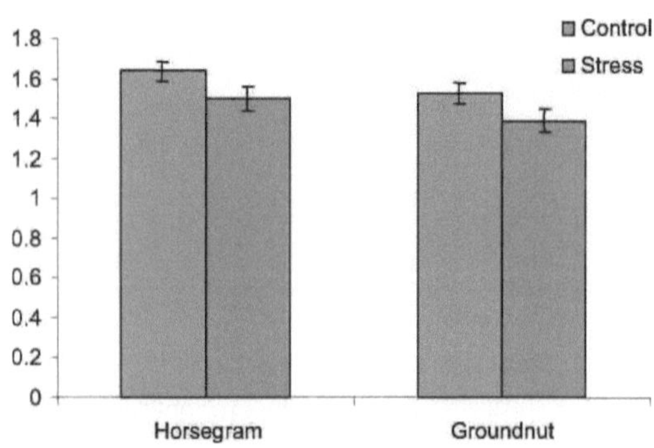

Figura 4. Plantas de horsegram e de amendoim cultivadas em vaso, com 19 dias de idade, submetidas a stress de seca, tendo sido recolhidas amostras de folhas sem stress (a 100%FC) e com stress (a 20%FC) e medido o teor de clorofila total.

O teor de prolina livre nas folhas do horsegram e do amendoim em condições de controlo (100% FC) e de stress de seca (20% FC) foi medido e os resultados são apresentados na figura 5. A partir da figura, o conteúdo de prolina livre nas folhas aumentou significativamente devido ao stress de seca no horsegram e no amendoim em relação aos controlos. O aumento percentual do teor de prolina livre foi maior no horsegram (68,27%) do que no amendoim (26,35%) sob stress de seca. Em geral, o stress da seca resultou numa acumulação significativa de prolina em ambas as culturas.

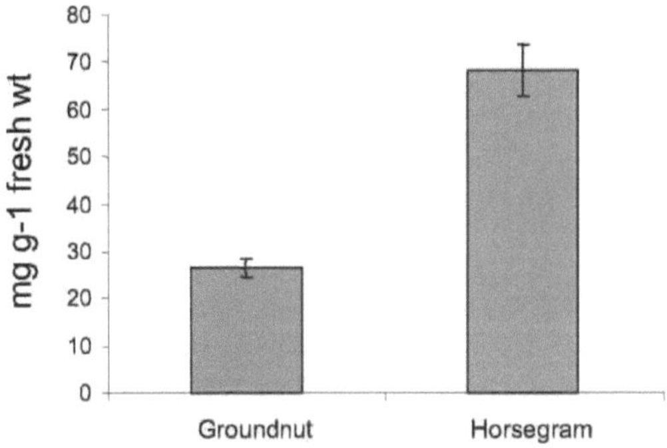

Figura 5. **Plantas de horsegram e de amendoim cultivadas em vaso, com 19 dias de idade, submetidas a stress de seca, tendo sido recolhidas amostras de folhas sem stress (a 100%FC) e com stress (a 20%FC) e medido o teor de prolina livre.**

Estudos de re-hidratação

As plantas stressadas foram mantidas a 0% de humidade no solo durante vinte e quatro horas. Em seguida, os vasos foram re-hidratados até a humidade do solo atingir 100% FC. Após três dias de reidratação, a sobrevivência das plântulas e a resposta de recuperação de ambas as espécies de culturas foram monitorizadas e apresentadas nas figuras 1 e 2 (painel B).

A tolerância relativa do cavalo-grama e do amendoim foi examinada em termos de sobrevivência das plântulas e de retenção da área foliar (área verde) e os resultados foram apresentados na figura 6. A partir dos resultados dos estudos de reidratação, observou-se que existe uma variação significativa na sobrevivência das plântulas e na retenção funcional da área foliar entre duas espécies de culturas expostas ao stress da seca. A percentagem de sobrevivência das plântulas foi de 88% e 100% no amendoim e no grão-de-bico, respetivamente. A retenção da área foliar (área foliar funcional) foi significativamente menor no amendoim (70%) quando comparada com o horsegram (95%) sob stress de seca.

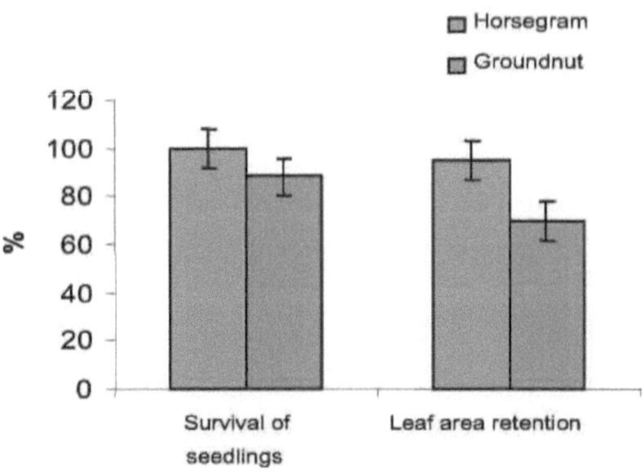

Figura 6. Três dias após a recuperação, foram calculadas a percentagem de sobrevivência das plântulas e a percentagem de retenção da área foliar em relação ao controlo. Os resultados são uma média de cinco réplicas (±SD).

Estas duas espécies de culturas foram analisadas quanto às suas diferenças nas respostas ao stress a nível celular. A integridade das membranas, que reflecte a tolerância relativa a um determinado stress, foi examinada em discos de folhas de amendoim e de cavalinha, expostos a um stress de dessecação rápida e lenta. Em ambos os tratamentos de dessecação rápida e lenta, os níveis de stress impostos foram os mesmos. Os discos de folhas foram dessecados até a perda de água atingir cerca de 60% e, posteriormente, a integridade da membrana foi examinada através da avaliação da percentagem de fuga. Observou-se que a duração do stress rápido foi de 2 horas no amendoim e de 3 horas no cavalo-grama para atingir 60% de perda de água, ao passo que, no stress de dessecação lenta, o tempo necessário para atingir 60% de perda de água foi de 6 horas no amendoim e de 8 horas no cavalo-grama.

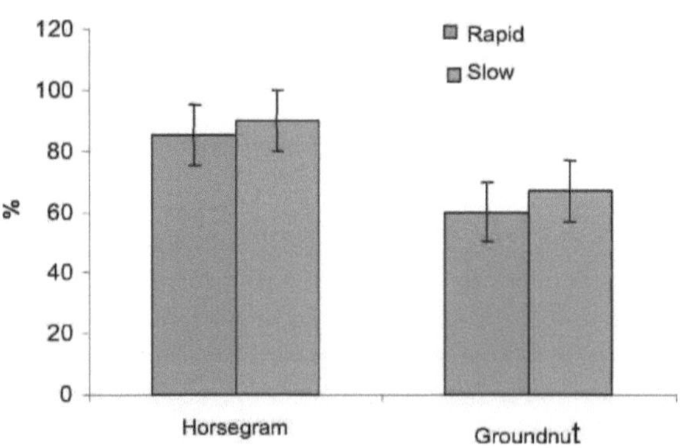

Figura 7. Os discos de folhas foram submetidos a uma dessecação rápida ou lenta até que a perda de água fosse de 60%. A percentagem de fuga dos discos de folhas dessecados de forma rápida e lenta foi examinada como uma medida da integridade da membrana.

Os resultados são a média de 150 discos de cinco experiências independentes. (± DP)

A integridade da membrana foliar em ambas as espécies de culturas em stress de dessecação rápida e lenta foi medida em termos de fuga de electrólitos e os resultados estão representados na figura 7. A partir dos resultados, observou-se que as duas espécies de culturas apresentavam diferenças significativas na integridade da membrana. O amendoim apresentou 60% de integridade da membrana, enquanto o cavalinha apresentou 85% de integridade da membrana durante o stress de dessecação rápida. A integridade da membrana foi de 67% no amendoim e de 90% no cavalinha durante o stress de dessecação lenta. No entanto, em ambas as espécies de culturas, os discos de folhas de controlo que não foram dessecados não apresentaram diferenças significativas na fuga de membranas. Em geral, tanto no stress de dessecação rápida como no stress de dessecação lenta, a integridade da membrana foi relativamente mais elevada no horsegram do que no amendoim, o que indica uma menor extensão dos danos causados à membrana devido ao stress de seca no horsegram.

Otimização dos níveis de humidade do solo para os genes que respondem ao stress

Uma das respostas moleculares das plantas ao stress é a expressão de genes que respondem ao stress. Para chegar a um nível de stress em que se induz a expressão máxima de genes que respondem ao stress, monitorizámos os níveis de expressão de genes que respondem ao stress conhecidos, nomeadamente pcC 03-06 late embryogenesis abundant group (LEA-3) de Craterostigma, Sdi-8 (LEA-2) de girassol, Sdi-1 (Elip) Early Light Induced Protein de girassol e Gdi-15 (Flavonol 3-O-glucosyl transferase) de amendoim.O stress foi imposto gradualmente a plantas de horsegram e de amendoim com dezanove dias de idade, cultivadas em vaso, em condições climáticas naturais. O estado de humidade do solo foi monitorizado gravimetricamente e o ARN total foi isolado de amostras de folhas recolhidas a 75%, 55%, 45%, 35%, 25% e 20% de humidade do solo. A análise Northern foi efectuada em ambas as culturas com genes conhecidos de resposta ao stress e os resultados são apresentados nas figuras 8, 9, 10 e 11.

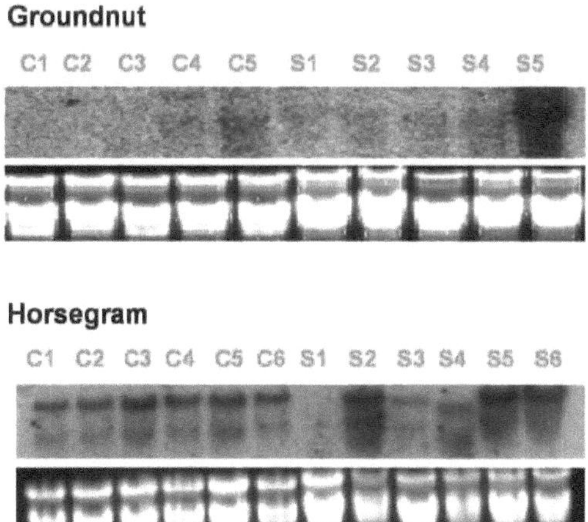

Figura 8. Análise de Northern mostrando o padrão de expressão de **pcC** 03-06 (Late Embryogenesis Abundant protein, LEA 3) em amendoim e cavalinha em diferentes níveis de humidade do solo.

C1 - C6 são ARN de controlo extraídos de amostras de folhas com 100% de CF.

S1 - S6 são RNAs de stress extraídos de amostras de folhas em diferentes níveis de humidade do solo.

S1-75%; S2-55%; S3-45%; S4-35%; S5- 25% e S6-20% FC.

28 e o ARNr 18S utilizado como controlo de carga para cada ensaio, conforme indicado nos painéis abaixo de cada ensaio.

A análise do norte utilizando LEA-3 de Craterostigma (pcC 03-06) como sonda e a análise da expressão foi apresentada na figura 8. A partir da figura, ficou claro que, no amendoim, a expressão do gene LEA-3 aumentou gradualmente com o aumento do nível de stress de 75% para 25% do nível de humidade do solo. A expressão foi máxima quando a humidade do solo atingiu 25%. Além disso, observou-se que não há sinal detetável nos ARN de controlo, o que indica que o gene é sensível ao stress. Em horsegram, foi observada uma expressão diferencial do gene LEA-3 sob níveis de stress. Observou-se que houve um aumento da expressão do gene LEA-3 a 55%, 25% e 20% de humidade do solo em comparação com outros níveis de humidade do solo. Os resultados indicaram que a expressão máxima de LEA-3 ocorreu a 25% de humidade do solo, como se pode ver na figura 8. Além disso, a expressão deste gene também foi encontrada em condições de controlo no horsegram.

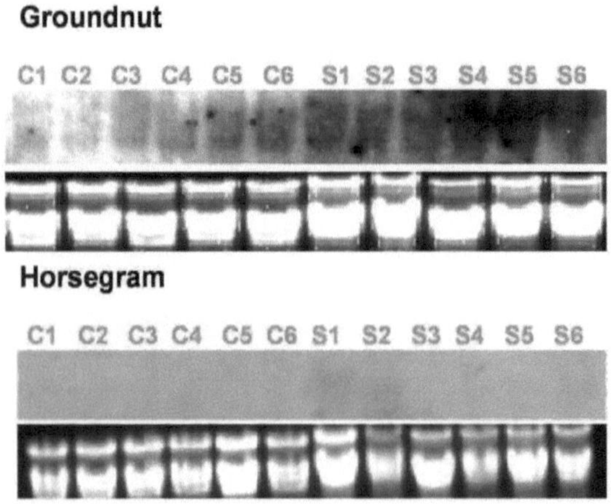

Figura 9. Análise de Northern mostrando o padrão de expressão de Sdi-8 (Late Embryogenesis Abundant protein, LEA 2) em amendoim e cavalinha em diferentes níveis de humidade do solo.

C1 - C6 são ARN de controlo extraídos de amostras de folhas com 100% de CF.

S1 - S6 são RNAs de stress extraídos de amostras de folhas em diferentes níveis de humidade do solo.

S1-75%; S2-55%; S3-45%; S4-35%; S5- 25% e S6-20% FC.

28 e o ARNr 18S utilizado como controlo de carga para cada ensaio, conforme indicado nos painéis abaixo de cada ensaio.

A análise do norte foi efectuada utilizando LEA-2 de girassol (Sdi-8) como sonda e a análise da expressão foi apresentada na figura 9. A partir da figura, observou-se um aumento gradual na expressão dos genes LEA-2 (Sdi-8) dos níveis de humidade do solo de 75% para 20% no amendoim. A expressão do gene LEA-2 foi, no entanto, maior a 25% de humidade do solo. A expressão deste gene foi ligeiramente detetável nos RNAs de controlo do amendoim, como se pode ver na figura 9. Em contraste, não encontrámos nenhum nível detetável de expressão do gene LEA-2 no horsegram sob controlo e em diferentes níveis de humidade do solo, sugerindo a natureza heteróloga do gene.

A análise de Northern com a proteína precoce induzida pela luz (Elip) Sdi-1 do girassol foi monitorizada em plantas de horsegram e amendoim sujeitas a vários níveis de humidade do solo, e a análise da expressão foi mostrada na figura 10. A partir da figura, ficou claro que a expressão do gene Elip aumentou com o aumento da intensidade do stress, tanto nas plantas de amendoim como de cavalinha. Encontrámos uma expressão fraca do gene Elip em condições sem stress em ambas as culturas. A expressão deste gene foi maior no horsegram do que no amendoim, como se pode ver na figura 10.

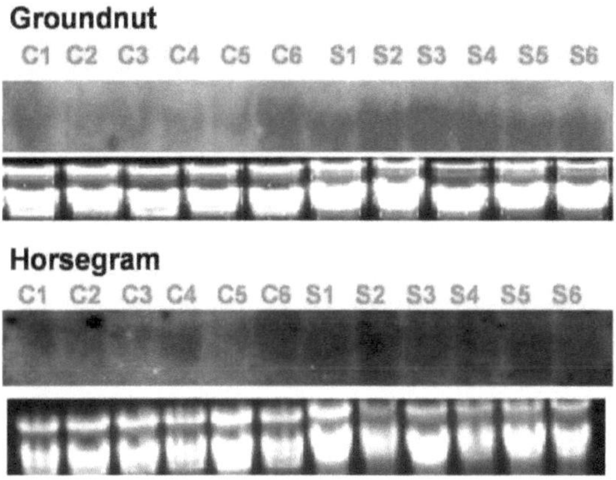

Figura 10 Análise de Northern mostrando o padrão de expressão de Elip (Early Light Induced Protein) Sdi-1, em amendoim e cavalinha em diferentes níveis de humidade do solo.

C1 - C6 são ARN de controlo extraídos de amostras de folhas com 100% de CF.

S1 - S6 são RNAs de stress extraídos de amostras de folhas em diferentes níveis de humidade do solo.

S1-75%; S2-55%; S3-45%; S4-35%; S5- 25% e S6-20% FC.

28 e o ARNr 18S utilizado como controlo de carga para cada ensaio, conforme indicado nos

painéis abaixo de cada ensaio.

A análise de Northern foi realizada com Gdi-15, flavonol 3-O-glucosil transferase do amendoim e a expressão foi monitorizada em horsegram submetido a controlo e a diferentes níveis de humidade do solo e os resultados foram apresentados na figura 11. A partir da figura, observou-se que o gene Gdi-15 só se expressou quando os níveis de humidade do solo atingiram 25%. Não foi observada qualquer expressão nas amostras de folhas de controlo. A expressão do gene no amendoim não foi realizada, uma vez que a sonda Gdi-15 foi originalmente clonada a partir de amendoim submetido a stress hídrico a 25% de humidade do solo.

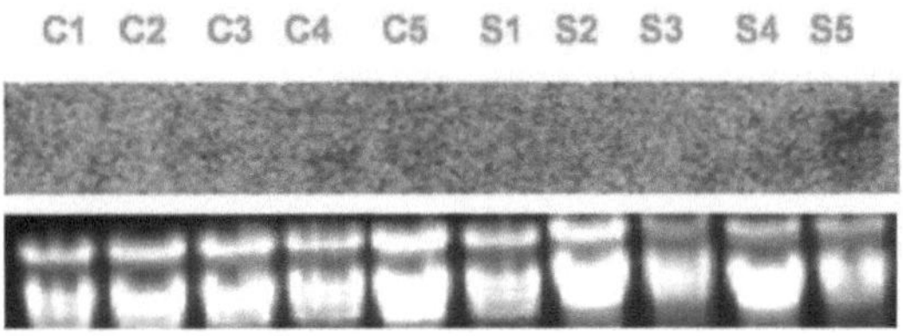

Figura 11. Análise de Northern mostrando o padrão de expressão de Gdi-15 (Flavonal 3-0-glucosyl transferase) em horsegram em diferentes níveis de humidade do solo.

C1 - C5 são ARN de controlo extraídos de amostras de folhas com 100% de CF.

S1 - S5 são RNAs de stress extraídos de amostras de folhas em diferentes níveis de humidade do solo.

S1-75%; S2-55%; S3-45%; S4-35% e S5- 25%

28 e o ARNr 18S utilizado como controlo de carga para cada ensaio, conforme indicado nos painéis abaixo de cada ensaio.

A expressão de genes conhecidos que respondem ao stress nas duas espécies de culturas foi confirmada e os resultados obtidos são validados a partir do protocolo de indução de stress normalizado no presente estudo. Com base na análise da expressão de genes conhecidos que respondem a situações de stress no amendoim e no grão-de-bico, verificou-se que a expressão máxima se situa a 25% do nível de humidade do solo. Por conseguinte, os nossos estudos posteriores foram confinados a 25% de humidade do solo como nível crítico de stress de seca para isolar, clonar e caraterizar o número máximo de genes que respondem ao stress do amendoim e do horsegram após hibridação subtractiva.

Discussão

A principal lacuna é a falta de um protocolo eficaz para ter acesso à variabilidade das respostas das plantas ao stress com uma dada intensidade e duração. Para identificar espécies de culturas tolerantes e susceptíveis à seca, é muito necessário desenvolver um protocolo que possa ser reproduzido. No presente estudo, padronizámos o protocolo eficiente para a expressão máxima de genes de stress, o que, por sua vez, produz a variação genética na resposta ao stress da seca.

No presente estudo, foram caracterizadas as correlações entre a adaptação fenotípica e a expressão genética induzida a condições de limitação hídrica em duas espécies de culturas, o grão-de-bico e o amendoim, submetendo-as a um stress progressivo de seca. A seca foi monitorizada através da medição gravimétrica do teor de água no solo e do teor relativo de água.

Os sintomas de murchidão como indicação da gravidade do stress foram observados em girassol, feijão, milho e amendoim (Gopalakrishna et al., 2001) e verificou-se que o tempo necessário para desenvolver sintomas de murchidão diferia significativamente entre estas espécies de culturas. O amendoim mostrou um atraso nos sintomas de murchidão quando comparado com outras culturas. Do mesmo modo, no presente estudo, o horsegram apresentou um atraso na murchidão que foi estatisticamente significativo em comparação com o amendoim sob stress de seca.

O teor relativo de água nos tecidos (RWC) é considerado uma medida fiável e menos propensa a erros do estado hídrico das plantas (Hsiao, 1973; Slavik, 1974). Barrs e Weatherly (1968) sugeriram que o teor relativo de água sob stress poderia ser utilizado como uma medida de tolerância ao stress e poderia ser utilizado em programas de seleção. Foi observada uma diminuição do teor relativo de água em plantas sujeitas a stress em trevo-da-terra (Routely, 1996), algodão (Jordan e Retchie, 1971), sorgo (Blum e Ebercon, 1981), panicum (Ludlow e Ng, 1976), amendoim (Mehkri et al, 1977; Madhusudhan, 1998; Gopalakrishna, 2001), trigo (Jensen, 1981; Sairam, 1994), Populus (Mazzoleni e Dickmann, 1988), espécies de Echinocola (Denis e Susan,1989), grão-de-bico (Singh et al., 1997). O presente estudo também revela a manutenção de um teor relativo de água mais elevado sob stress hídrico tanto no horsegram como no amendoim. No entanto, o teor relativo de água na folha foi maior no horsegram do que no amendoim, o que indica a natureza adaptativa do horsegram à seca.

As propriedades físicas do aparelho fotossintético são de importância crucial para as plantas tolerantes à dessecação. Em geral, o aparelho fotossintético é muito sensível e suscetível a lesões causadas pelo stress de seca. O stress por seca inibe as enzimas da biossíntese da clorofila, particularmente a sintetase do ácido 5-aminolevilínico (Bharadwaj e Singhal, 1981). A diminuição do teor de clorofila nas folhas de variedades sensíveis foi registada por vários trabalhadores (Ramanjulu et al., 1998; Madhusudhan, 1998; Thimmanaik., 2002).

No presente estudo, a percentagem de inibição do teor total de clorofila foi comparativamente menor no horsegram do que no amendoim sob stress de seca. A manutenção de melhores níveis de clorofila durante o stress de seca pode ser vista como um dos critérios para decidir a tolerância (Sairam, 1994) e, como tal, o horsegram parece ser relativamente tolerante à seca.

As plantas respondem a uma variedade de stresses através da acumulação de certos metabolitos específicos, sendo os mais conspícuos os aminoácidos em geral e a prolina em particular (Aspinall e Paleg, 1981). A prolina continua a ser a molécula mais estudada sob stress abiótico nas plantas. Foram observadas diferenças genotípicas na acumulação de prolina durante o stress de seca numa variedade de espécies de culturas. Foi sugerida uma correlação positiva entre a magnitude da acumulação de prolina livre e a tolerância à seca como um índice para determinar os potenciais de tolerância à seca entre cultivares (Sivaramakrishnan et al., 1988; Ramanjulu e Sudhakar, 2000; Thimmanaik, 2002).

Do mesmo modo, neste estudo, observou-se uma maior acumulação de prolina livre nas folhas do amendoim e do horsegram sujeitas a stress por seca do que nas folhas de controlo. Mas a acumulação de prolina livre foi maior no horsegram em comparação com o amendoim devido ao stress da seca e estabeleceu a natureza de tolerância à seca do horsegram.

A sobrevivência das plântulas indica a tolerância das espécies vegetais à dessecação. Há muito poucos relatórios disponíveis sobre a sobrevivência das plântulas após o stress de dessecação e a rega. Foram encontradas diferenças genotípicas nas taxas de sobrevivência das plântulas dentro das espécies de culturas, como o girassol (Gopalakrishna, 2001) e o milho (Aslam e Tahir, 2003). Os estudos revelaram que existem diferenças genotípicas e que o amendoim apresentou melhores taxas de sobrevivência e recuperação na reidratação, em comparação com outras culturas estudadas (Gopalakrishna et al., 2001). Tyree et al., (2003) mediram os potenciais de tolerância à dessecação de plântulas tropicais em termos de sobrevivência das plântulas após reidratação. Da mesma forma, foram observadas diferenças genotípicas na sobrevivência das plântulas no amendoim e no cavalinha após a recuperação do stress da seca. O cavalinha apresentou uma melhor taxa de sobrevivência das plântulas (100%) sob stress e recuperou com uma menor extensão dos danos causados pelo stress da seca, enquanto o amendoim apresentou uma menor taxa de sobrevivência (88%).

Com base nos dados de sobrevivência das plântulas, Tyree et al., (2003) consideraram a taxa de sobrevivência das plântulas entre plantas stressadas e não stressadas como um parâmetro e avaliaram a resistência das plantas à seca ou o seu desempenho na seca. Neste estudo, o horsegram apresentou uma taxa máxima de sobrevivência das plântulas quando comparado com o amendoim, indicando a natureza de tolerância do horsegram ao stress da seca.

A diminuição da área foliar funcional durante o stress de seca foi observada por vários investigadores em amoreiras (Ramanjulu et al., 1998; Thimmanaik, 2002), genótipos de amendoim (Rao e Wright, 1994; Madhusudhan, 1998), amendoim e girassol (Gopalakrishna et al., 2001). A área foliar funcional retida após o stress de seca indica diretamente a capacidade da planta para resistir ao stress de seca. No presente estudo, o cavalo-grama apresentou 95% de área foliar verde funcional após a recuperação do stress de seca, enquanto no amendoim essa área foi de apenas 70%. A melhor retenção da área foliar indicou a natureza de tolerância relativa do horsegram ao stress de seca.

A manutenção da integridade das membranas e, por conseguinte, a redução da quantidade de fugas de solutos em resultado da dessecação, quer por stress de seca quer por qualquer outro stress, é considerada como uma tolerância ao stress. Um declínio na estabilidade da membrana celular nas plantas devido à desidratação pode ser atribuído à alteração da composição das membranas ou a espécies de oxigénio parcialmente reduzidas ou ao aumento da atividade da lipoxigenase.

Foram observadas diferenças genotípicas na integridade da membrana entre espécies vegetais tolerantes (Selaginella lepidophylla) e susceptíveis (Vigna sinensis) (Leopold et al., 1981) entre o amendoim (tolerante) e o girassol (suscetível) (Gopalakrishna et al., 2001) e entre as diferentes variedades de amoreira (S13, S54 e Anantha e M-5) (Ramanjulu, 1996; Thimmanaik, 2002) e as variedades de amendoim (Madhusudhan, 1998). Do mesmo modo, no presente estudo, foi observada uma percentagem menor de lesões nas membranas no dractilo em comparação com o amendoim, o que confirma a natureza tolerante do dractilo.

Foi sugerido que a variabilidade genética na resposta ao stress se deve principalmente à expressão diferencial de genes que respondem ao stress. Vários estudos sobre o milheto (Uma et al., 1995), duas variedades de trigo (Labhilil et al., 1995; Limin et al., 1995), entre o milheto e o arroz (Jayaprakash et al., 1998), girassol (Kumar et al., 1999), erva de trigo (Tabaei-Aghdaei et al., 2000) e genótipos de ervilha (Srikanthbabu et al., 2002) mostraram claramente a variabilidade genética da resposta ao stress. No presente estudo, a expressão dos três genes de resposta ao stress foi máxima a 25% de humidade do solo.

As proteínas LEA foram isoladas em condições de stress e classificadas em vários grupos (Dure, 1993; Allagulova et al., 2003). Pensa-se que actuam como chaperons, estabilizando assim vesículas, proteínas e estruturas membranares em plantas sujeitas a stress (Bray, 1993; Close, 1996; Koag et al., 2003). A importância destas proteínas lea foi estudada através da expressão diferencial em genótipos contrastantes. Foi demonstrado que os genótipos tolerantes acumulam mais proteínas e transcrições LEA2 e LEA3 no arroz e no painço (Moons et al., 1995; Krishnaprasad, 1999; Jayaprakash et al, 1998), amendoim e girassol (Ouvard et al., 1996, Cellier et al., 1998; Gopalakrishna, 2001) e em Craterostigma (Piatkowski et al., 1990; Bernacchia et al., 1996) sob seca, tratamento com ABA e reidratação. Do mesmo modo, neste estudo, a expressão dos genes LEA (LEA2 e LEA3) foi observada nas folhas de amendoim e cavalinha devido ao stress da seca. Mas a expressão destes genes foi máxima nas fases posteriores do stress de seca, uma vez que os LEAs são considerados genes de resposta tardia a stresses abióticos.

Postula-se que as proteínas precoces induzidas pela luz (Elip) protegem os cloroplastos dos danos induzidos pela luz causados por stress abiótico (Montane e Kloppstech, 2000), acumulando-se no tecido verde em resposta a vários stresses abióticos, como o frio (Montane et al., 1997), a dessecação (Bartels et al., 1992) e o metil jasmonato (Wierstra e Kloppstech, 2000). Zeng et al., (2002) estudaram a expressão de 2 genes Elip isolados da planta de ressurreição, Tortula ruralis, em resposta a diversas condições de stress e concluíram que estes genes podem desempenhar um papel fundamental na proteção e reparação do aparelho fotossintético. Sabe-se também que os Elips protegem contra o stress foto-oxidativo (Hutin et al., 2003). Gopalakrishna (2001) observou a expressão máxima de Elip no girassol a 35% de humidade do solo. Neste estudo, foi observada uma expressão gradual dos genes Elip com o aumento da intensidade do stress, tanto no horsegram como no groundnut. O gene Elip é considerado um gene de resposta precoce e é expresso constitutivamente em vários tecidos de várias espécies de culturas sujeitas a stress de desidratação.

O Gdi-15 é um novo gene de resposta ao stress, envolvido na via de biossíntese da antocianina. Foi relatado que este gene desempenha um papel na melhoria do stress oxidativo causado por muitos stresses abióticos associados a uma elevada intensidade de luz (Gopalakrishna et al., 2001). Gopalakrishna et al., (2001) isolaram o gene Gdi-15 da biblioteca de cDNA de plantas sujeitas a stress por seca. Do mesmo modo, no presente estudo, a expressão de Gdi-15 foi observada em horsegram a 25% de humidade do solo. Os resultados deste estudo indicaram que o horsegram apresentou uma maior percentagem de sobrevivência das plântulas, melhor retenção da área foliar, maior teor relativo de água, teores significativamente mais elevados de prolina livre e de clorofila e maior integridade da membrana em condições de stress de seca, quando comparado com o amendoim.

Isolamento e caraterização de genes responsivos ao stress

Uma das principais respostas moleculares que as plantas apresentam ao stress da seca é a alteração da expressão genética. A tolerância à seca demonstrou ser uma caraterística altamente complexa, influenciada por múltiplos genes. A relevância de alguns destes genes tem sido demonstrada através de diferentes abordagens. A descoberta de novos genes, a determinação dos seus padrões de expressão em resposta ao stress abiótico e uma melhor compreensão do seu papel na adaptação ao stress constituirão a base de estratégias de engenharia eficazes conducentes a uma maior tolerância ao stress. Espécies de culturas contrastantes apresentam diferenças quantitativas e qualitativas em muitos genes conhecidos de reação ao stress. A identificação de genes que respondem ao stress em culturas tolerantes adaptadas ao stress pode ser ainda mais vantajosa, uma vez que as taxas de crescimento destas espécies são superiores às das plantas de ressurreição, mesmo sob stress. É provável que os novos genes expressos nestas plantas sejam mais relevantes sob stress e não afectem significativamente as taxas de crescimento.

A ênfase principal do presente estudo foi a clonagem e a caraterização de novos genes responsivos ao stress diferencialmente expressos de horsegram e groundnut sob stress de seca.

Construção de bibliotecas de cDNA subtractivas

A hibridação subtractiva de cDNA tem sido uma abordagem poderosa para identificar e isolar cDNAs de genes diferencialmente expressos (Hara et al., 1991). A hibridação subtractiva, em que a hibridação entre o testador e o condutor é seguida da remoção selectiva de produtos de genes comuns, enriquece os produtos de genes únicos na população de cDNA do testador e reduz a abundância de cDNAs comuns (Sagerstrom et al., 1997). A biblioteca de cADN subtraída pode ser analisada para clonar genes diferencialmente expressos através da seleção aleatória de colónias ou do rastreio diferencial. Seguimos o procedimento de subtração modificado por Mishra et al., (2005) e a construção da biblioteca de cDNA utilizando o ZAP-cDNA Synthesis Kit (Stratagene, EUA).

Foi realizada uma hibridação subtractiva para clonar os genes que se expressavam apenas sob stress, mas não os genes comuns de manutenção da casa. Uma vez que a expressão máxima de genes de stress conhecidos foi observada a 25% de humidade do solo em plantas de cavalinha e de amendoim, o ARN foi isolado das plantas com o mesmo nível de stress. Foi isolado RNA total de alta qualidade das folhas de ambas as culturas sujeitas a condições de stress e sem stress. A integridade e a distribuição do tamanho do ARN total foram verificadas por eletroforese em gel de agarose com formaldeído a 1% e apresentadas na figura 12 (painel A e B). O gel de ARN mostrou bandas de ARN ribossómico nítidas e claramente separadas, sem qualquer mancha, o que indica a integridade do ARN total. A figura mostra claramente que o ARN total isolado era de alta qualidade.

O ARN poli A^+ foi purificado a partir de amostras de ARN total isoladas de amendoim e cavalinha sem stress e com stress, utilizando oligo dT marcado com biotina e esferas paramagnéticas de estreptavidina. Obteve-se ~4µg de ARN polyA^+ , o que foi suficiente para efetuar a síntese de cDNA. O ARN polyA^+ que foi purificado a partir do ARN total sem stress foi utilizado como condutor e o ARN polyA^+ purificado a partir do ARN total com stress foi utilizado como testador para hibridação subtractiva.

O cADN de primeira cadeia foi sintetizado a partir do ARNm do condutor (sem stress) utilizando oligo dT marcado com biotina e a transcriptase reversa RNaseH^- superscript. Foi efectuada uma hibridação subtractiva entre o cADN de cadeia simples do condutor (sem stress) marcado com biotina e o ARNm do testador (com stress). Os híbridos testador-condutor e o excesso do condutor foram separados do ARNm do testador não hibridizado utilizando partículas paramagnéticas de estreptavidina. Os ARNm de ensaio que não hibridizaram com o controlador foram convertidos em duplo padrão utilizando um ligante-primário. O cADN da segunda cadeia ligado ao adaptador foi duplamente digerido e posteriormente fraccionado para remover pequenas moléculas como oligos e moléculas de cADN mais pequenas. As fracções de cADN que contêm as moléculas de cADN maiores foram precipitadas e verificadas num gel de agarose a 1%, como mostra a figura 12 (painel C). Observou-se na figura 12 que o tamanho das moléculas de cADN variava entre 400 pb e 4000 pb, como evidenciado pelo padrão do gel.

Além disso, antes de ligar o cADN ao vetor, a concentração de cADN foi quantificada utilizando o ensaio em placa com brometo de etídio, como se mostra na figura 12 (painel D). A concentração do cADN foi determinada e verificou-se que a concentração de cADN era de ~ 20ng /µl, como evidenciado pela comparação com padrões de ADN conhecidos. Foram ligados mais 100ng de cDNA a 1µg de vetor Uni-Zap XR pré-digerido. A biblioteca lambda foi embalada num sistema de embalagem de alta eficiência Gigapack III Gold para amplificação. A biblioteca lambda foi espalhada em placas de ágar NZY e foram observadas placas visíveis após a incubação. Das placas, foram colhidas 3500 e 3000 placas selecionadas aleatoriamente das bibliotecas de cavalinha e amendoim, respetivamente, e armazenadas em tampão SM a -80°C para análise posterior.

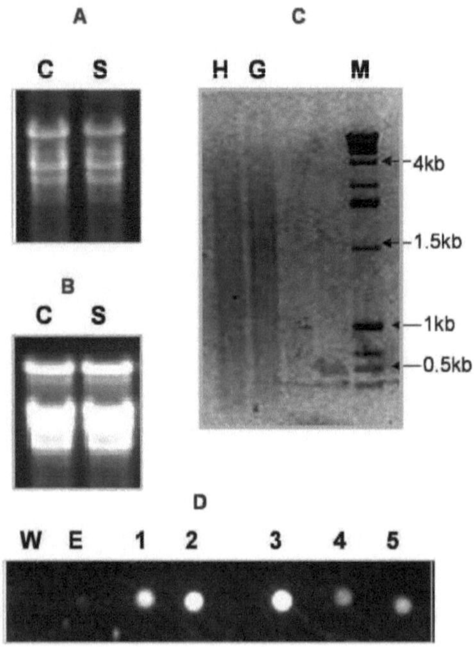

Figura 12. Construção da biblioteca de cDNA subtraído

Painel A e **B: ARN total de amostras de folhas de horsegram e de amendoim sem stress (C) e com stress (S).**

Painel C: **Subtraído dscDNA após digestão de restrição e fracionamento de tamanho. M: Marcador de ADN de 1kb;**

H: cavalinha; G: amendoim.

Painel D: **Quantificação do cADN utilizando o ensaio em placa com brometo de etídio. W: água, E: brometo de etídio; 1, 2 e 3 são padrões de ADN - 40, 75 e 150ng, respetivamente; 4: ADNc de cavalinha; 5: ADNc de amendoim.**

Análise da biblioteca subtraída

Presença de inserção

Uma vez que as moléculas de cADN foram clonadas nos sítios XhoI e EcoRI do vetor Uni-ZAP XR, o poliligante do vetor fagóide foi amplificado com iniciadores M13 forward e reverse e determinou-se o tamanho da inserção recombinante.

Os produtos da PCR de colónia foram analisados em eletroforese em gel de agarose a 1% e o gel representativo da PCR de colónia foi apresentado na figura 13. A análise do gel de agarose revelou que, de 3500 clones de horsegram e 3000 clones de bibliotecas de amendoim, 2800 (80%) e 2330 (77,6%), respetivamente, eram recombinantes. O tamanho das inserções variava entre 300 e 1000 pb em ambas as culturas, como mostra a figura 13.

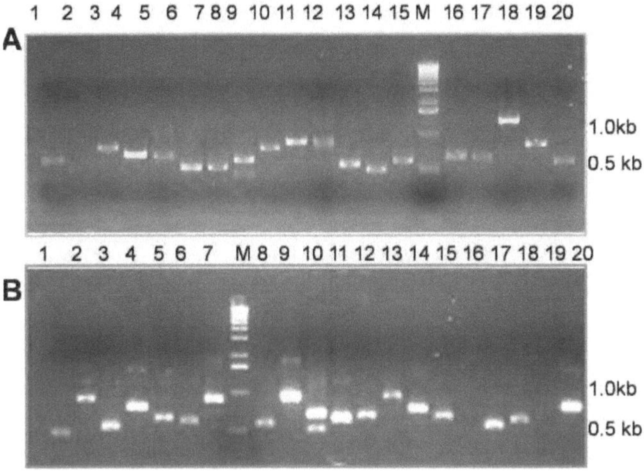

Figura 13. **Placas de cDNA subtrativo selecionadas aleatoriamente submetidas a análise por PCR e submetidas a eletroforese em gel de agarose a 1%. M, marcador de tamanho de ADN de I kb.**

Painel A: **pista 1 - 20 produtos de PCR de colónias de cavalos de diferentes clones de cDNA**

Painel B: **pistas 1 a 20 de produtos de PCR de colónias de amendoim de diferentes clones de cDNA.**

Análise de sequências e homologia

Os produtos recombinantes da PCR foram purificados utilizando o sistema de purificação da PCR. Um total de 1050 clones de cavalinha e 374 clones de amendoim foram submetidos a sequenciação de passagem única na extremidade 3' utilizando o iniciador T7. O vetor principal, a cauda da sequência e as sequências de má qualidade foram excluídos em primeiro lugar.

De 1050 clones de cDNA de horsegram stress, 959 ESTs de alta qualidade designados **Hdi,** representando Horsegram Drought stress Induced e de 374 clones de cDNA de groundnut stress, 216 ESTs de alta qualidade designados **Gdi,** representando Groundnut Drought stress Induced foram depositados no domínio público através da divisão NCBI dbEST (http://www.ncbi.nlm.nih.gov/dbEST). As sequências depositadas são apresentadas sob os números de acesso **DR988679 a DR989637** para o horsegram e **DT044264 a DT044476** para o amendoim e estão listadas nos quadros 2 e 3.

O número final de 959 sequências de horsegram e 216 sequências de groundnut foi então comparado com a base de dados de proteínas não redundantes do National Center for Biotechnology Information

(NCBI) utilizando o algoritmo BLASTX e parâmetros predefinidos. A análise BLASTX mostrou que apenas 422 e 116 sequências de clones de cDNA de horsegram e groundnut, respetivamente, tinham homologia significativa com proteínas conhecidas. As sequências que não apresentavam semelhanças significativas com a base de dados de proteínas foram comparadas com a base de dados de nucleótidos dbEST utilizando os parâmetros predefinidos. A partir da análise de EST, observa-se que 537 e 100 sequências de cDNA de cavalinha e amendoim, respetivamente, mostraram homologia com bibliotecas de EST de stress de várias espécies de culturas.

Os clones de cDNA com identidades putativas foram classificados em 11 grupos funcionais em ambas as culturas, com base nos nossos conhecimentos de bioquímica, fisiologia e biologia molecular das plantas (BioCyc-MetaCyc: Encyclopedia of Metabolic Pathways) e tendo em conta o valor E e a percentagem de identidade, e estão listados nos quadros 2 e 3.

Os genes do horsegram submetidos a stress hídrico foram categorizados em 11 grupos funcionais de acordo com a sua função e representados na figura 14. Dos clones subtraídos do stress do horsegram, 20% codificavam genes relacionados com o stress, 17% estavam envolvidos no ciclo celular e no metabolismo dos nucleótidos e 16% eram genes desconhecidos, 13% eram genes da fotossíntese e do transporte de electrões, 9% dos clones correspondiam a genes envolvidos na transdução de sinais e cinases, 6% dos clones eram genes de factores de transcrição. Outros incluem 6% de genes relacionados com o metabolismo geral, 4% de genes do metabolismo dos hidratos de carbono, 4% de clones que codificam proteases e 3% de genes relacionados com o metabolismo dos lípidos, dos ácidos gordos e dos isoprenóides. Por último, 2% dos clones correspondiam a genes de transportadores de iões. Os clones de cDNA que não corresponderam à base de dados de proteínas mostraram homologia com bibliotecas de ESTs de estádios de desenvolvimento e de stress.

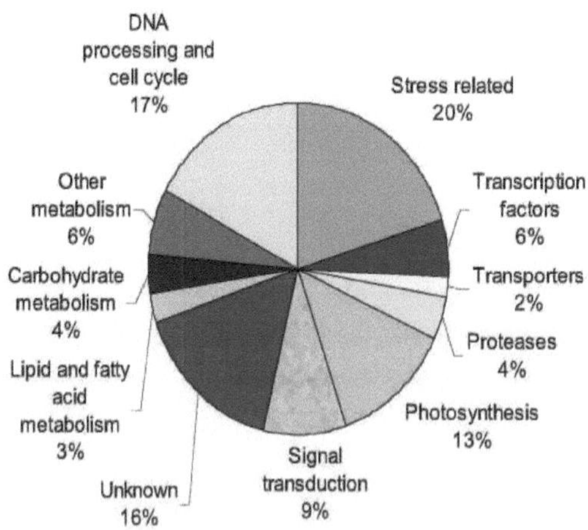

Figure 14. Os clones de cDNA subtraídos do Horsegram com homologias proteicas significativas foram categorizados em 11 grupos funcionais com base na sua função putativa.

Da mesma forma, os genes do amendoim submetidos a stress por seca foram categorizados em 11 grupos funcionais de acordo com a sua função e mostrados na figura 15. A partir da figura, ficou claro que, nos clones de amendoim, 21% dos genes eram desconhecidos, 17% codificavam o ciclo celular e o metabolismo de nucleótidos. 16% dos clones de cDNA eram genes relacionados com o stress e 14% dos genes eram genes da fotossíntese e do transporte de electrões. Outros incluem 9% relacionados com o metabolismo geral, 7% com genes do metabolismo dos hidratos de carbono, 6% com genes de transdução de sinais e cinases e 3% dos clones de cDNA correspondiam a genes do metabolismo dos ácidos gordos e isoprenóides. 3% dos clones de cDNA eram genes de factores de transcrição e 3% dos clones de cDNA eram transportadores e 1% dos clones de cDNA correspondiam a proteases.

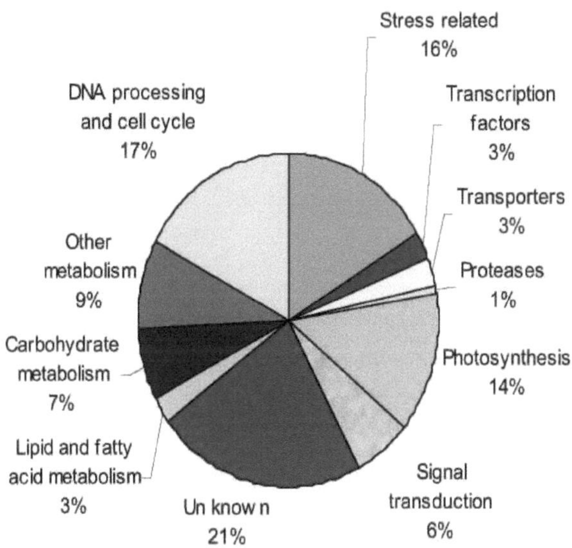

Figure 15. **Os clones de cDNA subtraídos do amendoim com homologias proteicas significativas foram categorizados em 11 grupos funcionais com base na sua função putativa.**

Os clones de cDNA que não apresentavam homologia com a base de dados de proteínas foram pesquisados nas bases de dados de nucleótidos e de EST. Verificámos que 537 e 100 clones de horsegram e groundnut, respetivamente, eram significativamente homólogos a ESTs específicos em bibliotecas dbEST. Por exemplo, clones de horsegram como Hdi_B_67 e Hdi_B_68 mostraram homologia com Glycine max, biblioteca EST, Hdi_B_67 e Hdi_C_7 com Phaseolus, Hdi_F_78 e Hdi_I_6 mostraram semelhança com Medicago, Hdi_H_30 com Vigna, Hdi_I_96 com Arabidopsis, Hdi_D_6 com Oryza, os clones de amendoim como GDI_B_70 e GDI_B_91 com Arachis, GDI_D_53 mostraram homologia com Trigonella stressada e bibliotecas de EST de desenvolvimento. A representação de tais clones em bibliotecas de horsegram e de amendoim construídas a partir de tecidos submetidos a stress é indicativa do seu papel putativo na resposta ao stress.

Discussão

Os genes induzidos durante o stress hídrico estão envolvidos no movimento da água através das membranas, no metabolismo dos hidratos de carbono e dos lípidos, nos genes relacionados com a defesa, na síntese de osmólitos, na transdução de sinais e na regulação da transcrição do ADN (Chaves et al., 2003). Assim, existem genes induzidos pela seca, que podem ser modelados para estarem envolvidos em adaptações morfológicas, fisiológicas e moleculares para apoiar o crescimento das plantas durante o défice hídrico (Shinozaki e Yamaguchi-Shinozaki, 1997). Os genes reprimidos pela seca também têm funções importantes para a sobrevivência e para o eventual desenvolvimento da planta durante o stress hídrico (Ingram e Bartels, 1996).

Vários investigadores comunicaram recentemente genes e etiquetas de sequências expressas (ESTs) que são induzidos pelo frio, pela seca, pelo stress de alta salinidade e pelo ABA em muitas espécies de plantas. Estes genes e ESTs foram detectados através da utilização de microarranjos de cDNA (Kawasaki et al., 2001; Seki et al., 2002, 2004; Atienza et al., 2004), de visualização diferencial (Ueda et al., 2002; Rabbani et al., 2003; Sharma e Kumar, 2005) e de métodos de subtração (Sahi et al., 2003; Zheng et al., 2004; Way et al., 2005).

A construção de uma biblioteca de cADN subtraído ajuda a eliminar eficazmente as mensagens de cADN abundantes comuns e também a aumentar a probabilidade de identificar clones diferencialmente expressos em mensagens de cADN de baixa abundância. A hibridação subtractiva é simples e suscetível de obter clones de interesse particular quando as moléculas subtraídas são marcadas e o rastreio é efectuado.

Um gene responsivo ao stress hídrico, a flavonol-3-O-glucosiltransferase, que participa na biossíntese de antocianinas, foi clonado do amendoim através de hibridação subtractiva (Gopalakrishna et al., 2001). Em Arabidopsis, Mahalingam et al., (2003) identificaram um total de 1.058 genes diferencialmente expressos a partir de oito bibliotecas de cDNA específicas de stress, utilizando o método de hibridação subtractiva supressiva (SSH). Um conjunto de 1.266 clones de cDNA foi isolado de uma cultivar de arroz tolerante ao sal utilizando a hibridação subtractiva baseada em PCR (Sahi et al., 2003). A combinação de SSH e macroarray de cDNA em plântulas de milho sujeitas a stress hídrico produziu 533 clones que são específicos do stress hídrico (Zheng et al., 2004). Do mesmo modo, no grão-de-bico, foram isolados 101 genes induzidos pela desidratação utilizando hibridação subtractiva supressiva e analisadas as suas respostas à aplicação exógena de ABA (Boominathan et al., 2004). Recentemente, Way et al., (2005) isolaram aproximadamente 2500 clones cuja expressão é alterada em folhas associadas a um stress lento de défice hídrico "tipo campo" no trigo. No arroz, foram clonadas 384 ESTs induzidas por stress salino a partir de uma cultivar tolerante ao sal, Dee-geo-woo-gen (DGWG), utilizando hibridação subtractiva baseada em PCR (Shiozaki et al., 2005). Mehta et al., (2005) construíram uma biblioteca subtractiva de cDNA de uma espécie de mangue tolerante ao sal, Avicennia marina, e registaram 1.841 clones de cDNA específicos do stress salino.

De forma análoga, no presente estudo foram construídas duas bibliotecas de cDNA de alta qualidade e sensíveis ao stress a partir de cavalinha e amendoim sob stress de seca. O ARN total foi isolado de amostras de folhas sujeitas a um nível de humidade do solo de 25%, uma vez que o nível máximo de expressão de genes de stress foi observado a um nível de humidade do solo de 25% e que foi apoiado por uma análise do norte utilizando genes conhecidos de resposta ao stress, em ambas as culturas.

Dos 3500 clones selecionados aleatoriamente da biblioteca de cDNA obtida de horsegram, 2800 (80%) eram recombinantes com um tamanho de inserção que variava entre 300 e 1000 pares de bases, o que indica a qualidade da biblioteca de cDNA subtraída. Tal como o horsegram, a biblioteca de cDNA subtraído do amendoim produziu 3000 clones aleatórios, dos quais 2330 (77,6%) continham inserções de cDNA entre 300 e 1000 pares de bases. Um número total de 1050 clones de cDNA de horsegram e 374 clones de cDNA de amendoim foram sequenciados a partir do ponto 3' do clone de cDNA utilizando o iniciador T7. Foram analisadas 959 sequências de horsegram e 216 sequências de amendoim de alta qualidade na atual base de dados GenBank, utilizando o algoritmo BLAST. 422 clones de horsegram e 116 de amendoim apresentaram uma homologia proteica significativa com proteínas previamente identificadas ou putativas em Arabidopsis, arroz e outras plantas. Havia 537 clones de horsegram e 169 clones de amendoim sem homologia proteica significativa, embora fossem altamente homólogos a ESTs de várias culturas de leguminosas e outras espécies de plantas.

Os clones de cDNA das culturas de cavalinha e amendoim com homologia proteica significativa foram categorizados funcionalmente em 11 grupos (figuras 14 e 15). Os resultados sugerem que os genes representados por estes clones de cDNA podem desempenhar papéis importantes em diferentes processos biológicos. Verificou-se que um grande número de genes estava envolvido na tolerância ao stress, no metabolismo e na regulação. Também encontrámos 68 e 26 genes de cavalinha e amendoim, respetivamente, com funções desconhecidas sob stress. Os resultados indicam que estes genes podem ser novos e podem ter alguma relevância na tolerância ao stress destas duas espécies de culturas.

Reddy et al. (2002) classificaram 718 ESTs de uma biblioteca de cDNA de folhas de arroz normalizadas submetidas a stress hídrico e concluíram que um grupo importante de genes estava envolvido no metabolismo das plantas e relacionado com o stress. Num estudo realizado em plântulas de milho sujeitas a stress hídrico, foram isoladas 190 ESTs subtraídas únicas e agrupadas em 13 categorias funcionais e, entre estas, as categorias metabolismo e não classificadas representam um grande grupo (Zheng et al., 2004). Estudos recentes sobre o grão-de-bico submetido a stress de seca produziram 101 genes induzidos por desidratação, que constituem a maior parte dos genes do metabolismo, desconhecidos e de transdução de sinais (Boominathan et al., 2004). Uma grande parte dos genes relacionados com o stress foi também identificada no trigo sob stress hídrico (Way et al., 2005).

Genes relacionados com o stress

Do mesmo modo, neste estudo, no horsegram, 20% dos clones representam os genes relacionados com o stress, que incluem genes do stress oxidativo. Espera-se que os genes que codificam as catalases das plantas desempenhem um papel importante na defesa antioxidante em resposta ao stress oxidativo ambiental e fisiológico (Scandalios, 1990; Iwamoto et al., 1998). Três genes de catalase (CAT) foram encontrados na biblioteca de cDNA subtraído de horsegram. A catalase dismuta o H2O2 em água e oxigénio e está envolvida na modulação das vias de sinalização nas plantas (Mittler, 2002; Neill et al., 2002). Do mesmo modo, a glutationa-S-transferase (GST) tem por função proteger a célula dos danos oxidativos, extinguindo as moléculas reactivas com a adição de GSH (Edwards e Dixon, 1991; Marrs et al., 1995). No presente estudo, foram encontrados dois genes da glutationa-S-transferase (GST) no horsegram.

As glutationas peroxidases (GPXs) são um grupo de enzimas que protegem as células contra danos oxidativos gerados por espécies reactivas de oxigénio. As pesquisas na base de dados mostraram que existem muitas outras etiquetas de sequências expressas (ESTs) com homologia às GPXs nas plantas (Milla et al., 2003). Verificou-se que a atividade de uma GPX aumentava sob stress de seca no musgo Tortula ruralis (Dhindsa, 1991). Do mesmo modo, foi encontrado um gene GPX na biblioteca de cDNA de horsegram submetido a stress por seca. As tioredoxinas são pequenas proteínas que funcionam como dadores de hidrogénio, reduzindo assim as pontes dissulfureto nas proteínas. O papel das tioredoxinas nas respostas ao stress oxidativo nas plantas está em grande parte por explorar. A proteína CDSP32, localizada no cloroplasto, induzida pela seca e pelo stress luminoso, também foi identificada em plantas (Pruvot et al., 1996; Rey et al., 1998; Broin et al., 2000).

Os genes da metalotioneína são uma classe importante de genes que são expressos em condições de stress por metais e que estão envolvidos na redução da concentração de iões metálicos livres na célula para evitar o aumento de espécies reactivas de oxigénio em condições de stress hídrico (Batt et al., 1998). Num estudo anterior, uma biblioteca de cDNA normalizada de folhas de arroz sob stress hídrico continha genes de metalotioneína que se verificou serem uma classe abundante, sugerindo que poderiam desempenhar funções essenciais de crescimento das plantas para além da desintoxicação de metais (Reddy et al., 2002). Também encontrámos genes de metalotioneína em bibliotecas de cDNA de stress de cavalinha e de amendoim, sugerindo que poderiam desempenhar um papel na redução dos danos causados pelas ROS devido ao stress de seca.

Sabe-se que a uroporfirinogénio descarboxilase (UROD) está envolvida no metabolismo do tetrapirrol e fornece componentes essenciais, como o heme e a clorofila, para muitas proteínas importantes de captação de luz, transdução de energia, transdução de sinais ou desintoxicação (Beale e Weinstein, 1990; Smith e Griffiths, 1993; von Wettstein et al., 1995). Mock et al. (1998) verificaram que as plantas de tabaco transgénicas que exprimiam ARN antisense para a uroporfirinogénio descarboxilase apresentavam níveis aumentados de ARNm de antioxidantes, em especial os que codificam a superóxido dismutase (SOD), a catalase e a glutationa peroxidase, e diminuíam os níveis de vários antioxidantes de baixa massa molecular. Do mesmo modo, no presente estudo, foi encontrado um clone de cADN que codifica a UROD na biblioteca de cADN subtraída de horsegram.

As desidrinas são proteínas vegetais ubíquas, sintetizadas em fases tardias do desenvolvimento do embrião da planta e após qualquer stress ambiental que envolva desidratação (Close, 1997). As desidrinas são componentes-chave da tolerância à desidratação (Schneider et al., 1993; Godoy et al., 1994; Close, 1996; Zhu et al., 2000). Outros estudos bioquímicos demonstraram que as proteínas LEA protegem estruturas celulares específicas e melhoram os efeitos do stress da seca. As desidrinas, incluindo as proteínas RAB e COR, foram encontradas em muitas plantas, incluindo a Arabidopsis, o trigo, a cevada e o arroz (Close, 1997; Nylander et al., 2001). Do mesmo modo, no presente estudo, foram encontrados genes de desidrinas induzidos pelo stress da seca em bibliotecas de cDNA subtraídas de cavalinha e amendoim. Como demonstrado em vários estudos, estas proteínas podem proteger as macromoléculas dos efeitos induzidos pela seca no dente-de-leão e no amendoim.

As proteínas de choque térmico (HSP) são proteínas induzidas pelo ambiente que, segundo se crê, permitem às células e aos organismos fazer face ao calor e a outros stresses ambientais. Nas plantas, o papel importante das HSPs na termotolerância foi demonstrado pela engenharia genética do fator de transcrição de choque térmico HSF de Arabidopsis thaliana (Lee et al., 1995). Ainda não se sabe se todas as várias famílias de HSPs contribuem para o aumento dos níveis de tolerância ao stress ou se são necessários outros factores. A família HSP70 inclui provavelmente as proteínas/géneros mais conservados na natureza, incluindo isoformas constitutivas ou cognatas (HSC70) e induzíveis pelo calor (HSP70) na maioria dos organismos e também nas plantas (Vierling, 1991). Estas proteínas estão envolvidas em muitos processos celulares diferentes no citoplasma e em todos os organelos. As proteínas HSC70/HSP70 são consideradas chaperonas moleculares envolvidas no transporte, degradação e regulação de proteínas. As HSPs induzidas pelo stress da seca foram clonadas em Craterostigma (Alamillo et al., 1995), girassol (Coca et al., 1996) e Prunus amygdalus (Campalans et al., 2001). Do mesmo modo, neste estudo, um grande grupo de ESTs de horsegram e groundnut bibliotecas de cDNA sujeitas a stress hídrico corresponderam a HSPs. Estes genes HSP poderiam proteger as células vegetais actuando como chaperones.

O transporte de sódio da raiz para a folha envolve uma interação entre o mio-inositol e o sódio. O mio-inositol actua como um facilitador da absorção de sódio e do transporte a longa distância. O aumento do mio-inositol serve então de substrato para a acumulação de produtos finais metabólicos que facilitam o sequestro de sódio e protegem a fotossíntese (Bohnert et al., 1998; Nelson et al., 1998). Nelson et al., (1999) encontraram um transporte de sódio dependente de mioinositol na planta ice tolerante ao sal. Do mesmo modo, neste estudo, mostrámos um simportador de Na+/mio-inositol induzido pelo stress da seca no cavalo-grama e que poderia estar envolvido na homeostase iónica e proteger o aparelho fotossintético.

As lipoxigenases vegetais (LOX), que catalisam a hidroperoxidação de ácidos gordos polinsaturados com um sistema de ligações duplas conjugadas cis, cis-1, 4-pentadieno, estão presentes em muitos eucariotas (Hildebrand et al., 1988; Siedow, 1991). Os hidroperóxidos de ácidos gordos derivados da LOX são também precursores de moléculas como a traumatina e o ácido jasmónico, que podem ter funções reguladoras (Anderson, 1989; Siedow, 1991). Os jasmonatos têm sido implicados como moléculas de transdução de sinal na resposta das plantas ao stress, particularmente a ferimentos e ataques de agentes patogénicos (Farmer e Ryan, 1992; Creelman e Mullet, 1997). Melan et al. (1993) verificaram uma acumulação de transcrições do ARNm LOX nas folhas maduras de Arabidopsis devido a ferimentos, metil jasmonato ou tratamento com ABA. Do mesmo modo, no presente estudo, o gene da lipoxigenase induzido pelo stress da seca foi observado na biblioteca de cDNA subtraído do horsegram. **Transdução de sinais e genes de cinase**

A perceção de sinais na membrana plasmática leva à produção de segundos mensageiros que iniciam cascatas de eventos de sinalização. Entre eles, o cálcio tem sido amplamente estudado e o seu envolvimento na sinalização osmótica foi recentemente revisto (Chinnusamy et al., 2004). As alterações na concentração de cálcio podem ser detectadas por dois tipos de proteínas: os sensores relés, incluindo as proteínas CBL, e os sensores respondedores, incluindo as CDPKs (Boudsocq e Lauriere, 2005). A CBL1 é altamente induzida por múltiplos sinais de stress, especialmente no stress de seca, implicando a CBL1 nas vias de resposta ao stress (Cheong et al., 2003). No presente estudo, a CBL cinase induzida pela seca foi identificada a partir de bibliotecas de cDNA de cavalinha e amendoim.

Sabe-se que as proteínas de ligação ao cálcio, a calmodulina e as proteínas de ligação à calmodulina, detectam os sinais de Ca^{2+} causados por stresses ambientais nas plantas (Bouche et al., 2005). Existem muito poucos relatórios sobre a indução da calmodulina e da ligação à calmodulina sob stress de seca (Bouche et al., 2005). No entanto, no presente estudo, identificámos proteínas de ligação à calmodulina e à calmodulina na biblioteca de stress por seca de cavalinha.

A fosforilação das proteínas é um dos principais mecanismos de controlo das funções celulares em resposta a sinais externos. Nas plantas, sabe-se que as proteínas quinases Ser/Thr e as proteínas quinases activadas por mitogénio (MAPK) estão envolvidas na divisão celular, na ação hormonal e na sinalização sob stress biótico e abiótico, incluindo o frio e a seca (Ligterink e Hirt, 2001; Jonak et al., 1996). Em folhas destacadas de Arabidopsis, a AtMPK4 e a AtMPK6 foram activadas pelo frio, seca, stress salino e sorbitol, indicando um papel importante destas duas cinases em stresses hiperosmóticos (Ichimura et al., 2000). Foi demonstrado que a fosfatase Ser/Thr 2C (PP2C) regula negativamente as MAPKs que estão envolvidas na sinalização osmótica. A AtPTP1 desfosforila a AtMPK4 e a AtMPK6 in vitro em Tyr, levando à inativação das cinases (Huang et al., 2000; Gupta e Luan, 2003). Do mesmo modo, no presente estudo, foram observadas MAPK e fosfatase Ser/Thr induzidas por stress por seca na biblioteca de cDNA de horsegram stress por seca.

A proteína tumoral controlada translacionalmente (TCTP) é uma proteína citoplasmática de ligação ao cálcio que se encontra numa vasta gama de organismos diferentes, incluindo o homem, o rato, o coelho, a galinha, a minhoca, a levedura e as plantas. Ao contrário dos seres humanos e dos ratos, a expressão de proteínas do tipo TCTP nas plantas é regulada a nível transcricional (Sage-One et al., 1998). As actividades funcionais das TCTP nas plantas não são claramente compreendidas (Sage-One et al., 1998). No entanto, as suas notáveis identidades ao nível da conservação proteica sugerem as suas funções essenciais na manutenção da homeostase do $Ca^{(2+)}$ em plantas stressadas (Kochian, 1995; Ermolayev et al., 2003). Neste estudo, o gene que codifica a TCTP foi clonado de cavalinha sob stress de seca. O gene

TCTP pode estar envolvido na homeostase do Ca^{2+} e confere tolerância ao horsegram

As ciclofilinas (CyPs) são proteínas ubíquas com uma atividade enzimática intrínseca de peptidil-prolyl cistrans isomerase que catalisa a rotação de ligações peptídicas X-Pro. Acredita-se que estas enzimas desempenham um papel na dobragem de certas proteínas e são importantes nos processos de transdução de sinais (Freskgard et al., 1992; Sykes et al., 1993). Os genes CyP encontrados nas plantas são sensíveis ao stress, uma vez que a sua expressão é induzida por stresses abióticos, como o calor, o sal ou as baixas temperaturas, como demonstrado por Meza-Zepeda et al., (1988), Luan et al., (1994), Marivet, (1995), Godoy et al., (2000). Do mesmo modo, na presente investigação, o gene da ciclofilina, que está envolvido na transdução de sinais induzida pelo stress hídrico, foi observado na biblioteca de cDNA subtraído do horsegram.

Genes de factores de transcrição

As repetições WD foram caracterizadas estruturalmente na subunidade G □ □ da proteína G trimérica, onde assume uma estrutura de hélice de sete lâminas (Wall et al., 1995). Estudos têm destacado a importância do domínio WD para as interações proteína-proteína e a participação destas proteínas em diversos processos, como a repressão transcricional e o tráfico de vesículas (Smith et al., 1999; Yu et al., 2000). O papel biológico destes genes em condições de stress não é conhecido. No presente estudo, mostrámos um gene contendo o domínio WD no horsegram.

Um motivo zinco-finger representa a sequência em que cisteínas e/ou histidinas coordenam um ou mais átomos de zinco para formar estruturas peptídicas locais que são necessárias para as suas funções específicas. Os motivos zinco-finger são classificados com base na disposição dos aminoácidos de ligação ao zinco. Desempenham um papel fundamental nas interações com outras moléculas. Uma proteína da família do dedo de zinco, OSISAP 1 (O. sativa sub species indica stress-associated protein gene), induzida após diferentes tipos de stress, nomeadamente frio, dessecação, sal, submersão e metais pesados, bem como ferimentos, e a sobreexpressão do gene OSISAP 1 em tabaco transgénico conferiu tolerância ao stress do frio, da desidratação e do sal na fase de germinação das sementes e de plântula (Mukhopadhyay et al., 2004). No tabaco, a sobreexpressão do gene OSISAP1 foi reduzida as lesões associadas ao stress, como a clorose e a morte celular, e mostrou uma melhor recuperação do stress. Do mesmo modo, no presente estudo, foram identificadas várias proteínas da família do dedo de zinco, nomeadamente a proteína do dedo de zinco RING, a proteína da família do dedo de zinco do tipo TRAF, a proteína da família do dedo de zinco (tipo C2H2), a proteína ZIGA3 que contém o dedo de zinco do tipo ARF GAP, a proteína da família do dedo de zinco (tipo RING do tipo C3HC4) e a proteína do dedo de zinco na biblioteca de cDNA subtraída do horsegram. No entanto, à exceção da proteína do dedo de zinco, os papéis biológicos dos outros genes não são claros. É interessante clonar genes de comprimento total e os estudos de caraterização funcional em diferentes condições de stress irão lançar mais luz sobre a sua capacidade de resposta ao stress de seca em horsegram.

As plantas parecem ter um grande número de proteínas que contêm EF-hand, algumas das quais têm homólogos em sistemas não vegetais, enquanto outras são exclusivas das plantas (Day et al., 2002).

Além disso, as plantas também possuem conjuntos únicos de proteínas contendo EF-hand que interagem com sensores de Ca^{2+} (Reddy et al., 2002). Sabe-se que os sinais de stress, como os agentes patogénicos, a seca, o frio e o sal, são mediados por proteínas EF-hand (Braam e Davis, 1990; Hirayama et al., 1995; Jakobek et al., 1999; Kudla et al., 1999; Reddy, 2000). Algumas proteínas EF-hand, como as pequenas GTPases e os canais de potássio, estão envolvidas na sinalização (Czempinski et al., 1997). Em Arabidopsis, uma grande variedade de domínios nas proteínas EF-hand mostrou a diversidade dos processos em que o Ca^{2+} está envolvido (Day et al., 2002). No entanto, no presente estudo, foi encontrado um gene que codifica a proteína da família EF-hand de ligação ao cálcio na biblioteca de cDNA de horsegram submetido a stress de seca, indicando o seu papel na regulação da transdução de sinais mediada por Ca^{2+} sob stress de seca. O domínio CBS tem o nome de Cistationina Beta Sintase (Bateman, 1997). Todos os domínios CBS identificados até à data ocorrem no citoplasma ou no núcleo. Recentemente, foi demonstrado que os domínios CBS se ligam à porção adenosil de moléculas como o ATP, o AMP e o SAM (Scott et al., 2004). Em Medicago truncatula, verificou-se que a proteína SnRK1, que contém o domínio CBS, se acumula diferencialmente nos tecidos vegetativos e nas sementes durante a germinação sob stress hídrico. Este gene está envolvido na produção de moléculas protectoras, como a sacarose, bem como na regulação negativa coordenada do metabolismo e na tolerância à dessecação (Buitink et al., 2003). Do mesmo modo, no presente estudo, foi encontrado um clone de cDNA que mostrou homologia com a proteína que contém o domínio CBS em horsegram.

As proteínas Helix-Loop-Helix básicas (bHLH) das plantas são uma família multigénica de factores de transcrição. Sabe-se que algumas proteínas bHLH das plantas estão envolvidas na pigmentação das antocianinas, na expressão de globulinas e nas vias de sinalização dos fitocromos (Heim et al., 2003). Verificou-se que os níveis dos factores de transcrição bHLH que respondem ao ácido jasmónico são regulados positivamente no arroz em resposta a ferimentos e ao stress de seca (Kiribuchi et al., 2005). Do mesmo modo, na presente investigação, foi identificado um fator de transcrição bHLH responsivo ao stress hídrico na biblioteca de cDNA de cavalinha e amendoim.

Os genes AP2/ ERBP formam uma grande família multigénica e desempenham uma variedade de papéis ao longo do ciclo de vida das plantas, fazendo parte dos mecanismos utilizados pelas plantas para responder a vários tipos de stress biótico e ambiental (Riechmann e Meyerowitz, 1998). Estas proteínas contêm uma (subfamília EREBP) ou duas (subfamília AP2) cópias de um domínio de aproximadamente 70 aminoácidos denominado repetição AP2. As proteínas que possuem uma única repetição AP2 incluem EREBPs/factores de resposta ao etileno (ERFs), C- repeat/dehydration response element binding proteins (CBFs/DREBs), ABI4 e TINY (Nole-Wilson e Krizek, 2000). Um importante sistema de regulação da transcrição é representado pelas sequências promotoras DRE/C-repeat em genes activados pelo stress e pelos factores DREBs/CBF que controlam a expressão dos genes do stress (Stockinger et al., 1997; Liu et al., 1998). Os genes que contêm factores de transcrição com domínio ERBP coordenam tanto a ativação como a repressão de genes que respondem ao stress (Bartels e Ramanjulu, 2005). A sobreexpressão ectópica de factores de transcrição CBF1/DREB1B e CBF3/DREB1A contendo o domínio ERBP em Arabidopsis resulta na expressão constitutiva de genes induzidos por stress a jusante e aumenta a tolerância ao congelamento e a tolerância à desidratação/sal, respetivamente (Kasuga et al., 1999; Gilmour et al., 2000). Os activadores da transcrição AP2 do arroz, OsDREB1A, OsDREB1B, OsDREB2A, são conhecidos por serem induzidos pela desidratação e pelo stress de alta salinidade. A sobreexpressão de OsDREB1A mostrou uma melhor tolerância ao stress em Arabidopsis transgénica (Dubouzet et al., 2003). Do mesmo modo, no presente estudo, foi isolado um fator de transcrição ERBP da biblioteca de cDNA de horsegram submetido a stress por seca, que, como já foi referido, pode ter um papel na regulação de muitos genes que respondem a stress.

Os complexos da proteína F-box (SCF) SKP1, cullin/CDC53 são a maior e mais bem estudada família de E3 ubiquitina-proteína ligases e são conhecidos por controlar a regulação do ciclo celular, a transdução de sinais, a transcrição e outros fenómenos biológicos (Bai et al., 1996; Hershko e Ciechanover, 1998; Schulman et al., 2000; Shen et al., 2002; Zheng et al., 2002). Nas plantas, verificou-se que os complexos SCF regulam as respostas às auxinas (Ruegger et al., 1998; Gray et al., 1999, Schwechheimer et al., 2001) e a sinalização por jasmonato (Xie et al., 1998; Xu et al., 2002), a sinalização luminosa (Dieterle et al., 2001), a resposta de defesa (Kim e Delaney, 2002) e a senescência foliar (Woo et al., 2001). No entanto, o seu papel biológico em condições de stress abiótico não é conhecido. No presente estudo, encontrámos o gene relacionado com a proteína da família F-box / parceiro de interação SKP1 3 em clones de cDNA de stress de horsegram.

Genes transportadores

As proteínas de transferência de lípidos (LTP) receberam o seu nome devido à sua capacidade de transferir fosfolípidos entre membranas e de ligar ácidos gordos in vitro (Kader et al., 1984). Foi proposto o seu envolvimento na biossíntese da cutina ou na formação de cera de superfície (Kader, 1997), em reacções de defesa contra agentes patogénicos (Garcia-Olmedo et al., 1995; Kader, 1997), ou na adaptação das plantas a alterações ambientais (Kader, 1997; Dunn et al., 1998; Trevino e O'Connell 1998). Trevino e O'Connell (1998) relataram uma indução de três nsLTPs (proteínas de transferência de lípidos não específicas) em Lycopersicon pennellii por condições de stress de seca. Os produtos dos genes estão implicados na biossíntese da cutícula. Presumivelmente, a indução de nsLTP na expressão específica das células epidérmicas representa uma resposta adaptativa ao stress da seca, através da qual a planta pode ser capaz de reduzir a perda de água aumentando a espessura da cutícula (Ramanjulu e Bartels, 2002). Do mesmo modo, no presente estudo, foram clonadas LTPs de cavalinha sob stress de seca.

Nas células eucarióticas, um grande número de proteínas é transportado para o seu destino final após a tradução através de um processo designado por tráfico intracelular. Os factores de ADP-ribosilação (Arf), uma família de pequenas proteínas de ligação a GTP, desempenham um papel importante no tráfico intracelular em células animais e de levedura. Um fator de ribosilação ADP- foi clonado em Arabidopsis (Lee et al., 2002). No entanto, o seu papel biológico em condições de stress não é claramente conhecido. No presente estudo, foi clonado um fator de ADP-ribosilação a partir de uma biblioteca de cDNA de cavalinha.

Genes de proteases

O aumento da proteólise em resposta ao stress é frequentemente observado e pode ser interpretado como uma forma de eliminar proteínas danificadas ou de mobilizar azoto (Vierstra, 1996). Foi relatado um aumento da proteólise durante condições de stress por seca/sal (Guerrero et al., 1990; Ramanjulu e Sudhakar, 1997; de Carvalho et al., 2001). Foi demonstrado que as proteases de cisteína são induzidas durante a seca e a salinidade (Koizumi et al., 1993; Forsthoefel et al., 1998; Khanna-Chopra et al., 1999; Campalans et al., 2001; Seki et al., 2002). O gene ERD1 de Arabidopsis, induzido pelo stress hídrico e salino, codifica uma proteína localizada no cloroplasto com homologia de sequência à subunidade reguladora ATPase ClpA da protease Clp dependente de ATP de E. coli (Nakashima et al., 1997). Foi proposto que o produto do gene ERD1 interage com outras subunidades, como ClpP (um gene de cloroplasto) da protease dependente de ATP, e está envolvido na degradação de proteínas de cloroplasto. Do mesmo modo, no presente estudo, foram encontradas várias proteases, nomeadamente a subunidade proteolítica ClpP5 da protease Clp dependente de ATP, a cisteína protease, a proteína da família das cisteína proteases do tipo OTU, a protease putativa do tipo subtilisina e a proteína contendo o domínio La (LON) da protease dependente de ATP, tanto nas bibliotecas de cADN do grama-da-cavalo como do amendoim.

Genes da fotossíntese e do transporte de electrões

As propriedades físicas do aparelho fotossintético são de importância crucial para as plantas tolerantes à dessecação. O aparelho fotossintético é muito sensível e suscetível a lesões e precisa de ser mantido ou rapidamente reparado após a reidratação (Godde, 1999). Em particular, o PSII demonstrou ser muito sensível ao stress hídrico. Vários estudos in vivo demonstraram que o stress hídrico provocava danos no complexo de oxigenação do PSII (Canaani et al., 1986; Toivonen e Vidaver, 1988) e no centro de reação do PSII (He et al., 1995; Giardi et al., 1996). Foram recentemente identificadas proteínas homólogas à fibrilina, uma proteína associada aos lípidos do plastídeo da pimenta envolvida no armazenamento de carotenóides nos cromoplastos dos frutos, em cloroplastos de folhas de várias espécies e que se revelou ser induzida por stress ambiental, como o stress da seca (Chen et al., 1998). Do mesmo modo, no presente estudo, foi identificado um gene que codifica a proteína associada aos lípidos plasmáticos PAP/proteína da família da fibrilina na biblioteca de cDNA de cavalinha submetida a stress hídrico.

Os complexos de captação de luz (LHC) são uma superfamília de proteínas de ligação à clorofila presentes em todos os eucariotas fotossintéticos. Os genes LHC são codificados a nível nuclear, mas estão localizados na membrana tilacoide. As LHCs dividem-se em proteínas de ligação Chl a/b de espécies de algas verdes (Durnford et al., 1999). As proteínas de captação de luz Chl a/b, a/c e a/a fazem parte de uma família alargada de genes que induzem ELIPs. A CP26 é a proteína de antena mais descrita em plantas superiores, que foi relatada como estando envolvida na regulação dependente de xantofilas da função de colheita de luz (Ros et al., 1998). Foi descrito o gene Isi A, que codifica o complexo proteico de clorofila CP43 em resposta à deficiência de ferro em cianobactérias (Park et al., 1999).

Existem muitos clones que codificam LHC-1, II e proteínas de ligação à clorofila a/b em bibliotecas de cDNA de cavalinha e amendoim e que podem proteger o aparelho fotossintético de danos induzidos pelo stress .

Genes do metabolismo dos lípidos, ácidos gordos e isoprenóides

A esterol 24-C-metiltransferase é uma enzima que limita a taxa de biossíntese de fitosterol (Shi et al., 1996) e está envolvida na proliferação celular, nos processos de crescimento celular (Haughan et al., 1988) e também serve como precursor de reguladores de crescimento esteróides, como os brassinosteróides (Ikekawa, 1991). O papel biológico deste gene sob stress abiótico não é conhecido. No presente estudo, foi identificado um gene que codifica a 24-C-metiltransferase a partir de uma biblioteca de cDNA de cavalinha submetida a stress hídrico.

A camada cuticular, composta por cutina e ceras, desempenha múltiplas funções nas plantas, incluindo a regulação da permeabilidade epidérmica e da perda de água não estomática e a proteção contra insectos, agentes patogénicos, luz UV e geada (Sieber et al., 2000). São compostos principalmente por hidrocarbonetos alifáticos de cadeia longa derivados de ácidos gordos saturados de cadeia muito longa (VLCFAs; o comprimento da cadeia é >18 carbonos). Millar et al., (1999) identificaram um gene, designado CUT1, que codifica uma enzima de condensação de VLCFA necessária para a produção de cera cuticular e a supressão sensorial de CUT1 em plantas transgénicas de Arabidopsis resulta em caules e síliquas sem cera (eceríferos), bem como em esterilidade masculina condicional. Propõe-se que a engenharia genética das ceras das plantas possa eventualmente permitir aumentar a tolerância das culturas a stresses ambientais, como a luz UV, o calor e a seca, bem como a resistência a insectos e agentes patogénicos. No presente estudo, o gene da enzima de condensação de ácidos gordos de cadeia muito longa (CUT1) foi clonado a partir de cavalinha submetida a stress hídrico, podendo a sua sobreexpressão aumentar a biossíntese da cera cuticular e reduzir a perda de água.

A geranil difosfato sintase está envolvida na biossíntese de isoprenóides e é conhecida por ser induzida de novo em resposta a stress biótico e abiótico (Bouvier et al., 2000). Mas o seu papel sob stress abiótico não é conhecido. No presente estudo, foi clonado um código genético para a geranil difosfato sintase sob stress de seca em cavalinha.

A etapa inicial da via plastidial do 2C-metil-D-eritritol-4-fosfato (MEP), que produz isopentenil difosfato, é catalisada pela 1-deoxi-D-xilulose-5-fosfato sintase. Nas plantas superiores, os isoprenóides participam numa grande variedade de funções biológicas, como a fotossíntese, a respiração, o crescimento, o controlo do ciclo celular, a defesa das plantas e a adaptação às condições ambientais. Exemplos específicos incluem pigmentos fotossintéticos (clorofilas e carotenóides), hormonas (ácido abscísico (ABA),1 giberelinas (GA), citocininas e brassinosteróides e α-tocoferol (Estevez et al., 2001). O aumento da acumulação de tocoferol também ocorre em resposta a uma variedade de stresses abióticos, incluindo luz intensa, seca, sal e frio, e pode fornecer uma linha adicional de proteção contra danos oxidativos (Havaux et al., 2000; Munne-Bosch e Alegre, 2002; Collakova e DellaPenna, 2003). Neste estudo, foi clonada uma 1-desoxi-D-xilulose-5-fosfato sintase de cavalinha submetida a stress hídrico.

Genes do metabolismo dos nucleótidos

A metilação do ADN, uma das modificações epigenéticas mais abundantes em plantas e animais superiores, desempenha um papel importante na regulação do desenvolvimento e dos processos de desenvolvimento (Meehan, 2003; Finnegan et al., 2000). Entre as proteínas que se complexam com o ADN para formar a cromatina, exemplos que possuem um domínio de ligação metil-CpG (MBD) podem desempenhar um papel crítico na repressão da transcrição (Bird, 2002; Berg et al., 2003). No presente estudo, foi identificado um domínio de ligação metil-CpG no horsegram.

As helicases de RNA da caixa DEAD são candidatas proeminentes a chaperonas de RNA, porque estas proteínas podem utilizar a energia derivada da hidrólise do ATP para romper ativamente estruturas de RNA mal dobradas, de modo a que possa ocorrer o dobramento correto (Tanner e Linder, 2001; Lorsch, 2002). A função da super família de RNA helicases em plantas é pouco conhecida. Uma exceção é a CARPEL FACTORY/DICER-LIKE 1, que é uma helicase de caixa DExH que se revelou crítica para a biogénese de microRNAs e para o desenvolvimento das plantas (Jacobsen et al., 1999; Park et al., 2002). Gong et al., (2005) isolaram a DEAD box RNA helicase idêntica ao gene LOS4 através de clonagem posicional e verificaram que o gene é essencial para a exportação de ARNm e importante para o desenvolvimento e a resposta ao stress. Do mesmo modo, no presente estudo, foi encontrada uma DEAD box RNA helicase em bibliotecas de cDNA de cavalinha e de plantas sujeitas a stress por seca.

Os factores de alongamento desempenham um papel central no alongamento da cadeia polipeptídica em eucariotas. Catalisa a reação de ligação de aminoacil t-RNAs ao sítio A do ribossoma, que requer GTP. Os genes que codificam eEF1A de várias espécies, incluindo humanos, leveduras e plantas superiores, foram clonados e sequenciados, e os seus produtos são altamente homólogos entre si. Geralmente, uma quantidade maior de eEF1A é encontrada em tecidos em desenvolvimento onde estão a ocorrer níveis elevados de síntese proteica. Sabe-se que a expressão dos genes eEF1A das plantas é induzida por stress ambiental, como ferimentos (Morelli et al., 1994), pouco oxigénio (Vayda et al., 1995) e baixas temperaturas (Berberich et al., 1995, Dunn et al., 1993), e por 2,4- D (Ursin et al., 1991). Do mesmo modo, no presente estudo, os genes dos factores de alongamento foram clonados a partir de uma biblioteca de cDNA subtraída de cavalinha submetida a stress hídrico.

A expressão coordenada de genes requer factores envolvidos na transcrição e tradução, incluindo factores de iniciação. Os genes dos factores de iniciação da tradução foram isolados e caracterizados numa série de organismos, incluindo plantas. Foram identificados dois genes que codificam isoformas de elF-5A de Nicotiana (NelF-5A1 e NelF-5A2) (Chamot e Kuhlemeier, 1992). É provável que exista uma isoforma de elF-5A que regula a tradução de um subconjunto de transcritos de mRNA específicos da senescência/necrose. Foi clonado o gene elF-5A de Carnation induzido pela senescência. Foi demonstrado que a sobreexpressão de um eLF1A de beterraba sacarina em levedura e Arabidopsis melhora a tolerância ao sal (Rausell et al., 2003). O transcrito eLF1 é induzido pelo stress hídrico na erva de ressurreição tolerante à dessecação Sporobolus stapfianus (Neale et al., 2000). No presente estudo, foi clonado um fator de iniciação da tradução eucariótica 5A induzido por stress hídrico a partir de uma biblioteca de horsegram induzido por stress hídrico. Este fator poderá desempenhar um papel na senescência e morte celular induzidas pelo stress de seca.

A ligação covalente da proteína ubiquitina a outras proteínas celulares tem sido implicada numa série de processos fisiológicos importantes, incluindo a degradação selectiva de proteínas, a reparação do ADN, o controlo do ciclo celular e a biossíntese de organelos (Jentsch, 1992). A ubiquitina é activada por um acoplamento tiol dependente de ATP do seu terminal carboxi a uma enzima activadora (E1); uma trans-tiolação subsequente leva à transferência de ubiquitina de E1 para uma enzima conjugadora de ubiquitina (E2). A primeira enzima conjugadora de ubiquitina induzida pelo stress UBC foi clonada a partir do tamato e está especificamente envolvida na degradação proteolítica de proteínas anormais em resultado do stress (Feussner et al., 1997). No presente estudo, a ubiquitina e a enzima conjugadora de ubiquitina foram clonadas em ambas as espécies de culturas.

Genes de histonas

Nas plantas, tal como em todos os organismos eucariotas, os genes e os seus promotores estão ligados a proteínas histonas sob a forma de cromatina. O ADN é enrolado em torno de um octâmero de histonas centrais ao qual, em média, está ligada uma molécula de histona de ligação para formar a unidade básica da cromatina, o nucleossoma (Scippa et al., 2000). No tomateiro, foram identificados e caracterizados quatro genes de histonas durante o stress por défice hídrico (Bray et al., 1999; Cohen e Bray, 1990). Um destes genes, le20, codifica uma proteína com os domínios da histona H1 (renomeada his1-s) que se sabe ser expressa ao nível do ARNm e da proteína em resposta ao stress prolongado por défice hídrico (Kahn et al., 1993; Scippa et al., 2000; Cohen et al., 1999). No presente estudo, os genes das histonas foram clonados a partir da biblioteca de cDNA do cavalo-grama.

Genes do metabolismo dos hidratos de carbono

A metileno tetrahidrofolato redutase (MTHFR) é a enzima menos conhecida do metabolismo de um carbono mediado pelo folato, tendo sido identificados poucos genes até à data. Propõe-se que este gene esteja envolvido na síntese de solutos compatíveis, como os beanies ou polióis e lenhinas em condições de stress (Cossins e Chen, 1997; Cossins, 1987). No presente estudo, foi identificado um gene da metileno tetrahidrofolato redutase na biblioteca de cDNA de horsegrama sob stress hídrico.

A procura de metabolitos derivados de aminoácidos aromáticos varia durante o desenvolvimento da planta e durante períodos de stress ambiental, como ferimentos ou ataques de agentes patogénicos. Por conseguinte, os mecanismos que controlam o fluxo de carbono para a via do chiquimato devem perceber e responder a uma vasta gama de sinais de desenvolvimento e estímulos ambientais. Nas bactérias, a regulação do fluxo de carbono para a via do chiquimato é conseguida através da modulação da atividade da primeira enzima da via do chiquimato, a 3-desoxi-d-arabino heptulosonato 7-fosfato (DAHP) sintase, que catalisa a condensação de PEP e eritrose-4-P para formar DAHP. Nas plantas, a atividade da DAHP sintase é regulada e fornece corismato adicional para a síntese de metabolitos secundários aromáticos, quando feridas mecanicamente ou atacadas por insectos. Na batata, um gene que codifica a DAHP sintase demonstrou estar aumentado, seguido de um aumento da atividade enzimática devido a ferimentos (Dyer et al., 1989; Bischoff et al., 1996, 2001). Do mesmo modo, no presente estudo, foi identificado um gene de 3-deoxi-d-arabinoheptulosonato-7-fosfato na biblioteca de cDNA do amendoim submetido a stress hídrico.

Genes desconhecidos

Neste estudo, muitos clones de cDNA de bibliotecas de cavalinha e de amendoim não apresentaram homologia com a base de dados de proteínas e com a base de dados de nucleótidos, como se mostra nos quadros 2 e 3, na categoria desconhecida. Estas proteínas podem ser novas e podem ser tratadas como genes responsivos ao stress

Análise do perfil de expressão de genes relacionados com o stress da seca

Macroarray

Os micro e macroarrays de ADN de alta densidade tornaram-se uma ferramenta útil para a análise da expressão genética (Aharoni e Vorst, 2002; Alba et al., 2004; Way et al., 2005). Esta tecnologia permite estudar a expressão de muitos genes, em múltiplas fases de desenvolvimento e em resposta a stresses ambientais, a avaliar simultaneamente.

A análise do filtro de matriz de nylon ou macroarray pode ser dividida em quatro etapas principais 1. Amplificação por PCR da coleção de genes organizada numa placa de 96 micropoços; 2. Transferência dos produtos de PCR (coleção de genes), em duplicado, para membranas de nylon utilizando um aparelho Dotblot; 3. Hibridação de filtros independentes com sondas complexas preparadas a partir de cDNA transcrito de forma reversa a partir de ARN poli A^+ extraído de tecidos tratados em condições específicas; 4. Filtros expostos a um ecrã de fósforo. Após a obtenção das imagens, a quantificação e a análise dos sinais foram efectuadas com um programa informático especializado.

Neste estudo, a técnica de macroarray foi utilizada para avaliar a natureza responsiva ao stress de 186 clones de cDNA subtraídos pré-selecionados de horsegram e 93 de groundnut. Estes genes selecionados foram agrupados em 11 categorias funcionais, conforme mencionado anteriormente neste estudo, incluindo genes relacionados com o stress abiótico, desconhecidos, factores de transcrição, genes de transdução de sinais, fotossíntese, metabolismo de hidratos de carbono, lípidos e isoprenóides, transportadores, metabolismo de nucleótidos do ciclo celular e proteases.

Cada clone de cDNA foi amplificado individualmente e os produtos resultantes foram carregados em géis de agarose para visualizar a presença de um único produto amplificado e para garantir uma concentração de pelo menos 75 ng/µL. Os conjuntos de filtros foram preparados de modo a que cada fragmento individual de PCR fosse representado em duas posições. As sondas de amostras independentes foram marcadas com (^{32}P)dCTP e hibridizadas na matriz de nylon. Após lavagem, o sinal radioativo associado a cada elemento da matriz foi lido com um dispositivo de varrimento e foram captadas imagens (imagiologia). Os valores quantitativos para cada gene, entre sondas independentes, foram calculados utilizando o software Image Quant TL 2005. Os pontos altamente radioactivos representavam espécies de ARNm abundantes, enquanto as espécies de ARNm pouco abundantes apresentavam um sinal radioativo relativamente fraco. As imagens da matriz foram apresentadas nas figuras 16, 17, 18 e 19. A quantificação do sinal dos genes em condições de ausência de stress, de seca e de stress salino, em termos de aumento ou diminuição de dobras, foi tabulada nas tabelas 4, 5, 6 e 7.

Monitorizámos os níveis de expressão em estado estacionário dos transcritos induzidos pela desidratação do horsegram e do groundnut utilizando macroarray a 25% de humidade do solo e sem stress e representados na figura 16 (horsegram) e 18 (groundnut). Um total de 107 de 186 clones de horsegram e 55 de 93 clones de amendoim mostraram expressões mais de duas vezes em comparação com a matriz correspondente sem stress

(quadros 4 e 5).

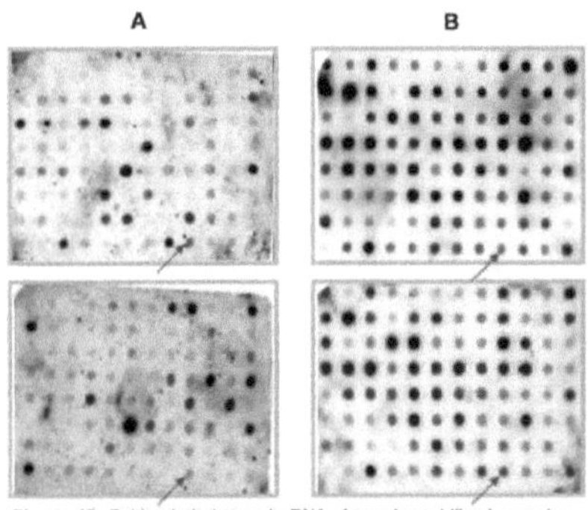

Figure 16. Subtracted stressed cDNA clones immobilized on nylon membrane. ^{32}P labeled probes prepared from of poly (A^+) RNA of unstressed (Panel A) and drought stressed (Panel B) horsegram. Figure showed two independent blots contained 96 clones each. Arrows indicate Rubisco gene spot.

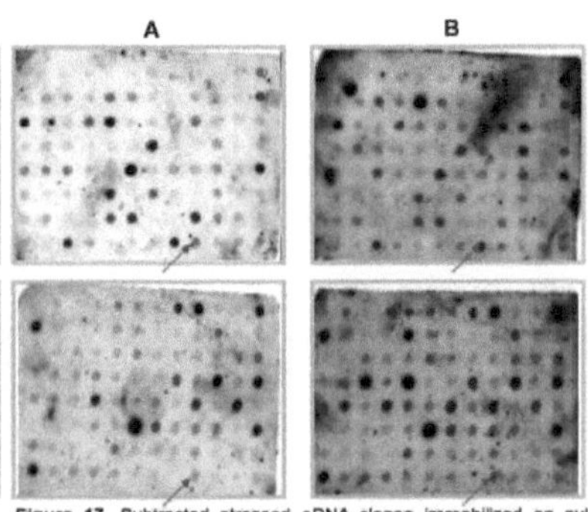

Figure 17. Subtracted stressed cDNA clones immobilized on nylon membrane. ^{32}P labeled probes prepared from of poly (A^+) RNA of unstressed(Panel A) and salt stressed 250mM (panel B) horsegram. Figure showed two independent blots contained 96 clones each. Arrows indicate Rubisco gene spot

Os clones altamente regulados no horsegram incluem a acil CoA oxidase de cadeia curta, a enzima de condensação de ácidos gordos de cadeia muito longa, a proteína semelhante a tumor controlada por tradução, o chaperão 13.9, a proteína de transferência de lípidos, a protease Clp, a lipoxigenase, o simportador Na+/mio-inositol, a proteína de dedo de zinco TRAF, a chaperonina 21kD do cloroplasto, a família EF hand de ligação ao cálcio, a proteína de senescência, o fator de transcrição bHLH, a desidrina, a calmodulina, a proteína cognata de choque térmico 70kD, o fator de transcrição EREBP e uma série de proteínas desconhecidas. Estas transcrições fortemente induzidas podem estar envolvidas na tolerância ao stress da seca.

Os clones de amendoim que apresentaram uma expressão superior a duas vezes são a proteína SRC1 like associada à maturação, a proteína que contém repetições de pentatricopeptídeos (PPR), o fator de iniciação da tradução eIF-2, a proteína cisteína específica da senescência, a 3-deoxi-D-arabinoheptulosonato-7-fosfato sintase, a proteína associada à dormência/auxina, o transportador de oligopeptídeos, a metheionina adenosil transferase e várias proteínas desconhecidas.

Também utilizámos macroarranjos de cDNA para identificar os genes específicos do stress salino e para comparar os genes induzidos pelo stress salino e pela seca. Os arrays de cDNA do cavalo-grama e do amendoim, que contêm clones de cDNA de stress por seca, foram hibridizados com cDNA de stress por sal (250 mM) e as imagens dos arrays foram mostradas nas figuras 17 e 18 (painel B e D) e nas figuras 20 e 21, com uma expressão duas vezes superior à dos arrays correspondentes sem stress (quadro 6 e 7).

Os resultados mostram claramente que 63 clones de cDNA de 116 eram específicos da seca e 21 clones de cDNA eram específicos do stress salino em horsegram. No entanto, verificou-se que 32 clones de cDNA eram comuns ao stress hídrico e salino no horsegram. Os clones de cADN específicos do stress salino incluem a fosfatase ácida, o metilenotetrahidrofolato, a proteína de fusão ubiquitina/ribossoma, a tioredoxina, a calmodulina, o dedo de zinco (tipo C2H2), a proteína de transferência de lípidos ancorada na GP1, a chaperonina10 do cloroplasto, a fosfoglicerato quinase, a proteína de biossíntese da tiamina, a protease dependente de ATP e a chiquimato quinase. Os genes comuns aos stresses de seca e salino incluem: proteína de senescência foliar, glicina descarboxilase, precursor da fosfatase ácida, fosfatase ácida associada à defesa, proteína LiI3 e proteína desconhecida.

Tabela 4. Genes e seu nível de expressão devido ao stress hídrico (aumento de dobras) a partir da análise do macroarray horsegram

S. Não.	Clone I.D	Nome	Expressão de dobra
1	Hdi_B_4	proteína de membrana PTMI-like	1.9
2	Hdi B 7	Proteína NIN-like 2	2.4
3	Hdi_B_74	proteína da família da peptidase M50 / proteína da família da protease do sítio 2 da proteína de ligação do elemento regulador do esterol (SREBP)	1.9
4	Hdi B 87	proteína de armazenamento da vagem	5.0
5	Hdi B 92	geranil difosfato sintase subunidade grande	4.63
6	Hdi B 94	proteína de transferência de lípidos I	2.6
7	Hdi C 4	pré-proteína de ligação da clorofila a/b (AA -32 a 231)	0.2
8	Hdi C 6	Proteína CCR	2.1
9	Hdi C 9	Proteína da família das cisteíno-proteases semelhante à OTU	2.43
10	Hdi C 12	proteína desconhecida	1.98
11	Hdi C 13	Proteína contendo o domínio ACT (ACR4)	2.1
12	Hdi C 14	proteína putativa contendo o domínio CP12 induzida pela auxina	3.2
13	Hdi C 15	contém similaridade com a endo-l,3-l,4-beta-D-glucanase	3.35
14	Hdi C 17	malato desidrogenase putativa	2.8
15	Hdi C 19	glutatião peroxidase	2.2
16	Hdi C 21	fosfatase ácida	0.78
17	Hdi C 45	proteína de transporte de sacarose SUT1	1.86
18	Hdi C 50	Proteína da família de repetições WD-40	2.21
19	Hdi C 56	enzima de condensação de ácidos gordos de cadeia muito longa	2.65
20	Hdi C 67	cisteína proteinase	2.22
21	Hdi C 74	uroporfirinogénio descarboxilase	1.97
22	Hdi C 75	precursor da plastocianina -	2.22
23	Hdi C 88	proteína de armazenamento da vagem	3.21
24	HdiC91	Contém uma fraca semelhança com uma proteína farnesilada GMFP5 mRNA	3.43
25	Hdi C 92	isolado NRG048 Região Rpgl, sequência genómica	1.32
26	Hdi D 1	Proteína quinase 16 que interage com o CBL	1.01
27	Hdi D 4	Proteína semelhante a um tumor controlada por Iranslational	3.26
28	Hdi D 7	BI 2D proteína associada à senescência, putativa	3.33
29	Hdi D 8	chaperon putativo P 13.9	2.87
30	Hdi D 12	glutatião S-transferase GST	1.87
31	Hdi D 13	proteína bHLH putativa	1.6
32	Hdi D 14	proteína putativa contendo o domínio CP12 induzida pela auxina	2.87
33	Hdi_D_15	proteína reprimida pela auxina	2.1
34	HdiD16	metil transferase putativa do ácido cafeico	2.4
35	Hdi D 27	proteína de transferência de lípidos 1	2.72
36	Hdi D 28	Clp protease dependente de ATP subunidade proteolítica ClpP5	4.45
37	Hdi D 31	Proteína com domínio CBS	1.0
38	Hdi D 36	Inetilenotetrahidrofolato redutase putativa	1.1
39	HdiD39	IeafESTlibraryPV GEa	0.2
40	Hdi D 41	cisteína proteinase	3.56
41	Hdi D 55	proteína relacionada com o amadurecimento	3.2
42	Hdi D 58	precursor da proteína fosfatase associada à cinase	1.99
43	HdiD68	provável lipoxigenase (EC 1.13.11.12) CPRD46, induzível à seca -	2.1
44	Hdi D 70	Proteína de fusão Ubiquitina-Zribossomal	0.21
45	Hdi D 72	proteína de fibra Fbl]	1.87

46	Hdi D 76	quinona oxidoredutase	2.3
47	Hdi D 83	Simportador putativo de Na+/mio-inositol	2.34
48	Hdi D 85	NADH desidrogenase NDI	0.4
49	Hdi D 93	Ciclofilina	0.8
50	Hdi E 3	proteína PAP associada aos lípidos plasmáticos / proteína da família da fibrilina	2.0
51	Hdi E 17	Relacionado com o dedo de zinco do tipo TRAF	3.3
52	Hdi E 19	Proteína com domínio CBS	2.3
53	Hdi E 22	proteína de ligação a ácidos nucleares, putativa	2.5
54	Hdi E 25	tioredoxina m2 putativa	1.5
55	Hdi E 28	fator de alongamento IA proteína relacionada com a resistência ao SMV	1.1
56	Hdi E 29	Proteína de ligação ao ADN	3.6
57	Hdi E 30	chaperonina 21 do cloroplasto	1.0
58	Hdi E 35	proteína da família EF hand de ligação ao cálcio	0.98
59	Hdi E 37	Skpl	0.21
60	Hdi E 39	proteína do tipo calmodulina	0.9
61	Hdi E 60	proteína putativa de transferência de lípidos ancorada em GPE	3.54
62	Hdi E 65	desidratação	2.4
63	Hdi E 70	fator 2 de polimerização da actina	2.5
64	Hdi E 76	proteína relacionada com a biossíntese do caroteno	1.2
65	Hdi E 78	Proteína GHI	0.98
66	Hdi E 89	fosfoproteína fosfatase 2A isoforma 4	3.23
67	Hdi E 92	chaperon putativo P13.9	1.0
68	Hdi F 12	proteína expressa	2.1
69	Hdi F 22	transportador de fosfato	2.54
70	Hdi F 23	catalase	1.86
71	Hdi F 8	proteína expressa	1.76
72	Hdi F 9	NADH desidrogenase, putativa	0.2
73	Hdi F 57	pectina metilesterase isoforma alfa	2.9
74	Hdi F 58	proteína da família das monooxigenases	1.23
75	Hdi F 59	Fator de iniciação da tradução eucariótica 5A (el5A	0.78
76	Hdi F 62	proteína semelhante à senescência das folhas	4.2
77	Hdi_F_67	glicina descarboxilase complexo H-proteína precursora mitocondrial	2.6
78	Hdi F 71	isoamilase isoforma 3	3.64
79	Hdi F 72	esterase putativa	1.85
80	Hdi F 79	proteína da família do dedo de zinco (dedo de RING do tipo C3HC4)	0.17
81	Hdi F 82	Stress de seca EST	2.07
82	Hdi F 86	dihidropirimidinase putativa	2.56
83	Hdi F 89	proteína expressa	2.87
84	Hdi_G_13	proteína do tipo fitoquelatina sintetase	2.43
85	Hdi G 14	proteína putativa induzida pelo frio	1.86
86	Hdi G 17	fator de transcrição bHLH	0.09
87	Hdi G 19	UDP-xilose glicosiltransferase fenólica	0.67
88	Hdi G 21	Homólogo da quinase do recetor S (EC 2.7.1.) precursor da PKI	2.86
89	Hdi G 23	provável gama-glutamil hidrolase -	3.23
90	Hdi G 34	TatC]proteína de formação da membrana do tilacoide / cpTatC	2.95
91	Hdi G 39	proteína desconhecida	2.64
92	Hdi G 46	proteína contendo o domínio de ligação metil-CpG	3.1
93	Hdi G 48	Produto do gene GAST-like	3.33
94	Hdi G 49	precursor putativo da fosfatase ácida 1	2.92
95	Hdi G 53	proteína desconhecida	1.45
96	Hdi G 56	fosfatase ácida putativa associada à defesa	2.23
97	Hdi G 57	proteína desconhecida	2.98
98	Hdi G 58	proteína do tipo calmodulina	2.67
99	Hdi G 61	proteína Lil3 putativa	2.45
100	Hdi G 63	Proteína 2 cognata de choque térmico de 70 kDa	2.72
101	Hdi G 66	glicerol quinase	4.1
102	Hdi G 79	proteína de transferência de lípidos II	1.75
103	Hdi G 80	redutase putativa	2.1
104	Hdi H 59	1 -deoxi-D-xilulose-5-fosfato	1.2
105	Hdi H 73	proteína hipotética do cloroplasto	2 1
106	Hdi H 80	proteína hipotética do tipo MO25 At5g47540	1.98
107	Hdi H 92	proteína putativa de biossíntese de tiamina	2.87
108	Hdi_H_95	homólogo da proteína tumoral controlada translacionalmente (TCTP) (HTP)	1.6
109	Hdi I 31	fator de transcrição putativo do tipo EREBP	2.3
ПО	Hdi I 39	precursor da extensina	1.0
111	Hdi I 41	Precursor da proteína de ligação ao ARN	3.4
112	Hdi I 47	ATP sintase epsilon subunidade	0.96
113	Hdi_I_51	inibidor de protease/armazenamento de sementesFamília da proteína de transferência de lípidos (LTP)	2.3
114	Hdi I 87	Subtilisina-like proteinase putativa	3.86
115	Hdi K 12	Lipoxigenase	0.89
116	Hdi K 17	proteína da família das chiquimato-quinase	3.0
117	Hdi K 15	proteína de ligação à calmodulina	2.4
118	Hdi K 30	Proteína da família F-box / Parceiro de interação SKPI 3-related	1.6
119	Hdi K 33	dehidroascorbato redutase	0.99
120	Hdi K 57	fosfoenolpiruvato carboxilase	1.0
121	Hdi_K_58	ARF Proteína ZIGA3 (ZIGA3) semelhante à proteína de dedo de zinco GAP	1.3
123	Hdi K 89	enzima conjugadora de ubiquitina putativa	1.0
124	Hdi L 27	Proteína Ycfl	2.8
125	Hdi L 34	proteína semelhante à senescência das folhas	0.7
127	Hdi_L_50	Alquil hidroperóxido redutase	0.85
128	Hdi L 80	proteína de ligação à calmodulina	2.0
129	Hdi_L_87	Proteína da família da cinase de hidratos de carbono do tipo pfkB	1.8

Tabela 5. Genes e respetivo nível de expressão devido ao stress de seca (aumento de dobras) da análise de macroarray do amendoim

S.N.	Identificação do clone	Nome	Dobra de expressão.

1	Gdi_A_3	Proteína contendo o domínio SWIRM / Proteína da família de ligação ao ADN	1.2
2	Gdi A 31	Ferredoxina-NADP redutase, isozima de tipo foliar, cloroplasto	3.3
3	GdiBl	S-adenosilmetionina sintetase	4.0
4	Gdi B 7	proteína SRCl-like associada à maturação	2.0
5	Gdi B 18	proteína desconhecida	2.4
6	Gdi B 25	proteína da família da membrana integral	0.5
7	Gdi B 27	proteína SMT3 semelhante à ubiquitina	0.4
8	Gdi_B_52	proteína contendo repetições de pentatricopeptídeo (PPR)	4.65
9	Gdi B 72	proteína expressa	3.4
10	Gdi B 75	enzima putativa de degradação da insulina	1.2
11	Gdi B 92	Proteína DYW7	2.2
12	Gdi C 20	proteína desconhecida	3.21
13	GdiC30	metionina adenosil transferase	4.2
14	Gdi C 32	proteína da família 17 das glicosiltransferases	1.0
15	Gdi_C_34	Proteína semelhante à isochorismatase hidrolase	2.89
16	Gdi C 40	piruvato descarboxilase	2.1
17	Gdi C 46	fator de iniciação da tradução eIF -2 cadeia beta	2.8
18	Gdi C 54	Isocitrato-zisopropihnalato desidrogenase [Crocosphaera	4.1
19	Gdi C 59	proteína da família das selenoproteínas	1.0
20	Gdi_C_64	proteína da família do transporte de oligopeptídeos dependente de protões (POT)	2.73
21	Gdi C 69	produto proteico sem nome	3.1
22	Gdi C 70	cisteína protease semelhante à catepsina B	2.23
23	Gdi C 76	proteína SRCl-like associada à maturação	2.7
24	Gdi C 79	proteína da família das repetições ricas em leucina	4.12
25	Gdi C 83	Proteína precursora Fe-S de Rieske	2.56
26	Gdi C 84	MFP1 fator de ligação 1	3.12
27	GdiC89	cisteína protease específica da senescência putativa SAG 12	2.89
28	Gdi C 96	3-deoxi-D-arabino-heptulosonato 7-fosfato sintase	4.2
29	Gdi_D_62	proteína da família associada à dormência/auxina	3.78
30	Gdi D 65	proteína da família das deidrinas	2.5
31	Gdi_D_86	proteína putativa contendo o domínio CP12 induzida pela auxina	3.2
33	Gdi_A_3	Proteína contendo o domínio SWIRM / Proteína da família de ligação ao ADN	3.0
34	Gdi_A_4	NÃO FOI ENCONTRADA NENHUMA SEMELHANÇA SIGNIFICATIVA	0.5

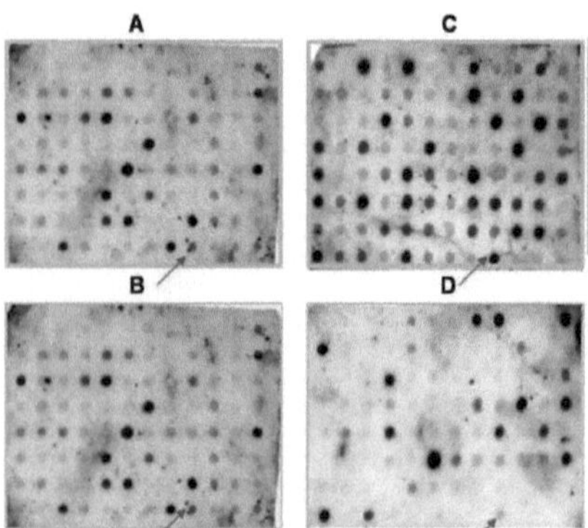

Figure 18. Subtracted stressed cDNA clones immobilized on nylon membrane. ^{32}P labeled probes prepared from of poly (A^+) RNA of unstressed (Panel A and B), Drought stressed (Panel C) and salt stressed (NaCl 250mM, Panel D) groundnut. Figure showed independent blots contained 96 clones each. Arrows indicate Rubisco gene spot.

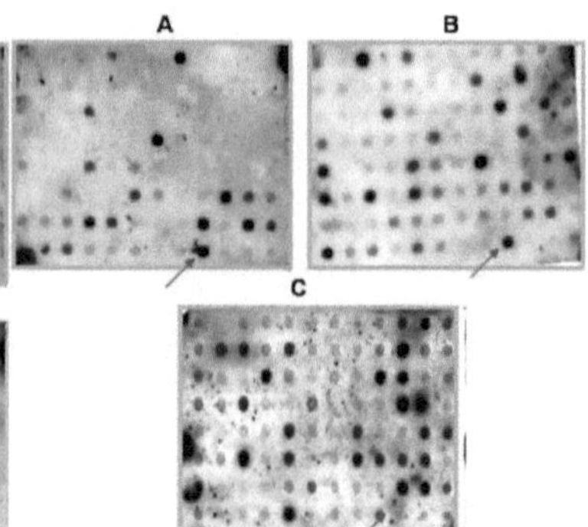

Figure 19. Subtracted stressed cDNA clones immobilized on nylon membrane. ^{32}P labeled probes prepared from of poly (A^+) RNA of drought stressed groundnut hybridized with horsegram array (Panel A and B). ^{32}P labeled probe prepared from of poly (A^+) RNA of drought stressed horsegram hybridized with groundnut array (Panel C). Arrows indicate Rubisco gene spot.

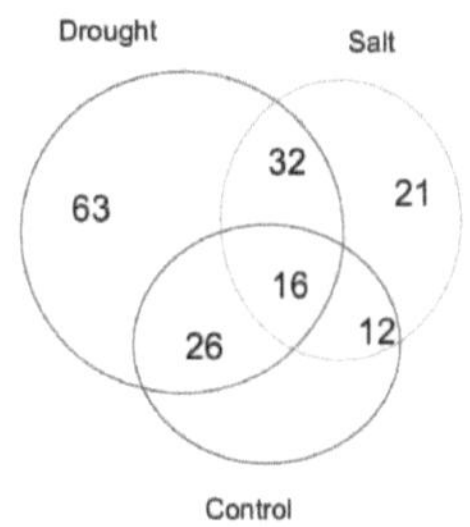

Figure 20. Commonality of Gene expression (more than 2 fold) in horsegram under unstressed (Control), drought and salt stressed conditions

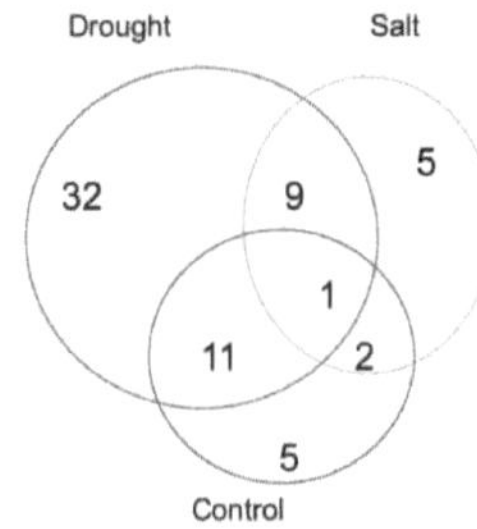

Figure 21. Commonality of Gene expression (more than 2 fold) in groundnut under unstressed (Control), drought and salt stressed conditions

Tabela 6. Genes e respetivo nível de expressão devido ao stress salino (aumento de dobras) a partir da análise do macroarray horsegram

S.N.	Clone LD.	Nome	Dobra de expressão
1	Hdi B 87	proteína de armazenamento da vagem	1.23
2	Hdi B 88	Proteína semelhante à lecitina colesterol aciltransferase	2.46
3	Hdi C 4	pré-proteína de ligação da clorofila a/b (AA - 32 a 231)	1.5
4	Hdi C 9	Proteína da família das cisteíno-proteases semelhante à OTU	0.95
5	Hdi C 12	proteína desconhecida	1.0
6	Hdi C 13	Proteína contendo o domínio ACT (ACR4)	0.86
7	HdiCl 4	proteína putativa contendo o domínio CP12 induzida pela auxina	3.98
8	HdiCl 5	contém semelhanças com a endo-l,3-l,4-beta-D- glucanase	3.75
9	Hdi C 88	proteína de armazenamento da vagem	1.8
10	Hdi C 91	Contém uma fraca semelhança com uma proteína famesilada GMFP5 mRNA	2.45
11	Hdi D 4	Proteína semelhante a um tumor controlada por lranslational	3.68
12	Hdi D 8	chaperon putativo P13.9	1.76
13	Hdi D 15	proteína reprimida pela auxina	2.86
14	Hdi D 16	metil transferase putativa do ácido cafeico	1.98
15	Hdi_D_28	Clp protease dependente de ATP subunidade proteolítica ClpP5	3.21
16	Hdi D 36	lnetilenotetrahidrofolato redutase putativa	1.99
17	Hdi_D_39	IeafESTlibraryPV GEa	3.43
18	Hdi D 55	proteína relacionada com o amadurecimento	1.83
19	Hdi D 85	NADH desidrogenase NDI	1.87
20	Hdi_E_3	proteína PAP associada aos lípidos plasmáticos / proteína da família da fibrilina	2.41
21	Hdi E 17	Relacionado com o dedo de zinco do tipo TRAF	1.54
22	Hdi E 39	proteína do tipo calmodulina	0.98
23	Hdi E 60	proteína de transferência de lípidos putativa GPUanchored	2.5
24	Hdi E 65	desidratação	2.8
25	Hdi E 78	Proteína GHI	2.6
26	Hdi F 12	proteína expressa	2.98
27	Hdi F 9	NADH desidrogenase, putativa	1.56
28	Hdi F 44	proteína putativa	1.90
29	Hdi_F_52	proteína da família das fosfatidilinositol 3 e 4-quinase	1.54
30	Hdi F 57	pectina metilesterase isoforma alfa	3.8
31	Hdi F 62	proteína semelhante à senescência das folhas	1.0

32	Hdi_F_67	precursor mitocondrial da glicina descarboxilase complexo H-proteína	3.65
33	Hdi F 82	Stress de seca EST	2.54
34	Hdi_F_91	precursor da proteína ironsulfurada plastoquinol-plastocianina redutase	1.2
35	Hdi G 49	precursor putativo da fosfatase ácida 1	4.54
36	Hdi G 56	fosfatase ácida putativa associada à defesa	4.67
37	Hdi G 61	proteína Lil3 putativa	3.76
38	Hdi_G_66	glicerol quinase	3.8
39	Hdi G 76	inibidor de protease/armazenamento de sementesProteína da família da proteína de transferência de lípidos (LTP)	4.0
40	Hdi G 79	proteína de transferência de lípidos II	2.1
41	Hdi H 80	Proteína hipotética do tipo MO25 At5g47540	1.4
42	Hdi H 92	proteína putativa de biossíntese de tiamina	2.87
43	Hdi I 12	Proteína contendo o domínio La (LON) da protease dependente de ATP	3.56
44	Hdi I 30	Fosfoglicerato quinase, precursor do cloroplasto	3.5
45	Hdi I 47	ATP sintase epsilon subunidade	4.67
46	Hdi 151	inibidor de protease/armazenamento de sementesFamília da proteína de transferência de lípidos (LTP)	2.6
47	Hdi_L_25	nucleosídeo difosfato quinase II, precursor	0.67

Tabela 7. Genes e seu nível de expressão devido ao stress salino (aumento de dobras) da análise de macroarray do amendoim

S.N.	Identificação do clone	Nome	Dobra de expressão.
1	Gdi B 7	proteína SRCI-like associada à maturação	2.78
2	Gdi B 10	Proteína 1 de interação com a la do CMV	3.2
3	Gdi B 19	proteína associada aos microtúbulos	3.73
4	Gdi B 25	proteína da família da membrana integral	3.54
5	Gdi B 92	Proteína DYW7	1.0
6	Gdi C 32	proteína da família 17 das glicosiltransferases	1.78
7	GdiC50	6-fosfogluconato desidrogenase com domínio de ligação NAD	3.1
8	Gdi_C_54	Isocitrato-zisopropihnalato desidrogenase [Crocosphaera	3.6
9	Gdi C 59	proteína da família das selenoproteínas	2.98
10	Gdi C 69	produto proteico sem nome	2.1
11	Gdi C 80	proteína de ligação à tampa nuclear; CBP20	2.56
12	Gdi C 83	Proteína precursora Fe-S de Rieske	2.0
13	Gdi_A_4	não foi encontrada qualquer semelhança significativa	2.43

Tabela 8. Genes e seu nível de expressão (aumento de fold) de macroarranjos de horsegram hibridizados com cDNA de amendoim.

S. Não	ID do clone	Nome	Dobrar Expressão
1	HdiB9	fator de transcrição homólogo da proteína BTF3-like	1.97
2	Hdi C 50	Proteína da família de repetições WD-40	1.67
3	HdiD 15	proteína reprimida pela auxina	4.76
4	HdiD58	precursor da proteína fosfatase associada à cinase	0.98
5	HdiD70	Proteína de fusão Ubiquitina-Zribossomal	0.67
6	HdiE 12	calmodulina putativa	1.56
7	Hdi_E_19	Proteína contendo o domínio CBS	2.54
8	Hdi_E_29	Proteína de ligação ao ADN	4.1
9	Hdi_E_30	chaperonina 21 do cloroplasto	1.87
10	Hdi_E_55	EST	3.2

11	Hdi_E_78	Proteína GHI	4.3
12	Hdi_E_89	fosfoproteína fosfatase 2A isoforma 4	3.2
13	HdiFl	recetor putativo de etileno	1.34
14	HdiFl 1	proteína expressa	1.54
15	Hdi_F_12	proteína expressa	1.0
16	Hdi_F_34	Fosfoproteína de membrana tilacoide 14 kDa, precursora do cloroplasto	4.34
17	Hdi_F_43	chaperonina 10 do cloroplasto, putativa	1.2
18	Hdi_F_62	proteína semelhante à senescência das folhas	0.8
19	Hdi_F_67	glicina descarboxilase complexo H-proteína precursora mitocondrial	0.63
20	Hdi_F_71	isoamilase isoforma 3	0.89
21	Hdi_F_72	esterase putativa	0.34
22	Hdi_F_88	Proteína semelhante ao domínio RabGAPZTBC	1.2
23	Hdi_F_93	proteína análoga ao gene da resistência putativa	1.4
24	Hdi_G_13	proteína do tipo fitoquelatina sintetase	1.1
25	Hdi_G_14	proteína putativa induzida pelo frio	0.98
26	Hdi_G_21	Homólogo da quinase do recetor S (EC 2.7.1.) precursor da PKI	2.65
27	Hdi_G_34	TatC]proteína de formação da membrana do tilacoide / cpTatC	3.87
28	Hdi_G_41	Forte semelhança com a família do citocromo P450	3.1
29	Hdi_G_43	proteína putativa de ligação ao cálcio, Calreticulina	1.0
30	Hdi_G_46	proteína contendo o domínio de ligação metil-CpG	0.98
31	Hdi_G_66	glicerol quinase	2.5
32	Hdi_G_78	fosfoglicerato quinase (EC 2.7.2.3), citosólica	2.1
33	Hdi_H_73	proteína hipotética do cloroplasto	1.6
34	Hdi_H_80	Proteína hipotética do tipo MO25 At5g47540	0.9
35	Hdi_H_95	Homólogo da proteína tumoral controlada translacionalmente (TCTP) (HTP)	3.4
36	Hdi_I_31	fator de transcrição putativo do tipo EREBP	3.2
37	Hdi_I_35	proteína putativa da membrana externa	2.1
38	Hdi_J_6	chalcone sintase	3.2
39	Hdi_J_II	rubisco activase alfa	2.6
40	Hdi_K_89	enzima conjugadora de ubiquitina putativa	3.5
41	Hdi_K_94	proteína desconhecida	1.0

Tabela 9. Genes e seu nível de expressão (aumento de fold) de macroarranjos de amendoim hibridizados com cDNA de cavalinha.

S.N.	ID do clone	Nome	Expressão de dobra
1	GdiBl	S-adenosilmetionina sintetase	1.23
2	GdiBl 6	contém semelhanças com a proteína de ligação poli(A) II	1.75
3	Gdi B 18	proteína desconhecida	2.9
4	Gdi B 19	proteína associada aos microtúbulos	2.8
5	Gdi B 27	proteína SMT3 semelhante à ubiquitina	3.6
6	GdiB28	proteína de ligação à clorofila a/b (cab-11)	3.87
7	Gdi B 38	precursor da plastocianina	2.0
8	GdiB52	proteína contendo repetições de pentatricopeptídeo (PPR)	0.8
9	Gdi B 72	proteína expressa	2.6
10	Gdi B 92	Proteína DYW7	3.1
11	Gdi C 20	proteína desconhecida	2.71
12	Gdi C 28	DEM2	1.98
13	GdiC30	metionina adenosil transferase	1.0
14	Gdi C 32	proteína da família 17 das glicosiltransferases	1.0
15	Gdi C 34	Proteína semelhante à isochorismatase hidrolase	0.76
16	Gdi_C_54	Isocitrato-zisopropiihnalato desidrogenase [Crocosphaera	4.5

17	Gdi C 58	proteína semelhante à ubiquitina	4.98
18	Gdi C 70	cisteína protease semelhante à catepsina B	2.65
19	Gdi C 79	proteína da família das repetições ricas em leucina	2.4
20	Gdi C 83	Proteína precursora Fe-S de Rieske	1.78
21	Gdi C 84	MFP1 fator de ligação 1	2.65
22	Gdi C 96	3-deoxi-D-arabino-heptulosonato 7-fosfato sintase	3.54
23	Gdi_D_62	proteína da família associada à dormência/auxina	2.86

No amendoim, apenas cinco clones de cDNA, de um total de 93, eram específicos do stress salino e nove clones de cDNA eram comuns ao stress por seca e por sal. Os genes específicos do stress salino eram a proteína de interação CMV 1a, a 6-fosfogluconato desidrogenase com domínio de ligação NAD, a proteína de ligação à capa nuclear CBP20, a proteína associada aos microtúbulos e proteínas desconhecidas.

Os genes mais frequentemente expressos em caso de stress hídrico e salino são a proteína SRC like, a família da membrana integral, a proteína DYW7, a isocitrato desidrogenase, a selenoproteína, a desidrina e proteínas desconhecidas. Para aceder à complexidade da expressão genética sob stress hídrico em duas espécies de culturas, efectuámos uma análise da expressão em macroarranjos utilizando clones de cDNA de ambas as culturas dispostos em membranas de nylon e hibridizados com cDNA de amendoim e cavalinha sob stress hídrico e vice-versa. A matriz de amendoim hibridizada com cDNA de cavalinha foi mostrada na figura 19 (painel C) e na tabela 8.

Poucos genes do amendoim, ferredoxina-NADP redutase, isozima de tipo foliar, S-adenosilmetionina sintetase, proteína que contém repetições de pentatricopeptídeos (PPR), proteína DYW7, metionina adenosil transferase, proteína da família 17 das glicosil transferases, isocrismatase hidrolase, fator de iniciação da tradução eIF-2 de cadeia beta, isocitrato desidrogenase, transporte de oligopeptídeos dependente de potão, cisteína protease do tipo catepsina B, proteína da família das repetições ricas em leucina, fator de ligação MFP11, cisteína protease de senescência SAG12, 3-deoxi-D-arabinoheptulosonato 7-fosfato sintase e proteína associada à auxina de dormência, apresentaram uma expressão duas vezes maior do que o cDNA de horsegram submetido a stress hídrico.

A matriz horsegram hibridizada com o cDNA do amendoim foi apresentada na figura 19 e na tabela 9. Os resultados da análise do macroarray horsegram com o cDNA do amendoim revelaram que ambas as culturas apresentaram alguns genes comuns expressos em condições de seca. Os genes considerados comuns foram o homólogo do fator de transcrição BTF3, a proteína da família de repetições WD-40, a proteína de repressão da auxina, a proteína associada à cinase precursora do fosfato, a proteína de fusão ubiquitina/ribossomal, a calmodulina, a proteína que contém o domínio CBS, a proteína de ligação ao ADN, a chaperonina 21 do cloroplasto, a proteína da família EF hand de ligação ao cálcio, a proteína de transferência de lípidos ancorada na GP1, a proteína GH1, a chaperonina 13.9, recetor de etileno, proteína de senescência foliar, proteína H do complexo da glicina decorboxilase, isoamilase isoforma 3, esterase, proteína da família do dedo de zinco (tipo C3HC4 RING finger), proteína induzível pelo frio, proteína que contém o domínio de ligação metil-CpG, glicerol quinase, fator de transcrição do tipo EREBP, chalcona sintase, rubisco activase e duas proteínas desconhecidas.

RNA gel blot

Para confirmar a validade da análise do macroarray de cDNA, realizámos uma análise de RNA em gel-blot. O RNA total obtido de horsegram e groundnut sob seca (20% de humidade do solo, sal (250mM NaCl), stress de frio (4°C durante 24 horas) e respectivos controlos, foi transferido para membranas de nylon e hibridizado com clones selectivos de cDNA de horsegram e groundnut. Para o horsegram, os genes selecionados para a análise de gel-blot foram a proteína de ligação da calmodulina (Hdi_K_12), a proteína cognata do choque térmico de 70 kDa (Hdi_G_63), o fator de transcrição bHLH (Hdi_G_17), a proteína desconhecida (Hdi_F_12), a proteína quinase que interage com o CBL (Hdi_D_1), a proteína da família do dedo de zinco (tipo C2H2) (Hdi_E_54) e a calmodulina (Hdi_E_12). Para a análise de gel-blot do amendoim, os genes incluem a proteína SRC- like associada à maturação (Gdi_B_7) e a proteína da família das desidrinas (GN_D_65). As imagens do gel-blot são apresentadas nas figuras 22 (cavalo-grama) e 23 (amendoim). A partir da análise, confirma-se que os resultados foram consistentes com os dados de expressão obtidos por análise de macroarray, apenas com ligeiras diferenças.

Discussão

A capacidade de investigar padrões globais de expressão genética está a revolucionar a biologia e a compreensão dos processos vegetais, fornecendo uma perspetiva geral das respostas às alterações ambientais e de desenvolvimento. A utilização de matrizes de ADN de alta densidade ligadas a membranas de nylon ou lâminas de vidro como ferramenta para estudar a expressão genética foi demonstrada numa série de estudos. O padrão de expressão dos genes do stress hídrico foi monitorizado em função da aplicação exógena de ABA no grão-de-bico (Boominathan et al., 2004), do tratamento com PEG e da seca natural em plântulas de milho (Zheng et al., 2004) e do défice hídrico no trigo (Way et al., 2005), o que ajudou a identificar os genes regulados por stress e os genes comuns aos stresses abióticos.

Neste estudo, foram utilizados macroarranjos de cDNA que contêm 186 clones de cDNA de horsegram e 93 de amendoim obtidos a partir da hibridação subtractiva para avaliar as alterações de expressão em diferentes stresses abióticos. Dos 186 genes do horsegram, 107 correspondiam a transcrições significativas com regulação positiva, 63 das quais foram expressas apenas em stress de seca. No amendoim, 32 dos 55 genes eram conhecidos por serem específicos do stress de seca. Em particular, o nível de expressão da Caffeate O-Methyltransferase foi maior e específico do stress de seca no horsegram. Este padrão também foi registado no milho, onde o stress de seca alterou o nível de expressão do gene Caffeate O-Methyltransferase (Vincent et al., 2005). O ácido cafeico O-metiltransferase (COMT) é uma enzima importante, que está envolvida na via biossintética da lenhina e a sua expressão durante o stress de seca está relacionada com o aumento dos níveis de lenhina no milho durante o stress de seca.

No cavalo-grama, verificou-se uma expressão duas vezes maior de cisteína protease sob stress de seca. No tomateiro, verificou-se que uma Cys protease se acumula nas folhas de plantas sujeitas a stress hídrico e que esta proteína se localiza principalmente no núcleo e nos cloroplastos de células sujeitas a stress hídrico (Harrak et al., 2001). Nas plantas, foi demonstrado que as proteases Cys funcionam em muitos aspectos da regulação celular (Estelle, 2001; Elbaz et al., 2002).

A expressão da proteína de transferência de lípidos, malato desidrogenase, lipoxinase, proteína da família de repetição WD 40, desidrina, transportador de fosfato, citocromo p450, piruvato descarboxilase em ambas as culturas indica que os transcritos utilizados nesta experiência foram submetidos a um stress típico de seca e que o macroarray de cDNA foi capaz de replicar os resultados obtidos anteriormente por hibridação subtractiva em combinação com o macroarray, tal como apoiado por estudos anteriores em milho (Zheng et al, 2004), grão-de-bico (Boominathan et al., 2004) e amendoim (Luo et al., 2005).

21 e 5 genes do horsegram e do amendoim, respetivamente, foram especificamente regulados positivamente em resposta ao stress salino. 32 genes no horsegram e 9 genes no amendoim são comuns ao stress hídrico e salino. A subunidade proteolítica da protease Clp dependente de ATP, a metil transferase do ácido cafeico, a proteína de transferência de lípidos, a desidrina, a proteína de dedo de zinco, a fosfoglicerato quinase e a proteína de ligação da capa nuclear foram mais expressas com o tratamento de stress salino. Esta descoberta foi consistente com investigação anterior sobre microarrays de cDNA de stress salino (Shiozaki et al., 2005; Wu et al., 2005).

No presente estudo, iniciámos experiências para comparar perfis de expressão de genes de stress devido ao stress de seca em ambas as espécies de culturas. Para isso, colocámos clones de cDNA subtraídos de horsegram em membrana de nylon e hibridizámos com cDNA de stress do amendoim e vice-versa. Os resultados indicaram que 27 dos 183 genes do horsegram foram hibridizados com o cDNA do amendoim. Da mesma forma, 20 dos 93 genes do amendoim foram hibridizados com o horsegram. Os resultados indicaram que ambas as espécies de culturas partilhavam a expressão de genes comuns devido a condições de stress de seca, como evidenciado pelo macroarray hibridizado vice-versa entre o horsegram e o amendoim. Da mesma forma, estudos anteriores de um microarray contendo 8.987 cDNAs de EST de arroz foram utilizados para analisar o perfil de expressão de genes em raízes de cevada durante o stress por deficiência de Fe (Negishi et al., 2002) e também o array de cDNA de Arabidopsis 7000 de comprimento total hibridizado para analisar o perfil de expressão do agrião salgado (Taji et al., 2004) e são resultados de apoio adicionais obtidos neste estudo.

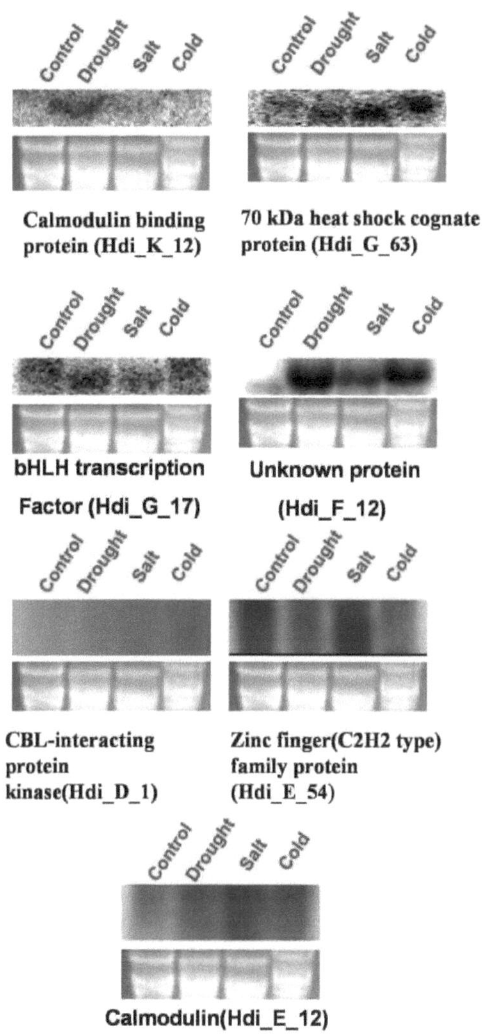

Figura 22. **Análises de Northern de genes selecionados. 20µg de RNA isolado de folhas de controle (C) seca (25%FC), Sal (250mM) e estresse por frio (4°C por 24 horas) foi resolvido em gel e transferido para membrana de nylon. Os blots foram hibridizados com sondas de cDNA marcadas com ^{32}P de clones selecionados por macroarray de cDNA. O 28 e o 18S rRNA foram utilizados como controlo de carga para cada blot.**

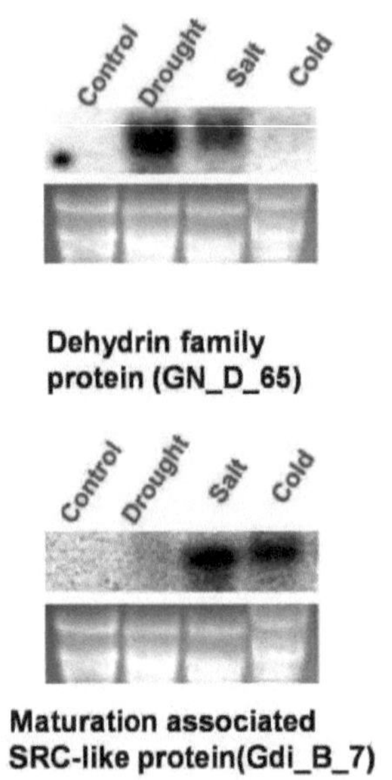

Figura 23. Análises Northern de genes selecionados. 20µg de RNA isolado de folhas de controle (C) seca (25%FC), Sal (250mM) e estresse por frio (4°C por 24 horas) foi resolvido em gel e transferido para membrana de nylon. Os blots foram hibridizados com sondas de cDNA marcadas com ^{32}P de clones selecionados por microarray de cDNA. 28 e 18S rRNA foram utilizados como controlo de carga para cada blot.

Sabe-se que a calmodulina (CaM) associa sinais de Ca^{2+} a alterações na atividade de proteínas efectoras a jusante através da interação direta entre o complexo Ca^{2+} e CaM e as moléculas alvo. Por conseguinte, o conhecimento das proteínas de ligação ao CaM é crucial para compreender como os sinais de Ca^{2+} são retransmitidos por eventos a jusante para desencadear respostas celulares. Consistente com a versatilidade das proteínas de ligação CaM, o repertório de alvos CaM nas plantas inclui muitas proteínas estruturalmente e funcionalmente não relacionadas que estão envolvidas em vários processos biológicos, tais como morfogénese, divisão celular, alongamento celular, transporte de iões, regulação de genes, organização do citoesqueleto e tolerância ao stress (Yang e Poovaiah, 2003; Zielinski, 1998; Perruc et al., 2004). No presente estudo, a expressão da calmodulina (Hdi_E_12) e das proteínas de ligação à calmodulina (Hdi_K_12) sob stress de seca, sal e frio em horsegram valida os resultados do macroarray observados no presente estudo e correlaciona-se com estudos anteriores. A expressão de calmodulina em todos os stresses apoia as conversações cruzadas de transdução de sinal entre todos os stresses.

Os membros da família HSP70 foram localizados em vários compartimentos celulares, incluindo o citosol, as mitocôndrias, os cloroplastos e o retículo endoplasmático. Os membros citosólicos incluem a HSP70 induzida pelo calor e a HSC70 cognata de choque térmico (HSC70) expressa constitutivamente, ambas desempenhando papéis fundamentais na maquinaria de chaperona molecular.

A expressão de proteínas cognatas HSP70 foi observada em estudos anteriores com milho (Miernyk et al., 1992) e tabaco (Rizhsky et al., 2002). Da mesma forma, no presente estudo, a análise de gel blot de ARN da proteína cognata HSP 70 expressou-se significativamente no controlo, na seca, no sal e no frio. Estes resultados apoiam os resultados de expressão do macroarray observados no presente estudo em horsegram.

A análise de gel blot com um gene desconhecido encontrado no horsegram revelou que o stress da seca resultou numa expressão significativa em comparação com os tratamentos com sal e frio. Isto também apoia os dados de macroarray obtidos no presente estudo e pode ser considerado como um importante gene candidato para a tolerância ao stress abiótico.

O gene do fator de transcrição bHLH RERJ1 aumentou transitoriamente a sua regulação após a indução de stress por seca (Kiribuchi et al., 2005). A expressão do transcrito bHLH no horsegram foi semelhante à do gene RERJI. A análise de gel blot de ARN do fator de transcrição bHLH é consistente com os resultados obtidos nas experiências de macroarray.

O membro da família da calcineurina-B like protein CBL1 interacting protein kinase transcript expression foi observado em stress de seca, sal e frio. Num estudo anterior, a expressão do transcrito do gene CBL1 induzida por seca, frio, sal e feridas foi observada em Arabidopsis por RNA gel blot (Kudla et al., 1999; Cheong et al., 2003). A expressão da acumulação de transcritos da proteína da família do dedo de zinco do tipo C2H2 foi observada sob stress de controlo, seca, sal e frio em horsegram. Este resultado está correlacionado com os estudos anteriores sobre a expressão da proteína da família C2H2 zinc finger em Arabidopsis (Englbrecht et al., 2004).

A acumulação de transcritos do gene da desidrina do amendoim foi observada em situações de stress hídrico e salino, mas não em situações de frio, tal como confirmado por análises anteriores de géis blot em cevada (Atienza et al., 2004), grão-de-bico (Boominathan et al., 2004; Bhattarai e Fettig, 2005) e Brassica (Yao et al., 2005). A proteína SRC-like associada à maturação é um novo gene que pode estar envolvido no processo de transdução de sinal. O gel blot de ARN revelou que este gene se expressava especificamente sob tratamentos com sal e frio.

A análise das diferenças entre dois genomas complexos é promissora para a descoberta de genes que estão presentes ou são expressos especificamente num sistema e ausentes no outro. A conservação do genoma permite a utilização de sondas heterólogas para identificar sequências de ADN ortólogas entre espécies diferentes em experiências de hibridação de ADN (Devos e Gale, 2000).

Uma vez que as bibliotecas de cavalinha e de amendoim continham um grande número de clones e muito poucos clones redundantes, seria essencial validar a sua função e examinar a sua presença e expressão. Os transcritos que se exprimem de forma única em duas espécies de culturas devido ao stress hídrico podem ser utilizados como marcadores para o rastreio dos genótipos quanto à tolerância à seca.

As duas bibliotecas de cavalinha e amendoim contêm muitos genes novos que não foram registados e cuja função tem de ser validada. Todos os clones destas duas importantes culturas semiáridas têm de ser analisados quanto à sua natureza de resposta ao stress e a sua relevância funcional sob stress de seca deve ser avaliada por abordagens de silenciamento de genes transcricionais, como RNAi e VIGS (silenciamento de genes induzido por vírus).

RESUMO

A adaptação ao stress é um fenómeno multigénico, pelo que a expressão coordenada de muitos genes de stress, por si só, conduzirá a uma maior adaptação ao stress. Através de técnicas convencionais e da utilização de novas técnicas existentes, como o microarray, está inequivocamente provado que o número de genes que são induzidos sob stress é fenomenal. Os progressos nesta área proporcionaram uma boa compreensão não só da resposta ao stress, mas também da forma como o stress é percebido, dos genes envolvidos na sinalização e na transdução e da gama de genes funcionais que contribuem para a adaptação. Ao caraterizar um grande número desses genes conhecidos de resposta ao stress, é agora possível desenvolver ferramentas poderosas de caraterização de genes (microarray). Esta abordagem deu-nos agora a oportunidade de caraterizar o padrão de expressão da resposta ao stress, que é específico da intensidade do stress e do tecido. Mas, atualmente, os genes de stress utilizados para o microarray provêm de sistemas modelo como a Arabidopsis. Neste momento, não temos a certeza se o tipo de genes que se exprimem na Arabidopsis (suscetível) e noutras espécies resistentes são semelhantes ou diferentes.

Atualmente, há cada vez mais provas de que os genes que respondem ao stress expressos em espécies tolerantes são novos ou podem ter diferentes genes reguladores que participam no cruzamento de sinais, para uma expressão eficiente. Neste contexto, é necessário dispor de um sistema de perfis de genes de micro ou macroarranjos de espécies tolerantes ao stress. O primeiro passo nesta direção seria isolar, clonar e caraterizar os genes que respondem ao stress a partir de uma espécie adaptada ao stress.

A grama-forrageira (Macrotyloma uniflorum (Lam.) Verdc.) é cultivada como cultura de leguminosas nas regiões semi-áridas da Índia peninsular. Esta cultura desenvolve-se razoavelmente bem em zonas propensas à seca, em solos muito pobres, onde outras culturas falham invariavelmente. O dente-de-leão é considerado uma das culturas de sequeiro mais importantes, especialmente em zonas propensas à seca, e uma cultura pouco explorada. Os estudos efectuados até à data indicam que o horsegram é relativamente mais tolerante à seca e à salinidade do solo do que outras leguminosas semiáridas.

O amendoim (Arachis hypogaea L.) é uma importante cultura oleaginosa de rendimento para todos os agricultores das regiões tropicais e subtropicais do mundo. O amendoim é tradicionalmente cultivado em condições de sequeiro. A Índia é líder na produção e cultivo de amendoim. O Andhra Pradesh ocupa o primeiro lugar no cultivo do amendoim, com 1,88 milhões de hectares e uma produção de cerca de 1,2 milhões de toneladas. Os principais distritos produtores de amendoim são Anantapur, Kurnool e Kadapa, em Andhra Pradesh. Só no distrito de Anantapur, o amendoim é cultivado em 1,0 milhão de hectares em condições de sequeiro. As variedades de amendoim apresentam uma grande variabilidade no que respeita ao grau de tolerância à seca. Embora o amendoim seja excecionalmente valioso na agricultura de sequeiro em regiões semi-áridas, relativamente pouco tem sido feito nos domínios da genómica comparativa, da descoberta de genes, do melhoramento assistido por marcadores para aumentar a tolerância à seca e para outras caraterísticas agronómicas importantes.

Para este fim, embora existam poucos relatórios disponíveis na literatura, relativos às respostas fisiológicas e bioquímicas do amendoim e do cavalinha a condições de stress de seca, as respostas moleculares destas importantes culturas são pouco conhecidas. Para compreender melhor as alterações na expressão genética associadas à tolerância à seca em duas culturas de leguminosas do semiárido, como o dente-de-cavalo e o amendoim , a presente investigação utiliza uma abordagem genómica da análise de etiquetas de sequências expressas (ESTs), clonagem e caraterização de genes que respondem ao stress.

O principal objetivo desta investigação é clonar e caraterizar os genes diferencialmente expressos de horsegram e groundnut sob condições de stress de seca.

Para atingir o objetivo principal, a presente investigação foi concebida com os seguintes sub-objectivos 1) Desenvolver um protocolo fiável de indução de stress de seca para a expressão máxima de genes que respondem ao stress 2) Avaliar as diferenças nas respostas ao stress em duas espécies de culturas com base em caraterísticas fisiológicas de marcadores de stress 3) Construir bibliotecas de cDNA subtrativo de alta qualidade a partir de duas espécies de culturas 4) Caracterizar clones de cDNA subtractivos 5) Comparar o padrão de expressão de genes em condições de stress em duas culturas através de macroarray de cDNA e análise de gel blot de RNA.

Protocolo de indução de stress

Há indícios de que novos genes responsivos ao stress com significado funcional único são expressos em genótipos/espécies adaptados ao stress. Tendo em conta este facto, a tónica principal da presente investigação foi clonar genes únicos de resposta ao stress a partir de genótipos/espécies tolerantes. Para atingir este objetivo, foi desenvolvido um protocolo eficaz para o stress de humidade, tanto para o horsegram como para o amendoim. Durante a imposição do stress, foi quantificada a gravidade do stress e o seu efeito na resposta de recuperação com base na mortalidade das plântulas e na retenção da área foliar. A resposta de recuperação, a sobrevivência das plântulas e a retenção funcional da área foliar (área verde) indicaram que existem diferenças significativas entre as duas espécies de culturas. A percentagem de sobrevivência das plântulas e a retenção da área foliar foram significativamente menores no amendoim quando comparadas com o cavalinha sob stress severo. Isto implica que o nível de stress limiar é baixo para o amendoim e alto para o horsegram.

A integridade da membrana, que reflecte a tolerância relativa a um determinado stress, foi examinada em discos de folhas de duas espécies de culturas (cavalinha e amendoim), sujeitas a stress de dessecação rápida e lenta. Em ambos os tratamentos de dessecação rápida e lenta, os níveis de stress impostos foram os mesmos. Estas duas espécies de culturas também apresentaram diferenças significativas na integridade das membranas. O amendoim apresentou uma fuga de membrana relativamente elevada em comparação com o horsegram durante os tratamentos de dessecação rápida, o que indicou ainda mais a natureza de tolerância do horsegram.

Do mesmo modo, um marcador de stress fisiológico, como a prolina livre, foi significativamente mais elevado nas folhas do horsegram quando comparado com o amendoim em condições de stress por seca. O teor de clorofila foi mais elevado no horsegram do que no amendoim em condições de stress. Com base nestes resultados, pode considerar-se que o horsegram é relativamente mais tolerante do que o amendoim a condições de stress por seca.

A fim de examinar a que nível o stress da seca dá origem à expressão máxima dos genes de stress, o RNA total foi isolado das folhas de horsegram e de amendoim sujeitas a diferentes níveis de humidade do solo (75%, 55%, 45%, 35%, 25% e 20%FC) e sondado com genes conhecidos de resposta ao stress (LEA 2, LEA3, Flavonol 3-O-glucosyl transferase e Early Light Induced protein (Elip), obtidos de várias fontes). A análise do Norte revelou que a expressão dos genes de stress era máxima a 25% dos níveis de humidade do solo, tanto no horsegram como no amendoim. Estes resultados são ainda validados com o protocolo de indução de stress desenvolvido a partir do presente estudo.

Construção de bibliotecas subtractivas de cDNA a partir de horsegram e amendoim submetidos a stress hídrico Existem muitas técnicas disponíveis para clonar os genes diferencialmente expressos nas plantas. Estes genes e etiquetas de sequências expressas (ESTs) são geralmente detectados através de microarranjos de cDNA, métodos de visualização diferencial e de hibridação subtractiva. As informações de sequência assim obtidas ajudarão a compreender os mecanismos genéticos que controlam as respostas das plantas ao stress. A hibridação subtractiva, em que a hibridação entre tester (stressado) e driver (não stressado) é seguida da remoção selectiva de produtos genéticos comuns, enriquece os produtos genéticos únicos na população de cDNA tester e reduz a abundância de cDNAs comuns. A biblioteca de cADN subtraída pode ser analisada para identificar genes diferencialmente expressos através da seleção aleatória de colónias ou do rastreio diferencial.

No presente estudo, construímos duas bibliotecas de cDNA subtraídas de horsegram e de groundnut, sujeitos a stress hídrico. As amostras de folhas recolhidas de plantas sem stress (a 100% FC) e com stress (a 25% FC) foram congeladas e armazenadas a -80°C. As amostras congeladas foram utilizadas para a extração de ARN utilizando o método de precipitação LiCl2. O ARNm de PolyA$^+$ foi isolado utilizando oligo dT marcado com biotina e partículas paramagnéticas de estreptavidina (Roche, Alemanha). A síntese de cDNA de primeira cadeia foi iniciada a partir do mRNA enriquecido do condutor (sem stress) utilizando poli dT marcado com biotina e transcriptase reversa superscript RNaseH (Gibco-BRL, EUA). Foi efectuada uma hibridação subtractiva entre o cADN de cadeia simples do condutor (sem stress) marcado com biotina e o ARNm do testador (com stress) a 65 °C durante 1 hora. Os híbridos testador-condutor e o excesso do condutor foram separados do ARNm do testador não hibridizado utilizando partículas paramagnéticas de estreptavidina. Os mRNAs do testador que não hibridizaram com o condutor foram utilizados para a síntese de cDNA. Foi produzida uma biblioteca primária de cADN utilizando um kit de síntese de cADN lambda ZAP XR (Stratagene).

As duas bibliotecas de cDNA subtraídas construídas produziram 3500 e 3000 placas selecionadas aleatoriamente de cavalinha e amendoim, respetivamente. A amplificação por PCR em colónias com iniciadores M13 forward e reverse e a análise em gel de agarose revelaram que mais de 75% das placas contêm inserções de cDNA de tamanho compreendido entre 300-1000 pb.

Caracterização de clones de cDNA subtractivos

O produto recombinante da PCR foi purificado utilizando o sistema PCR Purification (Stratagene). Além disso, estes produtos foram parcialmente sequenciados a partir da extremidade 3' num sequenciador automático Mega BACE (Perkin Elmer, EUA). As sequências são processadas utilizando o pipeline HarvEST (http://harvest.ucr.edu) para remover sequências de vectores e oligo de clonagem e vários contaminantes, e para cortar numa região de alta qualidade. Os ESTs foram subsequentemente submetidos a comparações BLASTX com a base de dados de proteínas não redundantes do NCBI (National Center for Biotechnology Information, Bethesda, EUA). A análise de pesquisa BLAST de 1.044 clones de cavalinha e 374 clones de amendoim mostrou homologia com muitos genes conhecidos de resposta ao stress.

Os clones de cDNA com identidades putativas foram classificados em 11 grupos funcionais, tais como factores de transcrição, genes relacionados com o stress, transportadores, proteases, histonas, genes relacionados com a fotossíntese, genes relacionados com a transdução de sinais, cinases e metabolismo dos hidratos de carbono, metabolismo dos lípidos e isopronóides, outros genes relacionados com o metabolismo e genes desconhecidos, com base nos nossos conhecimentos de bioquímica, fisiologia e biologia molecular das plantas. As sequências foram depositadas na base de dados GenBank NCBI EST (http://www.ncbi.nlm.nih.gov/dbEST) com os números de acesso DR 988679 a DR 989637 para o horsegram e DT 044264 a DT044476 para o amendoim.

Análise da expressão de genes relacionados com o stress da seca através de Macroarray de cDNA e análise de gel blot de ARN

A utilização de matrizes de cDNA para o rastreio genético permite a análise de múltiplos clones com uma única hibridação. A combinação de hibridação subtractiva e macroarray de cDNA é um procedimento de rastreio de elevado rendimento para identificar genes diferencialmente expressos.

Em geral, os clones individuais selecionados a partir da biblioteca de cADN subtraído foram amplificados numa placa de reação de PCR de 96 poços utilizando primers T3 e T7. Os produtos foram purificados utilizando o sistema de purificação PCR. Foram colocados volumes iguais de produtos da PCR (100 ng) em membranas Hybond-N^+ em duplicado, utilizando um aparelho dotblot em formato de 96, de modo a obter duas matrizes idênticas. Além disso, foi utilizado um produto de PCR da rubisco, do ARN ribossómico 40s e da tubulina como controlos positivos e o vetor pBSK como controlo negativo. Os mRNAs de controlo e de stress foram marcados com a^{32}P-dCTP por transcrição reversa de primeira cadeia. Os produtos marcados foram purificados utilizando a coluna de purificação de PCR da Qiagen (Alemanha) e hibridizados a 65°C. As imagens foram obtidas por varrimento das membranas com um scanner Typhoon 9210 (Amersham Biosciences, Suécia) e a análise dos dados foi efectuada com o software Image Quant TL (Amersham Biosciences, Suécia).

No presente estudo, a expressão de genes de stress foi monitorizada por clones de cDNA selectivos relacionados com o stress da seca, dispostos num suporte de nylon. Os resultados do macroarray de 186 clones selectivos de horsegram revelaram que cerca de 60% dos clones são sensíveis ao stress e não apresentaram expressão em condições de controlo, tal como observado no array de cDNA de controlo. Os resultados da matriz indicaram que há muitos genes que não são afectados e/ou partilham um nível reduzido de expressão. Os genes incluem a acil-CoA oxidase de cadeia curta, a proteína de armazenamento de vagens, a geranil difosfato sintase, a proteína de transferência de lípidos não específica LTP-24, a proteína desconhecida, a proteína semelhante à metalotioneína, a proteína da família de repetições WD-40, a proteína quinase de interação CBL, fator de transcrição bHLH, precursor da proteína fosfatase associada à cinase, proteína da família EF hand de ligação ao cálcio, fator de transcrição da proteína RING zinc finger, fator de transcrição zinc finger do tipo TRAF, tioredoxina, chaperonina21 do cloroplasto, chaperão putativo P13.9, recetor de etileno, proteínas desconhecidas, fosfatase ácida associada à defesa, ATPase de dois sectores transportadora de H+. Estes genes mostraram maior expressão devido ao stress em comparação com condições sem stress, indicando a sua natureza de resposta ao stress.

No amendoim, os perfis de expressão do macroarray de 93 clones selectivos indicam que 59% dos genes mostram
natureza reactiva ao stress. Além disso, verificou-se que alguns genes eram normalmente expressos em condições de controlo e
condições de stress em simultâneo. Os clones sensíveis ao stress, como a proteína SRC1-like associada à maturação
associada à maturação, a proteína da família do transporte de oligopeptídeos dependente de protões (POT), a proteína sem nome, a proteína da família das desidrinas e a expressão de proteínas desconhecidas foi mais elevada em condições de stress. Verificou-se que alguns genes desconhecidos, cuja expressão era mais elevada em condições de stress, podiam ser considerados como novos genes, tal como se depreende dos estudos de anotação (NCBI).

A tolerância a condições de desidratação e salinidade envolve mecanismos semelhantes de ajustamento osmótico. As respostas moleculares comuns à desidratação e ao stress salino sugerem uma sobreposição e/ou uma ligação cruzada entre as duas redes de transdução de sinais.

Para examinar se os clones de cDNA das bibliotecas de cDNA subtraídas de cavalinha e amendoim continham outros genes regulados pelo stress ambiental/relacionados com o stress, analisámos a expressão genética de clones selecionados em resposta ao tratamento com 250 mM de stress salino em ambas as culturas. Observou-se que muitos genes que respondem ao stress da seca também foram regulados positivamente em resposta a tratamentos com sal. Os genes incluem a proteína CCR, a fosfotase ácida, a calmodulina, a proteína de dedo de zinco, os receptores de etileno, a proteína que contém o domínio WD40 e a cisteína protease que são normalmente expressos devido a tratamentos de stress por seca e sal.

A análise das diferenças entre dois genomas complexos é promissora para a descoberta de genes que estão presentes ou são expressos especificamente num sistema e ausentes no outro. No presente estudo, iniciámos experiências para comparar perfis de expressão de genes de stress devido ao stress de seca em ambas as espécies de culturas. Para tal, colocámos clones de cDNA subtraídos de horsegram em membrana de nylon e hibridizámos com cDNA de stress de amendoim e vice-versa. Os resultados indicaram que 10 dos 180 genes de cada cultura eram comummente expressos em horsegram e groundnut. Os resultados indicaram que ambas as espécies de culturas partilhavam a expressão de genes comuns devido a condições de stress de seca, tal como evidenciado pelo macroarray hibridado vice-versa entre o dractilo e o amendoim.

Análise de gel-blot de ARN

A validade dos resultados do macroarray de cDNA foi confirmada por análise de gel blot de ARN. Foram selecionados clones de cavalosgrama, proteína de ligação à calmodulina (Hdi_K_12), proteína cognata de choque térmico de 70 kDa (Hdi_G_63), fator de transcrição bHLH (Hdi_G_17), proteína desconhecida (Hdi_F_12), proteína quinase que interage com CBL (Hdi_D_1), proteína da família do dedo de zinco (tipo C2H2) (Hdi_E_54) e calmodulina (Hdi_E_12). Para a análise de gel-blot do amendoim, os genes incluem a proteína SRC-like associada à maturação (Gdi_B_7) e a proteína da família das desidrinas (GN_D_65). Os resultados foram consistentes com os dados de expressão obtidos por análise de macroarray

Projeção

Na presente investigação, foram clonados genes que respondem ao stress em horsegram e groundnut após hibridação subtractiva. 1.044 e 374 clones sequenciados de horsegram e amendoim, respetivamente, representam genes relacionados com o stress, transdução de sinais, factores de transcrição, genes relacionados com o metabolismo e um grande número de genes desconhecidos. Foi criado um macroarray de cDNA para analisar os perfis de expressão de alguns genes selecionados. Identificámos 107 e 55 genes induzidos pelo stress da seca em horsegram e groundnut, respetivamente. 63 genes do horsegram e 5 do amendoim foram regulados positivamente em resposta ao stress salino. Os nossos resultados também sugerem que a combinação de hibridação subtractiva e macroarray pode ser uma ferramenta poderosa de alto rendimento na identificação de transcrições induzidas por stress.

O nosso objetivo é identificar genes críticos que contribuam para a tolerância das plantas ao stress hídrico. Neste trabalho, obtivemos um conjunto de transcritos que têm elevados níveis de expressão em stress hídrico e que podem estar envolvidos numa vasta gama de funções nas plantas cultivadas. É importante obter os genes completos correspondentes e analisar as suas funções precisas utilizando plantas transgénicas com estes insertos, com sentido e anti-sentido ou RNAi. Esperamos que estes genes possam contribuir para nos aproximarmos do nosso objetivo de compreender o mecanismo molecular da tolerância ao stress hídrico e melhorar a tolerância ao stress de importantes culturas de leguminosas, nomeadamente o amendoim e o grão-de-bico, através da manipulação genética.

Bibilografia

Abe, H., K., Yamaguchi-Shinozaki, Urao, T., Iwasaki, T., Hosokawa, D. e Shinozaki, K. 1997. Role of Arabidopsis MYC and MYB homologs in drought and abscisic acid-regulated gene expression. Plant Cell, 9:1859-1868.

Abe, H., Urao, T., Ito, T., Seki, M., Shinozaki, K. e Yamaguchi-Shinozaki, K. 2003. Arabidopsis AtMYC2 (bHLH) e AtMYB2 (MYB) funcionam como activadores de transcrição na sinalização do ácido abscísico. Plant Cell, 15: 63-78.

Abebe, T., Guenzi, A. C., Martin, B. e Cushman, J. C. 2003. Tolerância do trigo transgénico acumulador de manitol ao stress hídrico e à salinidade. Plant Physiology, 131:1748-1755.

Agrawal, G. K., Rakwal, R. e Iwahashi, H. 2002 Isolamento de um novo gene de MAP quinase de arroz (Oryza sativa L.) que responde a stress múltiplo, OsMSRMK2, cujo mRNA se acumula rapidamente em resposta a sinais ambientais. Biochemical and Biophysical Research Communications, 294: 1009-1016.

Agrawal, G. K., Tamogami, S., Iwahashi, H., Agrawal, V. P. e Rakwal, R. 2003. Transient regulation of jasmonic acid-inducible rice MAP kinase gene (OsBWMK1) by diverse biotic and abiotic stresses. Plant Physiology and Biochemistry, 41: 355-361.

Aharon, R., Shahak, Y., Wininger, S., Bendov, R., Kapulnik, Y. e Galili, G. 2003. A sobreexpressão de uma aquaporina da membrana plasmática no tabaco transgénico melhora o vigor da planta em condições de crescimento favoráveis, mas não em condições de seca ou de stress salino. Plant Cell, 15: 439-447.

Aharoni, A. e Vorst, O. 2002. DNA microarrays for functional plant genomics. Biologia Molecular das Plantas, 48: 99-118.

Aharoni, A., Dixit, S., Jetter, R., Eveline Thoenes, Arkel, G. e Pereira, A. 2004. A clade SHINE de factores de transcrição do domínio AP2 ativa a biossíntese de cera, altera as propriedades da cutícula e confere tolerância à seca quando sobreexpressa em Arabidopsis. Célula Vegetal, 16: 2463-2480.

Alamillo, J., Almoguera, C., Bartels, D. e Jordano, J. 1995. Expressão constitutiva de pequenas proteínas de choque térmico em tecidos vegetativos da planta de ressurreição Craterostigma plantagineum. Plant Molecular Biology, 29: 1093-1099.

Alba, R., Fei, Z., Payton, P., Liu, Y., Moore, S. L., Debbie, P., Cohn, J., D'Ascenzo, M., Gordon, J. S., Rose, J. K., Martin, G., Tanksley, S. D., Bouzayen, M., Jahn, M. M. e Giovannoni, J. 2004. ESTs, microarrays de cDNA e perfis de expressão de genes: ferramentas para dissecar a fisiologia e o desenvolvimento das plantas. Plant Journal, 39: 697-714.

Albrecht, V., Weinl, S., Blazevic, D., D'Angelo, C., Batistic, O., Kolukisaoglu, U., Bock, R., Schulz, B., Harter, K., e Kudla, J. 2003. O sensor de cálcio CBL1 integra as respostas das plantas ao stress abiótico. Plant Journal, 36: 457-470.

Allagulova, C. R., Gimalov, F. R., Shakirova, F. M. e Vakhitov, V. A. 2003. The Plant Dehydrins: Structure and Putative Functions. *Biochemistry*, 68: 945-951.

Allen, R. 1995. Dissecção da tolerância ao stress oxidativo utilizando plantas transgénicas. *Fisiologia Vegetal*, 107: 1049-1054.

Altschul, S. F., Madden, T. L, Schaffer, A. A. e Zang, J., Zang, Z., Miller, W. Lipman,D. J. 1997. Gapped BLAST e PSI-BLAST: Uma nova geração de programas de pesquisa em bases de dados de proteínas. *Nucleic Acids Research*, 25: 3389-34002

Alvim, F. C., Carolino, S. M., Cascardo, J. C., Nunes, C. C., Martinez, C. A., Otoni, W. C. e Fontes, E. P. 2001. O aumento da acumulação de BiP em plantas transgénicas confere tolerância ao stress hídrico. *Plant Physiology*, 126: 1042-1054.

Anderson, J. M. 1989. Ácidos gordos derivados da membrana como precursores de segundos mensageiros. In: WF Boss, DJ Morre, (Eds), Second Messengers in Plant Growth and Development, Vol. 6. Alan R. Liss, Nova Iorque, pp. 181-212

Arnon, D. I. 1949. Enzima de cobre em polifenol oxidase de cloroplasto isolado em *Beta vulgaris*. *Plant Physiology*, 24: 1-15.

Aslam, M., e Nadeem Tahir, M. H., 2003. Morpho-physiological Response of Maize Inbred Lines under Drought Environment (Resposta morfofisiológica de linhas consanguíneas de milho em ambiente de seca). *Asian Journal of Plant Sciences*, 2: 952-954, 2003.

Aspinall, D. e L.G. Paleg. 1981. Acumulação de prolina: aspectos fisiológicos. In: D. Aspinall e L.G. Paleg (Eds.), Physiology and Biochemistry of Drought Resistance in Plants, Academic Press, Austrália, pp. 206-241.

Assmann, S.M., e Wang, X.Q. 2001. De milissegundos a milhões de anos: Guard cells and environmental responses. Current Opinion in Plant Biology, 4: 421-428.

Atienza, S. G., Faccioli, P., Perrotta, G., Dalfino, G., Zschiesche, W., Humbeck, K., Stanca, A. M. e Cattivelli, L. 2004. Análise em grande escala da abundância de transcritos na cevada sujeita a várias condições de stress abiótico simples e combinado. Ciência das Plantas, 167:1359-1365.

Babu, R. C., Jingxian Zhang, J., Blum, A., Ho, T. H. D., Wu, R. e Nguyen, H. T. 2004. HVA1, um gene LEA da cevada, confere tolerância à desidratação no arroz transgénico (Oryza sativa L.) através da proteção da membrana celular. Plant Science, 166: 855-862.

Badawi,G. H., Yamauchi, Y., Shimada, E., Sasaki, R., Kawano, K., Tanaka, N. e Tanaka, K. 2004. Aumento da tolerância ao stress salino e ao défice hídrico através da sobreexpressão da superóxido dismutase em cloroplastos de tabaco (Nicotiana tabacum). Plant Science, 166: 919-928.

Bai, C., Sen, P., Hofmann, K., Ma, L., Goebl, M., Harper, J. W. e Elledge, S. J. 1996. SKP1 liga os reguladores do ciclo celular à maquinaria de proteólise da ubiquitina através de um novo motivo, a F-box. Célula, 86: 263-274

Barrs, H. D. e Weatherly, P. E. 1968. A re-examination of the relative turgidity for estimating water deficits in leaves. Australian Journal of Biological Science 15: 413-428.

Bartels, D., Hanke, C., Schneider, K., Michel, D. e Salamini, F. 1992. A desiccation-related Eliplike gene from the resurrection plant Craterostigma plantagineum is regulated by light and ABA. EMBO Journal, 11: 2771-2778

Bartels, D. e Salamini, F. 2001. Tolerância à dessecação na planta de ressurreição Craterostigma plantagineum. A contribution to the study of drought tolerance at the molecular level. Plant Physiology, 127: 1346-1353.

Bartels, D. e Ramanjulu, S. 2005. Drought and Salt Tolerance in Plants (Tolerância à seca e ao sal em plantas). Critical Reviews in Plant Sciences, 24: 23-58.

Bateman, A. 1997. A estrutura de um domínio comum às arqueobactérias e à proteína da doença da homocistinúria. Tendências em Ciências Bioquímicas, 22: 12-13

Bates, L. S., Waldren, R. P. e Teare, E. D. 1973. Determinação rápida de prolina livre para estudos de stress. Plant and Soil, 39: 205-208.

Batt, A., Mousley, G., e Morris, K. 1998. Expressão diferencial do gene da metalotioneína reforçada por senescência em Arabidopsis em resposta a isolados de Peronospora parasitica e Pseudomonas syringae. Plant Journal, 16: 209-221.

Beale, S. I.. e Weinstein, J. D. 1990. Tetrapyrrole metabolism in photosynthetic organisms. In Biosynthesis of Heme and Chlorophylls, H.A.Daily, (Eds) McGraw-Hill, New York, pp. 287-391.

Berberich, T., Sugawara, K., Harada, M. e Kusano, T. 1995. Clonagem molecular, caraterização e expressão de um gene do fator de alongamento 1 alfa no milho. Biologia Molecular das Plantas, 29: 611-615

Berg, A., Meza, T. J., Mahic, M., Thorstensen, T., Kristiansen, K e Aalen, R. B. 2003. Dez membros da família de genes de Arabidopsis que codificam proteínas do domínio de ligação metil-CpG são transcricionalmente activos e pelo menos um, AtMBD11, é crucial para o desenvolvimento normal Nucleic Acids Resarch, 31: 5291 - 5304.

Bernacchia, G., Salamini, F. e Bartels, D. 1996. Caracterização molecular do processo de reidratação na planta de ressurreição Craterostigma plantagineum. Plant Physilogy, 111: 10431050

Berridge, M. J. 1984. Inositol trisphosphate and diacylglycerol as second messengers. Biochemistry Journal, 220: 345-360.

Bharadwaj, R. e Singhal, G. S. 1981. Effect of water stress on photochemical activity of chloroplasts during greening of etiolated barley seedlings. Plant and cell physiology, 79: 266269.

Bhattarai, T. e Fettig, S. 2005. Isolamento e caraterização de um gene de deidrina de Cicer pinnatifidum, um parente selvagem do grão-de-bico resistente à seca. Physiologia Plantarum, 123: 452458.

Bird, A. 2002. DNA methylation patterns and epigenetic memory (Padrões de metilação do ADN e memória epigenética). Genes e Desenvolvimento, 16: 621.

Bischoff, M., Rosler, J., Raesecke, H. R., Gorlach, J., Amrhein, N. e Schmid, J. 1996. Clonagem de um cDNA que codifica a 3-dehidroquinato sintase de uma planta superior e análise da expressão do gene correspondente específica do órgão e induzida por elicitor. Biologia Mollecular das Plantas, 31: 69-76

Bischoff, M., Schaller, A., Bier,i F., Kessler, F., Amrhein, N. e Schmid, J. 2001. Molecular characterization of tomato 3-dehydroquinate dehydratase-shikimate:NADP oxidoreductase. Fisiologia Vegetal, 125: 1891-1900

Black. M., Pritchard, H. W. (Eds), 2002. Desiccation and Survival in Plants. Drying Without Dying. CABInternational,Wallingford,UK

Block, M. D., Christoph, V., Brouwer, D. D. e Marc, C. 2005. A poli (ADP-ribose) polimerase nas plantas afecta a homeostase energética, a morte celular e a tolerância ao stress. Plant Journal, 41: 95-106.

Blum, A., e Ebercon, A. 1981. Cell membrane stability as measurement of drought and heat tolerance in wheat (Estabilidade da membrana celular como medida da tolerância à seca e ao calor no trigo). Crop Science, 21: 43-47.

Blum, A. 1988. Plant breeding for stress environments. CRC Press Inc Boca Raton, Florida, pp. 44

Blum, A., Sinmena, B., Mayer, J., Golan, G., e Shpiler, L. 1994. A mobilização da reserva do caule apoia o enchimento do grão de trigo sob stress térmico. Australian Journal of Plant Physiology, 21: 771-781.

Bohnert, H.J., Su, H. e Shen, B. 1998 Molecular mechanisms of salinity tolerance (Mecanismos moleculares de tolerância à salinidade). Em K Shinozaki, (Eds) Cold, Drought, Heat and Salt Stress: Molecular Responses in Higher Plants. Landes Publishers, Austin, TX, pp. 30-61

Boominathan, P., Shukla, R., Kumar, A., Manna, D., Negi, D., Verma, P. K. e Chattopadhyay. D. 2004. Long term transcript accumulation during the development of dehydration adaptation in Cicer arietinum. Plant Physiology, 135: 1608-1620.

Bouche. N., Yellin, A., Snedden, W. A. e Fromm, H. 2005. Proteínas de ligação à calmodulina específicas de plantas. Revisão Anual de Biologia Vegetal, 56: 435-466.

Boudsocq, M. e Lauriere, C. 2005. Sinalização Osmótica em Plantas. Várias vias mediadas por famílias emergentes de quinase. Fisiologia Vegetal, 138: 1185 - 1194.

Bouvier, R., Suire, C., d'Harlingue, A., Backhaus, R, A.amd Camara, B. 2000. Clonagem molecular da geranil difosfato sintase e compartimentação da síntese de monoterpenos em células vegetais. Plant Journal, 24: 241-252.

Bowler, C., Slooten, L., Vandenbranden, S., De Rycke, R., Botterrman, J., Sybesma, C., Van Montagu e M., Inzé, D. 1991. Manganese superoxide dismutase can reduce cellular damage mediated by oxygen radicals in transgenic plants. EMBO Journal, 10: 1723-1732.

Bowler, C., e Fluhr, R. 2000. The role of calcium and activated oxygens as signals for controlling cross-tolerance. Trends in Plant Science, 5: 241-246.

Braam, J. e Davis, R. W. 1990. Rain, wind, and touch-induced expression of calmodulin and calmodulin-related genes in Arabidopsis. Cell, 60: 357-364.

Bray, E. A. 1993. Molecular responses to water deficit. Plant Physiology, 103:1035-1040.

Bray, E. A., Shih, T. Y., Moses, M. S., Cohen, A., Imai, R. e Plant, A. L. 1999. A indução por défice hídrico de uma histona H1 do tomateiro requer ácido abscísico. Regulação do Crescimento das Plantas, 29: 35-46.

Bray, E. A. 2002. Classification of genes differentially expressed during water-deficit stress in Arabidopsis thaliana: an analysis using microarray and differential expression data. Annals of Botany, 89: 803-811.

Bray E.A. 2004. Genes normalmente regulados pelo stress por défice hídrico em Arabidopsis thaliana. Journal of Experimental Botany, 55: 2331-2341.

Broin, M., Cuiné, S., Peltier, G., e Rey, P. 2000. Involvement of CDSP32, a drought-induced thioredoxin, in the response to oxidative stress in potato plants. FEBS Letters, 467: 245-248.

Buchanan, B. B., Gruissem, W., e Jones, R. L. 2000. Biochemistry and molecular biology of plants. Rockville, Maryland. American Society of Plant Physiologists, 1367 pp.

Buitink, J., Thomas, M., Gissot, L. e Leprince, O. 2003. Starvation, osmotic stress and desiccation tolerance lead to expression of different genes of the regulatory b and g subunits of the SnRK1 complex in germinating seeds of Medicago truncatula. Plant Cell Enviroment, 27: 55-67.

Busk, P. K., e Pages, M. 1998. Regulação da transcrição induzida pelo ácido abscísico. Plant Molecular Biology, 37: 425-435.

Campalans, A., Pages, M., e Messeguer, R. 2001. Identificação de genes diferencialmente expressos pela técnica cDNA-AFLP durante a desidratação da amêndoa (Prunus amygdalus). Tree Physiology, 21: 633-643.

Canaani, C., M. Havaux e S. Malkin. 1986. Hydroxylamine, hydrazine and methylamine donate electrons to the photo-oxidizing side of PSII in leaves inhibited in oxygen evolution due to water stress. Biochemica abd Biophysica Ata, 851: 151-155.

Capell, T., Escobar, C., Lui, H., Burtin, D., Lepri, O. e Christou, P. 1998. A sobre-expressão do cDNA da arginina descarboxilase de aveia em arroz transgénico (Oryza sativa L.) afecta os padrões normais de desenvolvimento in vitro e resulta na acumulação de putrescina em plantas transgénicas. Theoretical and Applied Genetics, 97: 246-254.

Capell, T., Bassie, L. e Christou, P. 2004. A modulação da via biossintética das poliaminas no arroz transgénico confere tolerância ao stress da seca. Actas da Academia Nacional das Ciências, EUA, 101: 9909-9914.

Cascardo, J. C. M., Almeida, R. S., Buzeli, R. A. A., Carolino, S. M. B., Otoni, W. C., e Fontes, E. P. B. 2000. O estado de fosforilação e a expressão das isoformas BiP da soja são regulados diferencialmente após estresses abióticos. Journal of Biological Chemistry, 275: 14494-14500.

Cellier, F., Conejero, G., Breitler, J. C. e Casse, F. 1998. Respostas moleculares e fisiológicas ao défice hídrico em linhas de girassol tolerantes e sensíveis à seca. A acumulação de transcrições de desidrinas está correlacionada com a tolerância. Plant Physiology, 116: 319-28.

Chamot, D. e Kuhlemeier, C. 1992 Expressão diferencial de genes que codificam o fator de iniciação da tradução contendo hipusina EIF-5A no tabaco. Nuclic Acids Research, 20: 665669.

Chang, D. e Denny, C. 1998. Isolamento de genes diferencialmente expressos por análise de diferenças representacionais. Gene cloning and analysis by RT-PCR. Eds por Paul Siebert e James Larric. Biotechniques books, Natick, MA.

Chapman, S. C., Ludlow, M. M., Blamey, F.P.C. e. Fischer, K.S. 1993. Effect of drought during early reproductive development on growth of cultivars of groundnut (Arachis hypogaea L.) Utilization of radiation and water during drought. Field crops Research, 32: 193-210.

Chaves, M. M., Pereira, J. S., Maroco, J., Rodrigues, M. L., Ricardo, C. P., Osorio, M. L., Carvalho, I., Faria , T. e Pinheiro, C. 2002 How plants cope with water stress in the field. Fotossíntese e crescimento. Anais de Botânica, 89: 907-916.

Chaves, M. M., Pereira, J. S., Maroco. J. 2003. Compreender a resposta das plantas à seca - dos genes à planta inteira. Biologia Vegetal Funcional, 30: 1-26.

Chen, G., Sagi, M., Weining, S., Krugman, T., Fahima. T., Abraham, B., Korol. e Nevo. E. 2004. A mutação eibi1 da cevada selvagem identifica um gene essencial para a conservação da água nas folhas. Planta, 219: 684-693.

Chen, H. C., Klein, A., Xiang, M., Backhaus, R. e Kuntz, M. 1998. Expressão induzida por seca e feridas em folhas de um gene que codifica uma proteína associada a carotenóides de cromoplasma. Plant Journal, 14: 317-326.

Chen, W., Provart, N., Glazebrook, J., Katagiri, F., Chang, H., Eulgem, T., Mauch, F., Luan, S., Zou, G. e Whitham, S. 2002. Expression profile matrix of Arabidopsis transcription fator genes implies their putative functions in response to environmental stresses. Célula Vegetal, 14: 559-574

Cheong , Y. H., Kim, K. N., Pandey, G. K., Gupta, R., Grant, J. J. e Luan, S. 2003. CBL1, um sensor de cálcio que regula diferencialmente as respostas ao sal, à seca e ao frio em Arabidopsis. Célula Vegetal, 15: 1833-1845

Chinnusamy, V., Schumaker, K. e Zhu, J. K. 2004. Molecular genetic perspectives on cross-talk and specificity in abiotic stress signalling in plants. Journal of Exeperimental Botany, 55: 225-236.

Cho, Y. J., Meade, J. D., Walde, J. C., Chen, X., Gui, Z. e Liang, P. 2001. Ecrã diferencial fluorescente multicolorido. BioTechniques, 30: 562-572.

Choi, H., Hong, J., Ha, J., Kang, J., e Kim, S.Y. 2000. ABFs, uma família de factores de ligação de elementos responsivos a ABA. Journal of Biological Chemistry, 275: 1723-1730.

Close, T. J. 1996. Dehydrins: emergência de um papel bioquímico de uma família de proteínas de desidratação de plantas. Physiologia Plantarum, 97: 795-803.

Close, T. J. 1997. Dehydrins: a commonality in the response of plants to dehydration and low temperature. Physiologia Plantarum, 100: 291-296

Coca, M. A., Almoguera, C., Thomas, T. L. e Jordano, J. 1996. Differential regulation of small heat-shock genes in plants: analysis of a water-stress-inducible and developmentally activated sunflower promoter. Plant Molecular Biology, 31: 863-876.

Cohen, A. e Bray, E. A. 1990. Characterization of three messenger RNAs that accumulate in wilted tomato leaves in response to elevated levels of endogenous abscisic acid. Planta, 182: 27-33.

Cohen, A., Plant, A. L, Moses, M.. S. e Bray, E. A. 1991. Expressão específica de órgão e regulada pelo ambiente de dois genes de tomate induzidos pelo ácido abscísico. Plant Physiology, 97: 1367-1374.

Cohen, A., Moses, M. S., Plant, A. L. e Bray, E. A. 1999. Multiple mechanisms control the expression of abscisic acid (ABA) -requiring genes in tomato plants exposed to soil water deficit. Plant Cell and Environment, 22: 989-998.

Collakova, E. e DellaPenna, D. 2003. The role of homogentisate phytyltransferase and other tocopherol Pathway Enzymes in the Regulation of Tocopherol Synthesis during Abiotic Stress. Plant Physiology, 133: 930-940.

Cooper, K. e J. M. Farrant. 2002. Recovery of the resurrection plant Craterostigma plantagineum from desiccation: protection versus repair. Journal of Experimental Botany, 53: 1805-1813.

Cossins, E. A. e Chen, L. 1997. Folatos e metabolismo de um carbono em plantas e fungos. Phytochemistry, 45: 437-452.

Cossins, E. A. 1987. Folate biochemistry and the metabolism of one-carbon units. Em "The Biochemistry of Plants" Volume 11, Academic Press, Nova Iorque, pp. 317-353.

Courtois, B., McLaren, G., Sinha, P. K., Prasad, K., Yadav, R. e Shen, L. 2000. Mapping QTLs associated with drought avoidance in upland rice. Molecular Breeding, 6: 55-66.

Creelman, R. A. e Mullet, J. E. 1997. Biosíntese e ação dos jasmonatos nas plantas. Annual Review of Plant Physiology and Plant Molecular Biology, 48: 355-381.

Cushman, J C. e Bohnert, H J, 2000. Genomic approaches to plant stress tolerance. Opinião atual em Biologia Vegetal, 3: 117-124

Cutler, A. J. e Krochko, J. E. 1999. Formation and breakdown of ABA. Trends in Plant Science, 4: 472-478.

Czempinski, K., Zimmermann, S., Ehrhardt, T. e Müller-Rober, B. 1997. Nova estrutura e função na planta K^+ canais: KCO1, um retificador de saída com forte dependência de Ca^{2+}. EMBO Journal, 16: 2565-2575

Dale, A. P., Ian, E. K., Selim, N., Dennis, S., Carolyn, M. K., Jeffrey, R. M., Gregory, R. e Kornelia, P. 2001. A SAGE (Serial Analysis of Gene Expression) View of Breast Tumor Progression. Cancer Research, 61: 5697-5702.

Datta, K., Schmiit, A. e Marces, A. 1989. Characterization of two Soybean repetitive proline rich proteins and a cognate cDNA from germinated axes. Plant Cell, 1: 9445-952.

Day, I. S., Reddy, V. S., Ali, G. S. e Reddy, A. S. N. 2002. Análise de proteínas contendo EF-hand em Arabidopsis. Genome Biology, 3: 56.1-56.56.24.

de Carvalho, M. H., dA' rcy-Lameta, A., Roy-Macauley, H., Garcil, M., El Maarouf, H., Pham-Thi, A.-T., e Zuily-Fodil, Y. 2001. Protease aspártica em folhas de feijão comum (Phaseolus vulgaris L.) e feijão-frade (Vigna unguiculata L. Wasp): Atividade enzimática, expressão genética e relação com a suscetibilidade à seca. FEBS Letter, 492: 242-246.

de Ronde, J. A., Cress, W. A. e van Staden J. 2001. Interação do stress osmótico e da temperatura na soja transgénica. Jornal Africano de Botânica, 67: 655-660.

De Smet, I., Signora, L., Beeckman, T., Inze, D., Foyer, C. H. e Zhang, H. 2003 An abscisicacid-sensitive checkpoint in lateral root development of Arabidopsis. Plant Journal, 33: 543-555.

Deak, M., Horvath, G.V., Davletova, S., Torok, K., Sass, L., Vass, I., Barna, B., Kiraly, Z. e Dudits, D. 1999. As plantas que expressam ectopicamente a proteína de ligação ao ferro, ferritina, são tolerantes aos danos oxidativos e aos agentes patogénicos. Nature Biotechnology, 17:192-196.

Delumeau, O., Morere-Le Paven, M. C., Montrichard, F. e Laval-Martin, D. L. 2000. Effects of short-term NaCl stress on calmodulin transcript levels and calmodulin-dependent NAD kinase activity in two species of tomato. Plant Cell and Environment, 23: 329-336.

Denis, G. C. e Sussan, A. S. 1989. Influência do défice hídrico nas relações hídricas e no crescimento de Echinocloa turneriana, Echinocloa crus-galli e Pennisetum americanum. Australian Journal of Plant Physiology, 16: 291-304.

Devos, K. M., Gale, M. D. 2000. Relações genómicas: O modelo da erva na investigação atual. Plant

Cell, 12: 637-646.

Dhindsa, R. S. 1991. Drought Stress, Enzymes of Glutathione Metabolism, Oxidation Injury, and Protein Synthesis in Tortula ruralis. Plant Physiology, 95: 648-651.

Diatchenko, L., Lau, Y. F. C., Campbell, A. P., Chenchik, A., Moqadam, F., Huang, B., Lukyanov, S., Lukyanov, K., Gurskaya, N., Sverdlov, E. D. e Siebert, P.D. 1996. Suppression subtractive hybridization: a method for generating differentially regulated or tissue-specific cDNA probes and libraries. Proceedings of the National Academy of Sciences, EUA, 93: 6025-6030.

Dieterle, M., Zhou, Y. C., Schafer, E., Funk, M., Kretsch, T. 2001. EID1, uma proteína F-box envolvida na sinalização luminosa específica do fitocromo A. Genes and Development 15: 939-944.

Ding, X., Iwasaki, I. e Kitagawa, Y. M.2004. A sobreexpressão de um gene PIP1 de lírio no tabaco aumentou a permeabilidade à água osmótica das células foliares. Plant Cell and Environment, 27:177186.

Dubos, C. e Plomion, C. 2003. Identificação de genes que respondem ao défice hídrico em raízes de pinheiro-bravo (Pinus pinaster Ait.). Biologia Molecular das Plantas, 51: 249-262.

Dubos, C., Provost,G. L., Pot, D., Salin, F., Lalane, C., Madur, D., Frigerio, J. M., e Plomion, C., 2003. Identificação e caraterização de genes responsivos ao stress hídrico em plântulas de pinheiro-bravo (Pinus pinaster) cultivadas em hidroponia. Tree Physiology, 23: 169179

Dubouzet, J. G., Sakuma, Y., Ito, Y., Kasuga, M., Dubouzet, E. G., Miura, S., Seki, M., Shinozaki, K. e Yamaguchi-Shinozaki, K. 2003. Os genes OsDREB no arroz, Oryza sativa L., codificam activadores de transcrição que funcionam na expressão de genes responsivos à seca, ao sal elevado e ao frio. Plant Journal, 33: 751-763.

Dunn, M. A., Morris, A., Jack ,P. L. e Hughes, M. A. 1993. A low-temperature-responsive translation elongation fator 1 alpha from barley (Hordeum vulgare L.) Plant Molecular Biology, 23: 221-225.

Dunn, M. A., White, A. J., Vural, S. e Hughes, M. A. 1998. Identificação de elementos promotores num gene responsivo a baixas temperaturas (blt4.9) da cevada (Hordeum vulgare L.). Plant Molecular Biology, 38: 551-564.

Duncan, .M. 1995. Multiple range and multiple tests. Biometria, 42: 1-47.

Dure, III L. 1993. Motivos estruturais em proteínas LEA. In: Close T. J. Ed. Plant Responses to cellular dehydration during environmental stress: pp 91-103. Sociedade Americana de Fisiologistas de Plantas, Rockville, MN.

Durnford. D. G., Deane, J. A., Tan, S., McFadden, G. I., Gantt, E. e Green, B. R.. 1999. A phylogenetic assessment of the eukaryotic light-harvesting antenna proteins, with implications for plastid evolution. Journal of Molecular Evolution, 48: 59-68.

Dyer, W. E., Henstrand, J. M., Handa, A. K. e Herrmann, K. M. 1989. Wounding induces the first enzyme of the shikimate pathway in Solanaceae. Actas da Academia Nacional das Ciências, EUA, 86: 7370-7373

Edwards, R. e Dixon, R. A. 1991. Purificação e caraterização de S-adenosil-L-metionina: ácido cafeico 3-O-metiltransferase de culturas em suspensão de alfafa (Medicago sativa L.). Archives of Biochemistry and Biophysics, 287: 372-379.

Ehleringer, J. R. e T. A. Cooper. 1992. On the role of orientation in reducing photoinhibitory damage in photosynthetic- twig desert shrub. Plant Cell and Environment, 15: 301-306.

El-Maarouf, H., Zuily-Fodil, Y., Gareil, M., d'Arcy-Lameta, A. e Pham-Thi, A. T. 1999. Atividade enzimática e expressão genética sob stress hídrico da fosfolipase D em duas cultivares de Vigna unguiculata L. Walp. Diferentes em termos de tolerância à seca. Plant Molecular Biology, 39: 1257-1265.

El-Maarouf, H., Arcy-Lameta, A., Gareil, M., Zuily-Fodil, Y., e Pham-Thi, A.-T. 2001. Clonagem e expressão em condições de seca de cDNAs que codificam duas PI-PLCs em folhas de feijão-frade. Plant *Physiology and Biochemistry,* 39: 167-172.

Elbaz, M., Avni, A., e Weil, M. 2002. A maquinaria constitutiva do tipo caspase executa a morte celular programada em células vegetais. *Cell Death Differentiation,,* 9: 726-733.

Englbrecht, C. C., Schoof, H., e Bohm, S. 2004. Conservação, diversificação e expansão das proteínas de dedo de zinco C2H2 no genoma *da Arabidopsis thaliana, BMC Genomics*, 5: 39,

Enkerli, J., Felix, G., e Boller, T. 1999. A atividade enzimática da xilanase fúngica não é necessária para a sua atividade elicitora. *Plant Physiology,* 121: 391-398.

Ermolayev.V, Weschke, W e Manteuffel, R. 2003. Comparação da expressão de genes induzida por Al em cultivares de soja sensíveis e tolerantes. *Journal of Experimental Botany,* 54: 2745-2756.

Estelle, M. 2001. Proteases e regulação celular em plantas. *Opinião atual em Biologia Vegetal,* 4: 254-260.

Estevez, J. M., Cantero, A., Reindl, A., Reichler, S. e Leon, P. 2001. 1-Deoxy-D-xylulose-5- phosphate synthase, a limiting enzyme for plastidic isoprenoid biosynthesis in plants. *Journal of Biological Chemistry,* 276: 22901-22909.

Faria, T., Silvério, D., Breia, E., Cabral, R., Abadia, A., Abadia, J., Pereira, J. S., Chaves M. M. 1998. Diferenças na resposta da assimilação do carbono ao stress estival (défices hídricos, luz e temperatura elevadas) em quatro espécies arbóreas mediterrânicas. *Physiologia Plantarum,* 102: 419-428.

Farmer, E. E. e Ryan, C. A. 1992. Octadecanoid precursors of jasmonic acid activate the synthesis of wound-inducible proteinase inhibitors. *Plant Cell*, 4: 129-134.

Feussner, K., Feussner, I., Leopold, I. e Wasternack, C. 1997. Isolamento de um cDNA que codifica uma enzima conjugadora de ubiquitina UBC1 de tomate - a primeira UBC induzida por stress de plantas superiores. FEBS Letters, 409: 211-215.

Figueras, M., Pujal, J., Saleh, A., Savé, R., Pagès, M. e Goday, A. 2004. A sobreexpressão do Rab17 do milho em plantas de Arabidopsis promove a tolerância ao stress osmótico. Anais de Biologia Aplicada, 144: 251-257

Finnegan, E. J., Peacock, W. J., e Dennis, E. S. 2000. DNA methylation, a key regulator of plant development and other processes. *Current Opinion in Genetics and Development,* 10: 217223.

Flexas, J., Bota, J., Escalona, J. M., Sampol, B. e Medrano, H. 2002. Effects of drought on photosynthesis in grapevines under field conditions: an evaluation of stomatal and mesophyll limitations. *Functional Plant Biology,* 29: 461-471.

Forsthoefel, N. R., Cushman, M. A. F., Ostrem, J. A., e Cushman, J. C. 1998. Indução de um cDNA de cisteína protease de folhas de *Mesembryanthemum crystallinum* por stress ambiental e reguladores de crescimento de plantas. *Ciência das Plantas,* 136: 195-206.

Fowler, S. e Thomashow, M. F. 2002. *Arabidopsis* transcriptome profiling indica que múltiplas vias reguladoras são activadas durante a aclimatação ao frio, para além da via de resposta ao frio CBF. *Plant Cell,* 14: 1675-1690.

Foyer, C. H. e Noctor, G. 2003. "Redox sensing and signalling associated with reactive oxygen in chloroplasts, peroxisomes and mitochondria." *Physiologia Plantarum,* 119: 355.

Frank, W., Phillips, J., Salamini, F. e Bartels, D. 1998. Two dehydration-inducible transcripts from the resurrection *plant Craterostigma plantagineum* encode interacting homeodomain- leucine zipper proteins. *Plant Journal,* 15: 413-421.

Frank, W., Munnik, T., Kerkmann, K., Salamini, F., e Bartels, D. 2000. O défice hídrico desencadeia a atividade da fosfolipase D na planta de ressurreição *Craterostigma plantagineum. Plant Cell,* 12: 111-123.

Franka, S., Melvin, T. T., Claudio, L., Andrea, S. e Ralf, K. 2002. Aquaporinas de membrana plasmática PIP1 no tabaco: From Cellular Effects to Function in Plants. *Plant Cell,* 14: 869-876.

Freskgard, P. O., Bergenhem, N., Jonsson, B. H., Svensson, M., e Carlsson, U. 1992. Isomerase and chaperone activity of prolyl isomerase in the folding of carbonic anhydrase. Science, 258: 466-468

Gago, G. M., Almoguera, C., Jordano, J., Gonzalez, D. H., e Chan, R. L. 2002. Hahb-4, um gene homeobox-leucine zipper potencialmente envolvido nas respostas dependentes do ácido abscísico ao stress hídrico no girassol. Plant Cell and Environment, 25: 633-640.

Garcia-Olmedo, F., Molina, A., Segura, A. e Moreno, M. 1995. O papel defensivo das proteínas de transferência de lípidos não específicas nas plantas. Tendências em Microbiologia, 3: 72-74.

Gaxiola, R.A., Li, J., Undurraga, S., Dang, L.M., Allen, G.J., Alper, S.L. e Fink, G.R. 2001. As plantas tolerantes à seca e ao sal resultam da sobreexpressão da bomba AVP1 H^+ . Proceedings of the

National Academy of Sciences USA 98: 11444-11449.

Ghasempour, H. R., Anderson, E. M. e Gaff, D. F. 2001. Efeitos de substâncias de crescimento na tolerância protoplasmática à seca de células foliares da erva de ressurreição, Sporobolus stapfianus. Austarlian journal of plant physiology, 28: 1115-1120.

Giardi, M. T., A. Cona, D. Geiken, T. Kucera, J. Masojidek e A. K. Mattao. 1996. Long-term drought stress induced structural and functional reorganization of photosystem II. Planta, 199: 118-125.

Gilmour, S. J., Sebolt, A. M., Salazar, M. P., Everard, J. D. e Thomashow, M. F. 2000.Overexpression of the Arabidopsis CBF3 transcriptional activator mimics multiple biochemical changes associated with cold acclimation. Plant Physiology, 124:1854-1865.

Girke, T., Bray, E. A. e Bailey-Serres, J. 2004. A tradução diferencial do mRNA contribui para a regulação dos genes em condições de stress sem stress e de desidratação em Arabidopsis thaliana. Plant Journal, 38: 823-839.

Godde, D. 1999. Adaptações do aparelho fotossintético a condições de stress. In: Plant responses to environmental stresses (Eds. by H.R. Lerner), Marcel Dekker, New York, pp. 449-474.

Godoy, A. V., Lazzaro, A. S., Casalongue, C. A. e San Segundo, B. 2000. Expression of a Solanum tuberosum cyclophilin gene is regulated by fungal infection and abiotic stress conditions. Plant Science, 152: 123-134.

Godoy, J., Lunar, R., Torres-Schumann, S., Moreno, J., Rodrigo, R. M., e Pintor-Toro, J. A. 1994. Expressão, distribuição de tecidos e localização subcelular da desidrina TAS14 em plantas de tomate sob stress salino. Plant Molecular Biology, 26:1921-1934.

Gong, Z., Dong, C. H., Lee, H., Zhu, J., Xiong, L., Gong, D., Stevenson, B., e Zhu, J. K. 2005. A DEAD Box RNA Helicase é essencial para a exportação de mRNA e importante para o desenvolvimento e as respostas ao stress em Arabidopsis. Plant Cell, 17: 256-267.

Gopalakrishana, R, 2001. Clonagem e caraterização de genes responsivos ao stress hídrico de culturas tolerantes ao stress de amendoim (Arachis hypogaea L.) Tese de doutoramento, Universidade de Ciências Agrícolas, Bangalore.

Gopalakrishana, R, Ganesh Kumar, Krishna Prasad, B. T., Mathew, M. K. e Udaya Kuamr, M. 2001. Um gene de resposta ao stress do amendoim, Gdi-15, é homólogo à flavonol 3-o-glucosiltransferase envolvida na biossíntese de antocianinas. Biochemical and Biophysical Research communications. 284: 574-579.

Gray, W. M., del Pozo, J. C., Walker, L., Hobbie, L., Risseeuw, E., Banks, T., Crosby, W., Yang, M., Ma, H. e Estelle, M. 1999. Identificação de um complexo SCF ubiquitinligase necessário para a resposta à auxina em *Arabidopsis thaliana. Genes and Development,* 13: 1678-1691.

Grelet, J., Benamar, J., Teyssier, E., Avelange-Macherel, M. A, Grunwald, D. e Macherel, D. 2005.

Identification in pea seed mitochondria of a Late-Embryogenesis Abundant protein able to protect enzymes from drying. *Fisiologia Vegetal*, 137: 157-167.

Guerrero, F. D., Jones, J. T., e Mullet, J. E. 1990. A transcrição do gene responsivo ao turgor e os níveis de ARN aumentam rapidamente quando os rebentos de ervilha são murchos: sequência e expressão de três genes induzíveis. *Plant Molecular Biology,* 15: 11-26.

Guiltinan, M. J., Marcotte, W. R., e Quatrano, R. S. 1990. A plant leucine zipper protein that recognizes an abscisic acid response element. *Science,* 250: 267-270.

Gupta, R. e Luan, S. 2003. Redox control of protein tyrosine phosphatases and mitogen-activated protein kinases in plants. *Plant Physiology,* 132: 1149-1152

Haake, V., Cook, D., Riechmann, J. L., Pineda, O., Thomashow, M. F. e Zhang, J. Z. 2002. O fator de transcrição CBF4 é um regulador da adaptação à seca em Arabidopsis. Plant Physiology, 130: 639-648.

Hajheidari, M., Abdollahian-Noghabi, M., Askari, H., Heidari, M., Sadeghian, S.Y, Ober, E. S e Salekdeh, G. H. 2005. Proteome analysis of sugar beet leaves under drought stress, *Proteomics,* 5: 950 - 960.

Hamilton, D. A., Hills, A., Kohler, B. e Blatt, M. R. 2000. $Ca^{2}+$ channels at the plasma membrane of stomatal guard cells are activated by hyperpolarization and abscisic acid. *Proceedings of the National Academy of Sciences, EUA,* 97: 4967-4972.

Hara, E., Kato, T., Nakada, S, Ekiya, S.e Oda, K. 1991. Subtractive cDNA cloning using oligo(dT)30-latex and PCR: isolation of cDNA clones specific to undifferentiated human embryonal carcinoma cells. *Nucleic Acids Research,* 19: 7097-7104.

Harrak, H., Azelmat, S., Baker, E.N., e Tabaeizadeh, Z. 2001. Isolamento e caraterização de um gene que codifica uma cisteína protease induzida pela seca no tomate (*Lycopersicon esculentum*). *Genoma,* 44: 368-374.

Haughan, P. A., Lenton, J. R., e Goad, L. J. 1988. Requisitos de esterol e inibição de paclobutrazol de uma cultura de células de aipo. *Phytochemistry,* 27: 2491-2500.

Havaux, M., Bonfils, J., Lutz, C. e Niyogi, K. 2000. Photodamage of the photosynthetic apparatus and its dependence on the leaf development stage in the *npq1 Arabidopsis* mutant deficient in the xanthophyll cycle enzyme violaxanthin de-epoxidase. *Fisiologia Vegetal,* 124: 273-284.

Hayashi, H., Alia, Mustardy, L., Deshnium, P., Ida, M. e Murata, N. 1997. Transformação de *Arabidopsis thaliana* com o gene *codA* para colina oxidase; acumulação de glicina-betaína e maior tolerância ao stress salino e ao frio. *Plant Journal,* 12: 133-142.

He, J. X., Wang, L., e Liang, H. 1995. Effects of water stress on photochemical function and protein metabolism of photosystem II in wheat leaves. *Physiologia Plantarum,* 93: 771-777.

Heim, M. A., Jakoby, M., Werber, M., Martin, C., Weisshaar, B., e Bailey, P. C. 2003. A família de factores de transcrição de hélices de loop-hélices básicas em plantas: A genome-wide study of protein structure and functional diversity. *Molecular Biology and Evolution,* 20: 735-747.

Henriksen, G. H., Taylor, A.R., Brownlee, C. e Assmann, S. M. 1996. Laser microsurgery of higher plant cell walls permits patch-clamp access. Plant Physiology, 110: 1063-1068.

Hershko, A. e Ciechanover, A. 1998. The ubiquitin system. Annual Review of Biochemistry, 67: 425-479.

Heung Ko, J., e Lee, S. H. 1996. Um novo cDNA (número de acesso U62865) que codifica uma proteína semelhante à calmodulina relacionada com o stress salino de Dunaliella salina (PGR96-091). Fisiologia Vegetal, 112: 863

Hideg, É., Nagy, T., Oberschall, A., Dudits, D. e Vass, I. 2003. Função de desintoxicação da aldose/aldeído redutase durante a seca e o stress UV-B (280-320 nm). Plant Cell and Environment, 26: 513-522.

Hildebrand, D. F., Hamilton-Kemp, T. R., Legg, C. S. e Bookjans, G. 1988. Plant lipoxygenases: occurrence, properties and possible functions. Current Topics on Plant Biochemistry and Physiology, 7: 201-219.

Hirano, H.Y. e Sano, Y. 1998. Aumento da expressão do gene da cera e acumulação de amilose em resposta a temperaturas frias durante o desenvolvimento de sementes em arroz. Plant Cell Physiology, 39:807-812

Hirayama, T., Ohto, C., Mizoguchi, T. e Shinozaki, K. 1995. Um gene que codifica uma fosfolipase C específica de fosfatidilinositol é induzido por desidratação e stress salino em Arabidopsis thaliana. Proceedings of the National Academy of Sciences, EUA, 92: 39033907.

Hokin, L. E. 1985. Receptores e segundos mensageiros gerados por fosfoinositídeos. Annual Review of Biochemistry, 54: 205-235.

Hong Zong Lie, L. K., Zhang Zhong Ming Verma, D. P. S., Hong, Z. L. e Zhang, Z. M. 2000. A remoção da inibição de feedback da DELTA1-pirrolina-5-carboxilato sintetase resulta num aumento da acumulação de prolina e na proteção das plantas contra o stress osmótico. Plant Physiology, 122: 1129-1136.

Hong, S.W. e Vierling, E. 2000. Mutantes de Arabidopsis thaliana com defeito na aquisição de tolerância ao stress de altas temperaturas. Actas da Academia Nacional de Ciências dos EUA, 97: 4392-4397.

Hsiao, T.C. 1973 Respostas das plantas ao stress hídrico. Annual Review Plant Physiolog, 24: 519-570.

Hsing, Y. I. C., Chen, Z. Y., Shih, M. D., Hsieh, J. S. e Chow, T. Y. 1995. Sequência invulgar do mRNA

LEA do grupo 3 induzível pela maturação ou secagem de sementes de soja. *Biologia* Molecular das Plantas, 29: 863-868.

Huang, Y. F., Li, H., Gupta, R., Morris, P. C., Luan, S. e Kieber, J. J. 2000. ATMPK4, um homólogo de *Arabidopsis* da proteína quinase activada por mitogénio, é ativado *in vitro* por AtMEK1 através da fosforilação de treonina. *Plant Physiology,* 122: 1301-1310.

Hubank, M. e Schatz, D. G. 1994. Identificação de diferenças na expressão de mRNA por análise de diferença representacional de cDNA. *Nucleic Acids Reseacrh,* 22: 5640-5648.

Hutin, C., Nussaume, L., Moise, N., Moya, I., Kloppstech, K. e Havaus, M. 2003. As primeiras proteínas induzidas pela luz protegem *Arbidopsis* do stress foto-oxidativo. *Actas da Academia Nacional das Ciências, EUA,* 100: 4921-4926.

Ichimura, K., Mizoguchi, T., Yoshida, R., Yuasa, T. e Shinozaki, K. 2000. Vários stresses abióticos activam rapidamente as MAP kinases AtMPK4 e AtMPK6 *de Arabidopsis*. *Plant Journal,* 24: 655666.

Ikekawa, N. 1991. In *Physiology and Biochemistry of Sterols* (Eds) Patterson, G. W. & Nes, W. D., American Oil Chemists' Society, Champaign, IL, pp. 346-360,

In-Cheol Jang, Se-Jun Oh, Ju-Seok Seo, Won-Bin Choi, Sang I. k. Song, Chung Ho Kim, Youn Shic Kim, Hak-Soo Seo, Yang Do Choi, Baek Hie Nahm e Ju-Kon Kim. 2003. Expressão de uma fusão bifuncional dos genes escherichia coli para trealose-6-fosfato sintase e trealose-6-fosfato posfatase em plantas de arroz tansgénicas aumenta a acumulação de trealose e a tolerância ao stress abiótico sem atrasar o crescimento. *Fisiologia Vegetal,* 131: 516-524.

Ingram, J. e Bartels, D. 1996. The molecular basis of dehydration tolerance in plants. *Annual Review of Plant Physiology and Plant Molecular Biology,* 47: 377-403.

Inocencio, A., Sally, H. e Merrey, D. J. 2003. Innovative approaches to agricultural water use for improving food security in sub-saharans Africa. Colombo, Sri Lanka: Instituto Internacional de Gestão da Água.

Iturriga, G., Leyns, L., Villegas, A., Gharabeih, R., Salamini, F. e Bartels, D. 1996. A family of novel myb-related genes from the resurrection plant Craterostigma plantagineum are specifically expressed in callus and roots in response to ABA or desiccation. Plant Molecular *Biology, 32:* 707-716.

Iuchi, S., Kobayashi, M., Yamaguchi-Shinozaki, K. e Shinozaki, K. 2000. Um gene induzido pelo stress para a 9-cis-epoxicarotenóide dioxigenase envolvida na biossíntese do ácido abscísico sob stress hídrico no feijão-frade tolerante à seca. *Fisiologia Vegetal, 123:* 553-562.

Iuchi, S., Kobayashi, M., Taji, T., Naramoto, M., Seki, M., Kato, T., Tabata, S., Kakubari, Y., Yamaguchi-Shinozaki, K. e Shinozaki K. 2001. Regulação da tolerância à seca através da manipulação genética da 9-cis-epoxicarotenóide dioxigenase, uma enzima-chave na biossíntese do ácido abscísico em *Arabidopsis. Plant Journal, 27:* 325-333.

Iwamoto, M., Maekawa, M., Saito, A., Higo, H. e Higo, K. 1998. Relação evolutiva de genes de catalase de plantas inferida a partir de estruturas de exão-intrão: Divergência isoenzimática após a separação de monocotiledóneas e dicotiledóneas. *Theoretical and Applied Genetics, 97:* 9-19.

Jacobsen, S. E., Running, M. P., e Meyerowitz, E. M. 1999. A disrupção de um gene RNA helicase/RNAse III em *Arabidopsis* causa divisão celular não regulada em meristemas florais. *Desenvolvimento, 126:* 5231-5243.

Jaglo-Ottosen, K. R., Gilmour, S. J., Zarka, D. G., Schabenberger, O. e Thomashow, M. F. 1998. *Arabidopsis* CBF1 overexpression induces COR genes and enhances freezing tolerance. *Science, 280:* 104-106.

Jain, A. K., Basha, S. M. e Holbrook, C. C. 2001. Identification of drought-responsive transcripts in peanut *(Arachis hypogaea* L.). *Electronic Journal of Biotechnology,* Vol. 4 [http://www.ejb.org/content/vol4/issue2/full/2/index.html]

Jakobek, J. L., Smith-Becker, J. A. e Lindgren, P. B. 1999. Um cDNA de feijão expresso durante uma reação hipersensível codifica uma proteína putativa de ligação ao cálcio. Moecularl Plant Microbial Interactions, 12: 712-719.

Javot, H., Lauvergeat, V., Santoni, V., Martin-Laurent, F., Güçlü, J., Vinh, J., Heyes, J., Franck, K. I., Schaffner, A. R., Bouchez, D. Maurel, C. 2003. Role of a single aquaporin isoform in root water uptake. Plant Cell, 15: 509-522.

Jayaprakash, T. L., Ramamohan, G., Krishnaprasad, B.T., Ganesh kumar, Prasad, T.G. e Udayakumar, M. 1998. Genotypic variation in differential expression of LEA2 and LEA3 genes and proteins in Finger millet and rice seedling systems. Annals of Botany, 82: 513-522.

Jensen, G. R. 1981. Influence of soil water stress on wilting and water relations of differentially osmotically adjusted wheat plants. New Phytologist, 89: 15-24.

Jentsch, S. 1992. O sistema de conjugação de ubiquitina. Revisão Anual de Genética, 26:179-207.

Jonak, C., Kiegerl, S., Ligterink, W., Barker, P.J., Huskisson, N. S. e Hirt, H. 1996. Stress signaling in plants: a mitogen-activated protein kinase pathway is activated by cold and drought. Proceedings of the National Academy of Sciences, EUA, 93: 11274-11279.

Jordan, W. R e Retchie, J. T. 1971. Influência do stress hídrico do solo na evaporação, absorção radicular e estado hídrico interno do algodão. Plant Physiology, 48: 783-788.

Jung, S. H., Lee, J. Y. e Lee, D. H. 2003. Utilização da tecnologia SAGE para revelar alterações na expressão de genes em folhas de Arabidopsis submetidas a stress por frio. Biologia Molecular Vegetal, 52: 553567

Juqiang, Y., Jing, W., David, T. A., Scott, H., Randy, A. e Hong, Z. 2003. Fotossíntese e produção de sementes em condições de défice hídrico em plantas de tabaco transgénicas que sobre-expressam um gene da Arabidopsis ascorbato peroxidase. Crop Science, 43: 1477-1483.

Kader, J. C., Julienne, M., Vergnolle, C. 1984. Purificação e caraterização de uma proteína de folha de espinheiro capaz de transferir fosfolípidos de lipossomas para mitocôndrias ou cloroplastos. *European Journal of Biochemisrty,* 139: 411-416

Kader, J. C. 1997. Lipid-transfer proteins: a puzzling family of plant protein. *Trends in Plant Science* 2: 66-70.

Kahn, T. L., Fender, S. E., Bray, E. A. e O'Connell, M. A. 1993. Characterization of expression of drought- and abscisic acid-regulated tomato genes in the drought-resistant species *Lycopersicon pennellii. Plant Physiology,* 103: 597-605.

Kang, J. y., Choi, H. I., Im, M.Y., e Kim, S. Y. 2002. *Arabidopsis* basic leucine zipper proteins that mediate stress-responsive abscisic acid signaling. *Plant Cell,* 14: 343-357.

Kao, C. Y., Cocciolone, S. M., Vasil, I. K. e McCarty, D. R. 1996. Localização e interação dos elementos cis-acting para o ácido abscísico, VIVIPAROUS1, e ativação da luz do gene C1 do milho. *Plant Cell,* 8: 1171-1179.

Karakas, B., Ozias-Akins, P., Stushnoff, C., Suefferheld, M. e Rieger, M. 1997. Tolerância à salinidade e à seca do tabaco transgénico que acumula manitol. *Plant Cell and Environment,* 20: 609-616.

Kaspar, T. C., Taylor, H. M e Shibles, R.M. 1984. Taxas de alongamento da raiz da torneira de cultivares de soja em estufa e sua relação com a profundidade de enraizamento no campo. *Crop Science,* 24: 916-920.

Kasuga, M., Liu Qiang Miura S., Yamaguchi Shinozaki, K., Shinozaki, K. e Liu, Q. 1999. Melhoria da tolerância das plantas à seca, ao sal e ao congelamento através da transferência de genes de um único fator de transcrição induzido pelo stress. *Nature Biotechnology,* 17: 287-291.

Kasuga, M., Miura, S., Shinozaki, K. e Yamaguchi-Shinozaki, K. 2004. Uma combinação do gene DREB1A *de Arabidopsis* e do promotor rd29A induzido por stress melhorou a tolerância ao stress por seca e baixa temperatura no tabaco através da transferência de genes. *Fisiologia Celular Vegetal,* 45: 346350

Kasukabe, Y., He, L., Nada, K., Misawa, S., Ihara, I. e Tachibana, S. 2004. A sobre-expressão da espermatozoide dine sintase aumenta a tolerância a múltiplas tensões ambientais e regula positivamente a expressão de vários genes regulados por tensões em *Arabidopsis thaliana* transgénica. *Plant Cell Physiology,* 45: 712-722.

Katagiri, T., Takahashi, S. e Shinozaki, K. 2001. Envolvimento de uma nova fosfolipase D *de Arabidopsis*, AtPLDdelta, na acumulação de ácido fosfatídico induzida pela desidratação na sinalização do stress. *Plant Journal,* 26: 595-605.

Katiyar-Agarwal, S., Agarwal, M. e Grover, A. 2003. Heat-tolerant basmati rice engineered by overexpression of hsp101. Plant Molecular Biology, 51: 677-686.

Kavikishor, P. B., Hong, Z., Miao, G., Hu, C. A e Verma, D. P. S. 1995. A sobreexpressão da Delta[1]-pirrolina-5-carboxilato sintetase aumenta a produção de prolina e confere osmotolerância em plantas transgénicas. Plant Physiology, 108: 1387-1394.

Kawaguchi, R., Girke, T., Bray, E. A. e Bailey-Serres, J. 2004. A tradução diferencial do mRNA contribui para a regulação dos genes em condições de stress sem stress e de desidratação em Arabidopsis thaliana. Plant Journal, 38: 823-839.

Kawasaki, S., Miyake, C., Kouchi, T. e Yokota, A. 2000. Responses of wild watermelon to drought stress: accumulation of an ArgE homologue and citrulline in leaves during water deficit. *Plant and Cell Phyiology,* 41: 864-873.

Kawasaki, S., Borchert, C., Deyholos, M., Wang, H., Brazille, S., Kawai, K., Galbraith, D. W. e Bohnert, H. J. 2001. Gene expression profiles during the initial phase of salt stress in rice. *Plant Cell,* 13: 889-906

Ketring, D. L. 1984. Efeitos da temperatura no desenvolvimento vegetativo e reprodutivo do amendoim. *Crop Science,* 24: 877-882.

Khanna-Chopra, R. , Srivalli, B., e Ahlawat, Y. 1999. Drought induces many forms of cysteine proteases not observed during natural senescence. *Biochemistry and Biophysical Research Communications,* 255: 324-327.

Khanna-Chopra, R. e Sinha, S. K. 1998. Perspectivas de sucesso das abordagens biotecnológicas para melhorar a tolerância ao stress hídrico nas plantas cultivadas. *Current Science,* 74: 25-34.

Kiegle, E., Moore, C. A., Haseloff, J., Tester, M. A., Knight, M. R. 2000. Cálcio específico do tipo de célula respostas à seca, ao sal e ao frio na raiz de *Arabidopsis. Plant Journal,* 23: 267-278.

Kim, H. S. e Delaney, T. P. 2002. *Arabidopsis* SON1 é uma proteína F-box que regula uma nova resposta de defesa induzida independente do ácido salicílico e da resistência sistémica adquirida. *Plant Cell,* 14: 1469-1482.

Kirch, H. H., Nair, A., e Bartels, D. 2001. Novos genes de aldeído desidrogenase induzíveis por ABA e desidratação isolados da planta de ressurreição *Craterostigma plantagineum* e *Arabidopsis thaliana. Plant Journal,* 28: 555-567.

Kirch, H. H., Philips, J. e Bartels, D. 2002. Dehydration stress signal transduction. Em Plant Signal Transduction: Frontiers in Molecular Biology. (Eds): Scheel D e Wasternack C, Oxford University Press pp.140-164.

Kiribuchi, K., Jikumaru, Y., Kaku, H., Minami, E., Hasegawa, M., Kodama, O., Seto, H., Okada, K., Nojiri, H. e Yamane, H. 2005. Envolvimento do fator de transcrição RERJ1 de hélice básica em respostas a feridas e stress de seca em plantas de arroz. Bioscience, Biotechnology and

Biochemistry, 69:1042-4.

Klein, M., Geisler, M., Suh, S. J., Kolukisaoglu, H. U., Azevedo, L., Plaza, S., Curtis, M. D., Richter, A., Weder, B., Schulz, B. e Martinoia, E. 2004. A desregulação do AtMRP4, um transportador ABC do tipo ABCC da membrana plasmática das células guardas, leva à desregulação da abertura dos estomas e ao aumento da suscetibilidade à seca. Plant Journal, 39: 219-236.

Knight, H., Trewavas, A. J., e Knight, M. R. 1996. Cold calcium signaling in Arabidopsis involves two cellular pools and a change in calcium signature after acclimation. Célula Vegetal, 8: 489503

Knight, H., Trewavas, A. J. e Knight, M. R. 1997. Sinalização de cálcio em Arabidopsis thaliana em resposta à seca e à salinidade. Plant Journal, 12: 1067-1078.

Knight, H., e Knight, M. R. 2001. Vias de sinalização do stress abiótico: Specificity and cross-talk. *Trends in Plant Science, 6:* 262-267.

Koag, M. C., Fenton, R. D., Wilkens, S. e Close, T. J. 2003 A ligação da DHN1 do milho a vesículas lipídicas. Ganho de estrutura e especificidade lipídica. *Plant Physiology, 131:* 309-316.

Kochian, L. V. 1995. Cellular mechanisms of Al toxicity and resistance in plants (Mecanismos celulares de toxicidade e resistência ao Al em plantas). *Revisão Anual de Fisiologia Vegetal e Biologia Molecular Vegetal, 46:* 237-260.

Koizumi, M., Yamaguchi-Shinozaki, K., Tsuji, H., e Shinozaki, K. 1993. Estrutura e expressão de dois genes que codificam cisteína proteinases distintas induzidas pela seca em *Arabidopsis thaliana. Gene, 129:* 175-182.

Kovtun, Y., Chiu, W.-L., Tena, G., e Sheen, J. 2000. Functional analysis of oxidative stress- activated mitogen-activated protein kinase cascade in plants. *Actas da Academia Nacional das Ciências, EUA, 97:* 2940-2945.

Krishnaprasad, B. T., 1999. Caraterísticas das proteínas abundantes da embriogénese tardia (LEA 2 & LEA 3) de uma proteína única de 21 kDa do milho painço (Eleusine corneana Geertu): Avaliação da sua relevância na tolerância ao stress. Tese de doutoramento, Universidade de Ciências Agrícolas, Bangalore.

Kudla, J., Xu, Q., Harter, K., Gruissem, W. e Luan, S. 1999. Os genes para proteínas semelhantes à calcineurina B em Arabidopsis são regulados de forma diferente por sinais de stress. Proceedings of the National Academy of Sciences, EUA, 96: 4718-4123.

Kumar, G., Krishnaprasad, B. T., Savitha, M., Gopalakrishna, R., Mukhopadhyay, K., Ramamohan, G. e Udaya Kumar, M. 1999. Expressão reforçada de proteínas de choque térmico em linhas termotolerantes de girassol e suas progénies selecionadas com base na resposta de indução de temperatura (TIR). *Theoretical and Applied Genetics.* 99: 359-367.

Labhilili, M., Joudrier, P. e Gautier, M. F. 1995. Characterisation of cDNAs encoding *Triticum durum* dehydrins and their expression patterns in cultivars that differ in drought tolerance. *Plant Science,* 112: 219 230.

Larcher, W. 2000. Stress térmico e capacidade de sobrevivência das plantas clerófilas mediterrânicas. *Plant Biosystems,* 134: 279-295.

Leopold, A. C., Musgrave, M. E. e Williams, K. M. 1981. Solute leakage resulting from leaf desiccation. *Plant Physiology,* 68: 1222-1225.

Lee, G. H., Pokala, N., e Vierling, E. 1995. Structure and *in vitro* chaperone activity of cytosolic small heat shock proteins from pea. *Journal of Biological chemistry,* 70: 10432-10438.

Lee, J.H., Hubel, A. e Schoffl, F. 1995. A depressão da atividade do fator de choque térmico geneticamente modificado provoca a síntese constitutiva de proteínas de choque térmico e o aumento da termotolerância na Arabidopsis transgénica. *Plant Journal,* 8: 603-612.

Lee, J. H., e Schoffl, F. 1996. Um gene *HSP70* antisense afecta a expressão de HSP70/HSC70, a regulação de HSF e a aquisição de termotolerância em *Arabidopsis thaliana* transgénica. *Molecular and General Genetics,* 252:11-19.

Lee, Y. H. e Chun, J. Y. 1998. Um novo gene homeodomínio-leucina-zíper de Arabidopsis thaliana induzido por stress hídrico e tratamento com ácido abscísico. Biologia Molecular das Plantas, 37: 377-384.

Lee, Y., Choi, Y. B., Suh, J., Lee, J., Assmann, S. M., Joe, C. O., Keller, J. F., e Crain, R. C. 1996. Abscisic acid-induced phosphoinositide turnover in guard cell protoplasts of Vicia faba. Plant Physiology, 110: 987-996

Lee, J. Y. e Lee, D. H. 2003. Utilização da análise em série da tecnologia de expressão de genes para revelar alterações na expressão de genes no pólen de Arabidopsis submetido a stress por frio. Fisiologia Vegetal, 132: 517-529

Lee, M. H., Min, M. K., Lee, Y. J., Jin, J. B., Shin, D. H., Kim, D. H., Lee, K.-H. e Hwang, I. 2002. ADP-ribosylation fator 1 of Arabidopsis plays a critical role in intracellular trafficking and maintenance of endoplasmic reticulum morphology in Arabidopsis. Fisiologia Vegetal, 129:1507-1520

Lee, S. C. e Hwang, B. K. 2003. Identificação do gene SAR8.2 do pimento como marcador molecular para a infeção por agentes patogénicos, elicitores abióticos e stresses ambientais em Capsicum annuum. Planta, 216: 387-396.

Leung, J., Bouvier-Durand, M., Morris, P. C., Guerrier, D., Chefdor, F e Giraudat, J. 1994. Arabidopsis ABA-response gene ABI1: features of a calcium-modulated protein phosphatase. Science, 264: 1448-1452.

Leung, J. e Giraudat, J. 1998. Abscisic acid signal transduction. Revisão Anual de Fisiologia Vegetal e Biologia Molecular Vegetal, 49: 199-222.

Lian, H.L., Yu, X., Ye, Q., Ding, X. S., Kitagawa, Y., Kwak, S. S., Su, W. A. e Tang, Z. C. 2004. O papel da aquaporina RWC3 na prevenção da seca no arroz. Plant Cell Physiology, 5:481-489.

Liang, P. e Pardee, A. B. 1992. Apresentação diferencial do ARN mensageiro eucariótico através da reação em cadeia da polimerase. Science, 257: 967-971.

Ligterink, W., e Hirt, H. 2001. Vias da proteína ativada por mitógeno (MAP) quinase em plantas: Ferramentas de sinalização versáteis. International Review in Cytology, 201: 209-215.

Limin, A. E., Houde, M., Chauvin, L. P., Fowler, D. B. e Sarhan, F. 1995. Expressão do gene de trigo induzido pelo frio Wcs120 e seus homólogos em espécies relacionadas e combinações interespecíficas. Genoma, 38: 1023 1031.

Liu, K. e Luan, S. 1998. Voltage-dependent K+ channels as targets for osmosensing in guard cells. Célula Vegetal, 10: 1957-1970

Liu, Q., Kasuga, M., Sakuma, Y., Abe, H., Miura, S., Yamaguchi-Shinozaki, K. e Shinozaki, K. 1998. Dois factores de transcrição, DREB1 e DREB2, com um domínio de ligação ao ADN EREBP/AP2, separam duas vias de transdução de sinal celular na expressão de genes sensíveis à seca e a baixas temperaturas, respetivamente, em Arabidopsis. Célula Vegetal, 10: 1391-1406.

Lockhart, D. J., Dong, H., Byrne, M. C., Follettie, M. T., Gallo, M. V., Chee, M. S., Mittmann, M., Wang, C., Kobayashi, M. e Horton, H., 1996. Expression monitoring by hybridization to high-density oligonucleotide arrays (Monitorização da expressão por hibridação em matrizes de oligonucleótidos de alta densidade). Nature Biotechnology, 14: 1675-1680.

Loewus, F. A e Loewus, M.W. 1987 Biosíntese e metabolismo do ácido ascórbico nas plantas. *Critical Reviews in Plant Science, 5:* 101-119.

Lorsch, J. R. 2002. As chapcronas dc RNA cxistcm c as protcínas DEAD box ganham vida. Cell 109, 797-800.

Luan, S., William, S. L. e Schrieber, S. L. 1994. pCyP B: a cholorplast- localized, heat-shock-responsive cyclophilin from faba bean, *Plant Cell, 6:* 885-892.

Luan, S., Kudla, J., Rodriguez-Concepcion, M., Yalovsky, S., e Gruissem, W. 2002. Calmodulins e calcineurin-B like proteins: Sensores de cálcio para acoplamento específico de resposta a sinais em plantas. *Plant Cell, 14:* S389-S400.

Lundlow, M. M. e Ng, T. T. 1976. Effect of water deficit on CO_2 exchange and leaf elongation rate of *Panicum maximum* var. trichoglume. *Austalian Journal of Plant Physiology, 3:* 401413.

Luo, M., Liang, X. Q., Dang, P., Holbrook, C. C, Bausher, M, G., Lee, R. D. e Guo, B. Z. 2005. Microarray-based screening of differentially expressed genes in peanut in response to *Aspergillus parasiticus* infection and drought stress. *Ciência das Plantas, 169:* 695-703.

Madhusudhan, 1998. Estudos sobre certas respostas fisiológicas e bioquímicas de uma cultivar de amendoim de alto rendimento (Arachis hypogaea L.cv.K-134) ao stress hídrico Tese de Mestrado, Universidade Sri Krishnadevaraya, Anantapur.

Mahalingam, R., Gomez-Buitrago, A. M., Eckardt, N., Shahs, N., Guevara-Garcia. A., Dias, P., Raina, R. e Fedoroff, N. V. 2003. Characterizing the stress/defense transcriptome of Arabidopsis, Genome Biology, 4: R20.

Malik, M.K., Slovin, J.P., Hwang, C.H. e Zimmerman, J.L. 1999. A expressão modificada de um pequeno gene da proteína de choque térmico da cenoura, Hsp17.7, resulta em aumento ou diminuição da termotolerância. Plant Journal, 20:89-99.

Maqbool, S. B., Zhong, H., El-Maghraby, Y., Ahmad, A., Chai, B., Wang, W., Sabzikar, R. e Sticklen, M. B. 2002. Competência dos meristemas apicais de rebentos de aveia (Avena sativa L.) para transformação integrativa, expressão hereditária e tolerância osmótica de linhas transgénicas contendo hva1. Theoretical and Applied Genetics, 105: 201-208.

Maria, C., Rubio, E. M., Gonzalez, F. R., Minchin, K., Judith, W., Cesar, A.I., Javier, R. e Manuel, B. 1999. As plantas que expressam ectopicamente a proteína de ligação ao ferro, ferritina, são tolerantes aos danos oxidativos e aos agentes patogénicos. *NatureBiotechnology,* 17:192 - 196.

Marivet, J., Margispinheiro, M., Frendo, P. e Burkard, G. 1995. Análise da sequência de ADN de um gene de ciclofilina do milho - expressão e regulação do desenvolvimento pelo ácido salicílico. *Molecular Genetics and Genomics,* 247: 222-228.

Markandeya, G., Babu, P. R., Lachagari Reddy, V. B., Alex Feltus, F., Paterson, H. Andrew e Reddy R. Arjula. 2005. Functional genomics of drought stress response in rice: Transcript mapping of annotated unigenes of an indica rice (*Oryza sativa* L.cv. Nagina 22). *Ciência Atual,* 89: 496-514

Marrs, K. A., Alfenito, M. R., Lloyd, A. M. e Walbot, V. 1995. A glutathione S-transferase involved in vacuolar transfer encoded by the maize gene Bronze-2. *Nature,* 375: 397-400

Mathews, R. B., Harris, D., Nagswara Rao, R. C., Williams, J. H. e Wadia, K. D. R. 1988. The physiological basis for yield differences between four genotypes of groundnut (*Arachis hypogaea*) in response to drought. na produção de matéria seca e no uso da água. *Experimental Agriculture,* 24: 191-202.

Mazzoleni, S. e Dickmann, D. T. 1988. Resposta fisiológica e morfológica diferencial de dois clones híbridos de Populus ao stress hídrico. Tree Physiology, 4: 61-70.

McCormack, E. e Braam, J. 2003. Calmodulins and related potential calcium sensors in *Arabidopsis. New Phytologist,* 159: 585-98

McKersie, B. D., Chen, Y., de Beus, M., Bowley, S. R., Bowler, C., Inze, D., D'Halluin, K. e Botterman, J. 1993. Superoxide dismutase enhances tolerance of freezing stress in transgenic alfalfa *Medicago sativa L. Plant Physiology,* 103: 1155-1163.

McPhalen, C. A., Strynadka, N. C. e James, M. N. 1991. Sítios de ligação ao cálcio em proteínas: uma perspetiva estrutural. *Advances in Protein Chemisrty,* 42, 77-144

Meehan, R. R. 2003. DNA methylation in animal development. *Seminários em Biologia Celular e do Desenvolvimento,* 14: 53-65.

Mehkri, A. A., V. R. Sashidhar, M. Udaykumar e K. S. K. Sastry, 1977. Seleção de variedades para tolerância relativa à seca no amendoim. *Indian Journal of Plant Physiology,* 20: 50-55.

Mehta, P.A, Sivaprakash, K, Parani, M. Venkataraman, G. e Parida, A. K. 2005. Generation and analysis of expressed sequence tags from the salt-tolerant mangrove species *Avicennia marina* (Forsk) Vierh. *Theoretical and Applied Genetics,* 110: 416-424.

Meijer, H. J. G., Arisz, S. A., van Himbergen, J. A. J., Musgrave, A. e Munnik, T. 2001. Hyperosmotic stress rapidly generates lyso-phosphatidic acid in Chlamydomonas. *Plant Journal,* 25: 541-548.

Meissner, R. C., Jin, H. e Cominelli, E. 1999. Pesquisa de funções numa grande família de genes de factores de transcrição em *Arabidopsis*: avaliação do potencial da genética inversa para identificar mutações de inserção nos genes R2R3 *MYB*. *Plant Cell,* 11: 1827-1840.

Melan, M. A., Dong, X., Endara, M. E., Davis, K.R., Ausubel, F. M. e Peterman, T. K. 1993. Um gene da lipoxigenase *de Arabidopsis thaliana* pode ser induzido por agentes patogénicos, ácido abscísico e metil jasmonato. *Fisiologia Vegetal,* 101: 441-450

Meyer, K., Leube, M. P. e Grill, E. 1994. Uma proteína fosfatase 2C envolvida na transdução de sinal ABA em *Arabidopsis thaliana*. *Science,* 264: 1452-1455.

Meyre, D., Leonardi, A., Brisson, G. e Vartanian, N. 2001 Mecanismos de adaptação à seca envolvidos nas estratégias de fuga/tolerância dos ecótipos de Arabidopsis Landsberg erecta e Columbia e da sua descendência recíproca F1. *Journal of Plant Physiology,* 158:1145-1152.

Meza-Zepeda, L., Baudo, M. M, Palva, E. T e Heino, P. 1988. Isolamento e caraterização de um cDNA correspondente a um gene de ciclofilina ativado por stress em *Solanum commersonii*, *Journal of Experimental Botany,* 49: 1451-1452.

Michel, D., Salamini, F., Bartels, D., Dale, P., Baga, M. e Szalay, A. 1993. Analysis of a desiccation and ABA-responsive promoter isolated from the resurrection plant Craterostigma plantagineum. *Plant Journal,* 4: 29-40.

Miernyk, J. A., Duck, N. B., Shatters, R. G. Jr. e Folk, W. R. 1992. O cognato de choque térmico de 70 quilodalton pode atuar como uma chaperona molecular durante a translocação da membrana de um precursor de proteínas secretoras de plantas. *Plant Cell,* 4: 821-829.

Milla, R.M.A., Maurer, A., Huete Rodriguez, A. e Gustafson, J. P. 2003. Os genes da glutationa peroxidase em *Arabidopsis* são ubíquos e regulados por stresses abióticos através de diversas vias de sinalização. *Plant Journal,* 36: 602-615

Millar, A. A., Clemens, S., Zachgo, S., Giblin, E. M., Taylor, D. C. e Kunst, L. 1999. *CUT1*, um gene *de Arabidopsis* necessário para a biossíntese da cera cuticular e a fertilidade do pólen, codifica uma enzima de condensação de ácidos gordos de cadeia muito longa. *Plant Cell,* 11: 825-838.

Mishra, R. N., Ramesha, A., Kaul, T., Nair, S., Sopory, S. K e Reddy, M. K 2005. A modified cDNA subtraction to identify full-length differentially expressed genes from any given system: an alternate to DNA chip technology. *Annals ofBiochemistry* (no prelo).

Mittler, R., Merquiol, E., Hallak-Herr, E., Rachmilevitch, S., Kaplan, A., Cohen. e M. 2001. Living under a 'dormant' canopy: a molecular acclimation mechanism of the desert plant Retama raetam. *Plant Journal,* 25: 407-416.

Mittler, R. 2002. Oxidative stress, antioxidants and stress tolerance. *Trends in Plant Science,* 7: 405410.

Miyagawa, Y., Tamoi, M. e Shigeoka, S. 2000. Avaliação do sistema de defesa nos cloroplastos ao stress foto-oxidativo causado pelo paraquat, utilizando plantas de tabaco transgénicas que expressam catalase de *Escherichia coli. Plant Cell Physiology,* 41: 311 -320.

Mizoguchi, T., Irie, K., Hirayama, T., Hayashida, N., Yamaguchi-Shinozaki, K., Matsumoto, K., Shinozaki, K. 1996. Um gene que codifica uma proteína quinase activada por mitogénio é induzido simultaneamente com genes para uma proteína quinase activada por mitogénio e uma proteína quinase ribossomal S6 por toque, frio e stress hídrico em *Arabidopsis thaliana. Actas da Academia Nacional das Ciências, EUA, 93:* 765-769.

Mock, H. P., Keetman, U., Kruse, E., Rank, B., e Grimm, B. 1998. Defense re-sponses to tetrapyrrole-induced oxidative stress in transgenic plants with reduced uroporphyrinogen decarboxylase or coproporphyrinogen oxidase activity. *Fisiologia Vegetal,* 116:107-116.

Molinari, H. B. C., Marur, C. J., Filho, J. C. B., Kobayashi, A. K., Pileggi, M., Junior, R. P. L., Pereira, L. F. P. e Vieira, L. G. E. 2004. Ajuste osmótico em porta-enxerto transgênico de citros Carrizo citrange (*Citrus sinensis* Osb. x *Poncirus trifoliata* L. Raf.) superprodutor de prolina. *Ciência das Plantas,* 167:1375-1381.

Montane, M. H., Dreyer, S., Triantaphylides, C. e Kloppstech, K. 1997. Early light inducible proteins during long term acclimation of barley to photo oxidative stress caused by light and cold- high level of accumulation by post transcriptional regulation. *Planta,* 202: 293-302.

Montane, M H, e Kloppstech, K. 2000. A família das proteínas reguladas pela colheita de luz (LHCs, ELIPs, HLIPs): a colheita de luz era a sua função principal? *Genetics,* 258: 1-8.

Moons, A., Bauw, G., Prinsen, E., Van Montagu, M. e Van der Straeten, D. 1995. Molecular and physiological responses to abscisic acid and salts in roots of salt-sensitive and salt-tolerant Indica rice varieties. *Plant Physiology,* 107: 177-86.

Morelli, J. K., Shewmaker, C. K. e Vayda, M. E. 1994. A estimulação bifásica da atividade de tradução está correlacionada com a indução da subunidade 1 do fator de alongamento da tradução após ferimento em tubérculos de batata. *Plant Physiology,* 106: 897-903.

Morgan, J. M. 1984. Osmoregulation and water stress in higher plants. *Annual Review of Plant Physioogy,* 35: 299-319.

Morgan, M. J. e Condon, A. G. 1986. Water-use, grain yield and osmoregulation in wheat. Australian Journal of Plant Physiology, 13: 523- 532.

Mowla, S. B., Thomson, J. A., Farrant, J. M. e Mundree, S. G. 2002. A novel stress-inducible antioxidant enzyme identified from the resurrection plant Xerophyta viscosa Baker. Planta, 215: 716-726.

Mukhopadhyay, A., Vij, S. e Tyagi, A. K. 2004. A sobreexpressão de um gene de proteína de dedo de zinco do arroz confere tolerância ao frio, à desidratação e ao stress salino no tabaco transgénico. Actas da Academia Nacional das Ciências, EUA, 101: 6309-6314.

Mundree, S. G. e. Farrant, J. M. 2000. Some physiological and molecular insights into the mechanisms of desiccation tolerance in the resurrection plant Xerophyta viscasa Baker. In: Plant tolerance to abiotic stresses in Agriculture: Role of Genetic Engineering. C. et al., (Eds). Países Baixos, Kluwer Academic Publishers. 201-222 pp.

Mundree, S. G., Whittaker, A., Thomson, J. A. e Farrant, J. M. 2000. An aldose reductase homolog from the resurrection plant Xerophyta viscosa Baker. Planta, 211: 693-700.

Mundree, S. G., Baker, B., Mowla, S., Peters, S., Marais, S., Vander Willigen, C., Govender, K., Maredza, A., Muyanga, S., Farran, J. M., e Thomson, J. A. 2002. Physiological and molecular insights into drought tolerance. Jornal Africano de Biotecnologia, 1: 28-38.

Munnik, T. e Meijer, H. J. 2001. O stress osmótico ativa vias de sinalização lipídicas e MAPK distintas nas plantas. FEBS Letters, 498: 172 -178.

Munne-Bosch, S. e Alegre, L. 2002. The function of tocopherols and tocotrienols in plants. Critical Reviews in Plant Science, 21: 31-57.

Munnik, T., Meijer, H. J., Ter Riet, B., Hirt, H., Frank, W., Bartels, D. e Musgrave, A. 2000. Hyperosmotic stress stimulates phospholipase D activity and elevates the levels of phosphatidic acid and diacylglycerol pyrophosphate. Plant Journal, 22: 147-154.

Nakagawa, H., Ohmiya, K., e Hattori, T. 1996. Uma proteína bZIP do arroz, designada OSBZ8, é rapidamente induzida pelo ácido abscísico. *Plant Journal,* 9: 217-227.

Nakashima, K., Kiyosue, T., Yamaguchi-Shinozaki, K., e Shinozaki, K. 1997. Um gene nuclear, erd1, que codifica um homólogo da subunidade reguladora da Clp protease orientada para os cloroplastos, não só é induzido pelo stress hídrico, como também é regulado positivamente durante a senescência em *Arabidopsis thaliana. Plant Journal,* 12: 851-861.

Nakashima, K., Shinwari, Z. K., Sakuma, Y., Seki, M., Miura, S., Shinozaki, K. e Yamaguchi-Shinozaki, K. 2000. Organização e expressão de dois genes DREB2 de *Arabidopsis* que codificam proteínas de ligação DRE envolvidas na expressão de genes responsivos à desidratação e à alta salinidade. *Biologia Molecular das Plantas,* 42: 657-665.

Nanjo, T., Futamura, N., Nishiguchi, M., Igasaki, T., Shinozaki, K. e Shinohara, K., 2004. Characterization of Full-length Enriched Expressed Sequence Tags of Stress-treated Poplar Leaves, *Plant Cell Physiology,* 45:1738-1748.

Nantel, A., e Quatrano, R. S. 1996. Caracterização de três factores de zipper básico/leucina do arroz, incluindo dois inibidores da atividade de ligação ao ADN da EmBP-1. *Journal of Biological Chemistry,* 271: 31296-31305.

Neale, A. D., Blomstedt, C. K., Bronson, P., Le, T.-N., Guthridge, K., Evans, J., Gaff, D. F. e Hamill, J. D. 2000. The isolation of genes from the resurrection grass *Sporobolus stapfianus* which are induced during severe dought stress. *Plant Cell and Environment, 23:* 265-277.

Negishi, T., Nakanishi. H., Yazaki, J., Kishimoto, N., Fujii, F., Shimbo, K., Yamamoto, K., Sakata, K., Sasaki, T., Kikuchi, S., Satoshi, M. e Nishizawa, N. K. 2002. cDNA microarray analysis of gene expression during Fe-deficiency stress in barley suggests that polar transport of vesicles is implicated in phytosiderophore secretion in Fe-deficient barley roots. *Plant Journal,* 30: 83-94

Neill, S., Desikan, R. e Hancock, J. 2002. Sinalização por peróxido de hidrogénio. *Current Opinion in Plant Biology,* 5: 388-395.

Nelson, D. E., Rammesmayer, G. e Bohnert, H. J. 1998. Regulação do metabolismo e transporte de inositol específico da célula na tolerância à salinidade da planta. *Plant Cell,* 10: 753-764.

Nelson, D. E., Koukoumanos, M. e Bohnert, H. J. 1999. Myo-inositol-dependent sodium uptake in the ice plant. *Plant Physiology,* 119: 165 172.

Nole-Wilson, S., e Krizek, B. A. 2000. Propriedades de ligação ao ADN da proteína de desenvolvimento floral *de Arabidopsis* AINTEGUMENTA. *Nucleic Acids Research,* 28: 4076-4082.

Novillo, F., Alonso, J. M., Ecker, J. R. e Salinas, J. 2004. CBF2/DREB1C é um regulador negativo da expressão de CBF1/DREB1B e CBF3/DREB1A e desempenha um papel central na tolerância ao stress em Arabidopsis. Actas da Academia Nacional das Ciências, EUA, 101: 3985-3990.

Nylander, M., Heino, P., Helenius, E., Palva, E. T., Ronne, H. e Welin, B. V. 2001. O gene RCI2A de Arabidopsis, induzido por baixas temperaturas e sal, complementa a sensibilidade ao sódio causada por uma deleção do gene homólogo de levedura SNA1. Plant Molecular Biology, 45: 341-352.

Nylander, M., Svensson, J., Palva, E. T. e Welin, B. V. 2001. Acumulação induzida por stress e localização específica de tecidos de desidrinas em Arabidopsis thaliana. Biologia Molecular das Plantas, 45: 263-279

Oberschall, A., Deak, M., Torok, K., Sass, L., Vass, I., Kovacs, I., Feher, A., Dudits, D. e Horvath, G.V. 2000. Uma nova aldose/aldeído redutase protege as plantas transgénicas contra a peroxidação lipídica sob stress químico e de seca. Plant Journal, 24: 437-446.

Oeda, K., Salinas, J., e Chua, N. H. 1991. Um ativador de transcrição bZip do tabaco (TAF-1) liga-se a um motivo do tipo caixa G conservado em genes de plantas. *EMBO Journal,* 10: 1793-1802.

Ogawa, T., Pan, L., Kawai-Yamada, M., Yu, L. H., Yamamura, S., Koyama, T., Kitajima, S., Ohme-Takagi, M., Sato, F. e Uchimiya, H. 2005. Functional analysis of *Arabidopsis* ethyleneresponsive element binding protein conferring resistance to Bax and abiotic stress-induced plant cell death. *Plant Physiology,* 138: 1436-1445.

Oh, S.J., Song, S. I., Kim, Y.S., Jang, H. J., Kim, S. Y., Kim, M., Kim, Y. K., Nahm, B. H. e Kim, J. K. 2005. O CBF3/DREB1A e o ABF3 de *Arabidopsis* em arroz transgénico aumentaram a tolerância ao stress abiótico sem atrasar o crescimento. *Plant Physiology,* 138: 341-51.

Oliver, M. J., Dowd, S. E., Zaragoza, J., Mauget, S. A, Paxton, R. e Payton. 2004. The rehydration transcriptome of the desiccation-tolerant bryophyte *Tortula ruralis*: transcript classification and analysis. *BMC Genomics*, 5: 89.

Oono, Y., Seki, M., Nanjo, T., Narusaka, M., Fujita, M., Satoh, R., Satou, M., Sakurai, T., Ishida, J., Akiyama, K., Iida, K., Maruyama, K., Satoh, S., Yamaguchi-Shinozaki, K. e Shinozaki, K. 2003. Monitorização dos perfis de expressão dos genes de Arabidopsis durante o processo de reidratação após desidratação, utilizando microarray de cDNA de comprimento total ca 7000. Plant Journal, 34: 868-887.

Ouvrard, O., Cellier, F., Ferrare, K., Tousch, D., Lamaze, T., Dupuis, J. M. e Casse-Delbart, F. 1996. Identificação e expressão de genes regulados pelo stress hídrico e pelo ácido abscísico num genótipo de girassol tolerante à seca. Biologia Molecular das Plantas, 31: 819-829

Ozturk, K. Z. N., Talame, V., Deyholos, M., Michalowski, C. B., Galbraith, D. W., Gozukirmizi, N., Tuberosa, R. e Bohnert, H. J. 2002. Monitoring large-scale changes in transcript abundance in drought- and salt-stressed barley. Plant Molecular Biology, 48: 551-573.

Padmavathi, M., 1989. Influência do stress hídrico no metabolismo de Macrotyloma uniflorum (Lam.) Verdc, tese de doutoramento, Universidade Sri Krishnadevaraya, Anantapur.

Paleg, L. G., Stewart, G. R. e Bradbeer, J. W. 1984. Proline and glycine betaine influence protein solvation. Plant Physiology, 75: 974-978.

Papp, I., Mur, L. A., Dalmadi, A., Dulai, S. e Koncz, C. 2004. Uma mutação do gene Cap Binding Protein 20 confere tolerância à seca em Arabidopsis. Biologia Molecular das Plantas, 55: 679686.

Park, Y. I., Sandstrom, S., Gustafsson, P. e Oquist, G. 1999. A expressão do gene isiA é essencial para a sobrevivência da Cyanobacterium synechococcus sp. PCC 7942, protegendo o fotossistema II do excesso de luz sob limitação de ferro. Molecular Microbiology, 32: 123-9.

Park, B. J., Liu, Z., Kanno, A. e Kameya, T. 2005. Transformação de rabanete (Raphanus sativus L.)

através de sonicação e infiltração por vácuo de sementes germinadas com Agrobacterium contendo um gene LEA do grupo 3 de B. napus. Plant Cell Reports, (no prelo).

Park, J. M., Park, C. J., Lee, S. B., Ham, B. K., Shin, R. e Paek, K. H. 2001. A sobreexpressão do gene Tsi1 do tabaco, que codifica um fator de transcrição do tipo EREBP/AP2, aumenta a resistência ao ataque de agentes patogénicos e ao stress osmótico no tabaco. Plant Cell, 13: 1035-1046.

Park, S. M. e Hong, C. B. 2002. A pequena proteína de choque térmico de classe I confere termotolerância ao tabaco. Journal of Plant Physiology, 159:25-30.

Park, W., Li, J., Song, R., Messing, J. e Chen, X. 2002. CARPEL FACTORY, um homólogo de Dicer, e HEN1, uma nova proteína, atuam no metabolismo de microRNA em Arabidopsis thaliana. Current *Biology,* 12: 1484- 1495

Parvanova, D., Popova, A., Zaharieva, I., Lambrev, P., Konstantinova, Taneva, S., Atanassov, A., Goltsev, V. e Djilianov, D. 2004. Tolerância a baixas temperaturas de plantas de tabaco transformadas para acumular prolina, frutanos ou glicina betaína, evidência de fluorescência variável da clorofila. *Photosynthetica,* 42:179-185

Patharkar, O. R. e Cushman, J. C. 2000 A stress-induced calcium-dependent protein kinase from *Mesembryanthemum crystallinum* phosphorylates a two-component pseudo-response regulator. *Plant Journal,* 24: 679-691.

Pelah, D., Wang, W., Altman, O. e Bartels, D. 1997. Acumulação diferencial de proteínas relacionadas com o stress hídrico, sacarose sintase e açúcares solúveis em espécies de *Populus* que diferem na sua resposta ao stress hídrico. *Physiologia Plantarum,* 99: 153-159.

Pellegrineschi, A., Reynolds, M., Pacheco, M., Brito, R. M., Rosaura Almeraya, R., Yamaguchi-Shinozaki, K. e Hoisington, D. 2004. A expressão induzida por stress no trigo do gene DREB1A *de Arabidopsis thaliana* atrasa os sintomas de stress hídrico em condições de estufa. *Genoma*, 47: 493-500.

Pereira, J. S. e Chaves, M. M. 1993. Défices hídricos das plantas nos ecossistemas mediterrânicos. In: Smith JAC, Griffiths H, (Eds). *Plant responses to water deficits - from cell to community.* Oxford: BIOS Scientific Publishers, pp. 237-251.

Pereira, J. S., Chaves, M. M. 1995. Respostas das plantas à seca sob alterações climáticas em ecossistemas de tipo mediterrânico. In: Moreno, J.M., Oechel, W.C. (Eds.), Global Change and Mediterrane-type Ecosystems, Ecological Studies, vol. 117. Springer, Berlim, pp. 140-160.

Perlson, E., Kalifa, Y., Gilad, A., Konrad, Z., Scolnik, P. A. e Bar-zvi, D. 2004. A sobreexpressão do gene Asr1 regulado pelo stress hídrico e salino confere uma maior tolerância ao sal. *Plant Cell Environment,* 27: 1459-1468.

Perruc, E., Charpenteau, M., Ramirez, B. C., Jauneau, A., Galaug, J.-P., Ranjeva, R., e Ranty, B. 2004. Uma nova proteína de ligação à calmodulina funciona como um regulador negativo da tolerância ao stress osmótico em plântulas de *Arabidopsis thaliana*. *Plant Journal,* 38: 410-420.

Piatkowski, D., Schneider, K., Salamini, F. e Bartels, D. 1990. Characterisation of five abscisic acidresponsive cDNA clones isolated from the desiccation-tolerant plant Craterostigma plantagineum and their relationship to other water-stress genes. Fisiologia Vegetal, 94: 247258

Pilon-Smits, E. A. H., Terry, N., Sears, T., Kim, H., Zayed, A., Hwang, S., van Dun, K., Voogd, E., Verwoerd, T. C. e Krutwagen, R. W. 1998. As plantas de tabaco transgénicas produtoras de trealose apresentam um melhor desempenho de crescimento sob stress de seca. Journal of Plant Physiology, 152: 525-532.

Plieth, C., Hansen, U. P., Knight, H. e Knight, M. 1999. Temperature sensing by plants: the primary characteristics of signal perception and calcium response. Plant Journal, 18: 491497.

Posas, F., Wurgler-Murphy, S. M., Maeda, T., Witten, E. A., Thai, T. C. e Saito, H. 1996. A cascata da MAP quinase HOG1 da levedura é regulada por um mecanismo de fosforilação em várias etapas no osmosensor de "dois componentes" SLN1-YPD1-SSK1. Célula, 86: 865-875

Pruvot, G., Massimino, J., Peltier, G., e Rey, P. 1996. Effects of low temperature, high salinity and exogenous ABA on the synthesis of two chloroplastic drought-induced proteins in Solanum tuberosum. Physiologia Plantarum, 97: 123-131.

Qin, X. e Zeevaart, J. A. D. 1999. A reação de clivagem de 9-cis-epoxicarotenóides é o passo regulador chave da biossíntese do ácido abscísico no feijão sob stress hídrico. Proceedings of the National Academy of Sciences, EUA, 96: 15354-15361.

Queitsch, C., Hong, S.W., Vierling, E. e Lindquist, S. 2000. A proteína de choque térmico 101 desempenha um papel crucial na termotolerância em Arabidopsis. Plant Cell, 12:479-492.

Rabbani, M. A., Maruyama, K., Abe, H., Khan, M. A., Katsura, K., Ito, Y., Yoshiwara, K., Seki, M., Shinozaki, K. e Yamaguchi-Shinozaki, K. 2003. Monitoring expression profiles of rice genes under cold, drought, and high-salinity stresses and abscisic acid application using cDNA microarray and RNA gel-blot analyses. Plant Physiology, 133: 1755-1767.

Rajagopal, V., Balasubramanian, V. e Sinha, S. K. 1997. Diurnal fluctations in relative water content, nitrate reducatse and proline content in water stress and non-stressed wheat. Physiologia Plantarum, 40: 69-71.

Ramanjulu, S. 1996. Respostas fisiológicas e bioquímicas ao stress hídrico em duas cultivares de amoreira (Morus alba. L) que diferem na tolerância à seca. Tese de doutoramento, Universidade Sri Krishnadevaraya, Anantapur.

Ramanjulu, S. e Sudhakar, C. 1997. A tolerância à seca está parcialmente relacionada com a acumulação de aminoácidos e a assimilação de amoníaco: Um estudo comparativo em dois genótipos de amoreira que diferem na sensibilidade à seca. *Journal of Plant Physiology,* 150: 345-350.

Ramanjulu, S. e Sudhakar, C. 2000. Proline metabolism during dehydration in two mulberry genotypes with contrasting drought tolerance. *Journal ofPlant Physiology,* 157: 81-85.

Ramanjulu, S. e Bartels, D. 2002. Drought- and desiccation-induced modulation of gene expression in plants (Modulação da expressão de genes em plantas induzida por seca e dessecação). *Plant Cell and Environment,* 25: 141-151.

Ramanjulu, S., Veeranjaneyulu, K., e Sudhakar, C. 1994. Mudanças a curto prazo no metabolismo do azoto na amoreira, *Morus alba,* sob choque salino. *Phytocheistry,* 37: 991-995.

Ramanjulu, S., Sreenivasulu, N., Giridhara Kumar, S. e Sudhakar, C. 1998. Caraterísticas fotossintéticas da amoreira durante o stress hídrico e a rega. *Photosynthetica,* 35: 259-263.

Ramanjulu, S., Sreenivasulu, N., Sudhakar, C. 1998. Efeito do stress hídrico na fotossíntese em dois genótipos de amoreira com diferentes tolerâncias à seca *Photosynthetica,* 35: 279-283

Ramos, M. L. G., Gordon, A. J., Minchin, F. R., Sprent, J. I. e Parsons, R. 1999. Effect of water stress on nodule physiology and biochemistry of a drought tolerant cultivar of common bean (*Phaseolus vulgaris* L.). *Annals ofBotany,* 83: 57-63.

Rao, N. R. C e Wright, G. C. 1994. Estabilidade da relação entre a área foliar específica e a discriminação de isótopos de carbono entre ambientes no amendoim. *Crop Science,* 34: 98-103.

Rausell, A., Kanhonou, R., Yenush, L., Serrano, R. e Ros, R. 2003. O fator de iniciação da tradução eIF1A é um determinante importante na tolerância ao stress de NaCl em leveduras e plantas. *Plant Journal,* 34: 257-67.

Reddy, A. R., Ramakrishna, W., Chandrasekhar, A., Nagabhushana Ithal, Ravindra Babu, P., Bonaldo, M. F., Soarrese, M. B. e Bennetzen, J. L. 2002. Novos genes são enriquecidos em bibliotecas de cDNA normalizadas 4 de plântulas de arroz indica (*Oryza sativa* L.cv.Nagina 22) submetidas a stress por seca. *Genoma,* 45: 204-11.

Reddy, A. S. N. 2000. Calcium silver bullet in signaling. *Ciência das Plantas*, 160: 381-404.

Reddy, P. S., Ramanjulu, S., Sudhakar, C. e Veeranjaneyulu, K. 1998 Sensibilidade diferencial dos componentes estomáticos e não estomáticos da salinidade de NaCl ou Na2So4 em horsegram (Macrotyloma uniflorum (Lam.). Photosynthetica, 35: 99-105.

Reddy, T.Y, Reddy, V. R e Anbumozhi, V. 2003. Physiological responses of groundnut (Arachis hypogaea L.) to drought stress and its amelioration: a critical review. *Regulação* do crescimento das plantas, 41: 75-88.

Reddy, V. S., Ali, G. S, e Reddy, A. S. N. 2002, Genes que codificam proteínas de ligação à calmodulina no genoma *da Arabidopsis. Journal of Biological Chemistry,* 277: 9840-9852.

Reddy, V. S., Ali, G. S., e Reddy, A. S. N. 2003. Caracterização de uma proteína de ligação à calmodulina induzida por agentes patogénicos: mapeamento de quatro domínios de ligação à calmodulina dependentes de $Ca2^{+}$. *Plant Molecular Biology,* 52: 143-159.

Reiser, V., Raitt, D. C., e Saito, H. 2003. O osmosensor de levedura Sln1 e o recetor de citocinina de plantas Cre1 respondem a mudanças na pressão de turgor. *Journal of Cell Biology,* 161: 1035-1040.

Rey, P., Pruvot, G., Becuwe, N., Eymery, F., Rumeau, D., e Peltier, G. 1998. A novel thioredoxinlike protein located in the chloroplast is induced by water deficit in *Solanum tuberosum* L. plants. *Plant Journal,* 13: 97-107.

Rhodes, D. e Y. Samars. 1994. Controlo genético da osmorregulação nas plantas. In: Cellular and molecular physiology of cell volume regulation. K. Strange, (Eds), Boca Raton: CRC Press. 347-367.

Riccardi, F., Gazeau, P., de Vienne, D., Zivy, M. 1998. Alterações proteicas em resposta ao défice hídrico progressivo no milho: variações quantitativas e identificação. *Plant Physiology*, 117:12531263.

Riechmann, J. L., e Meyerowitz, E. M. 1998. A família AP2/EREBP dos factores de transcrição das plantas. *Biological Chemistry,* 379: 633-646.

Rizhsky, L., Liang, H., Mittler, R. 2002. O efeito combinado do stress da seca e do choque térmico na expressão de genes no tabaco. *Fisiologia Vegetal,* 130: 1143-1151

Rohila, J. S., Jain, R. K. e Wu, R. 2002. Genetic improvement of Basmati rice for salt and drought tolerance by regulated expression of a barley Hva1 cDNA. *Plant Science,* 163: 525-532.

Ros, F., Bassi, R. e Paulsen, H. 1998. Propriedades de ligação a pigmentos da subunidade CP26 do fotossistema II recombinante reconstituída in vitro. European Journal of Biochemistry, 253(3):653-58

Routley, D. G. 1996. Acumulação de prolina em folhas murchas de trevo-da-terra. Crop Science, 6: 358361.

Roxas, V. P., Smith, Jr, R. K., Allen, E. R., e Allen, R. D. 1997. A sobreexpressão da glutationa S-transferase/glutationa peroxidase aumenta o crescimento das plântulas de tabaco transgénico durante o stress. *Nature Biotechnology,* 15: 988-991.

Roxas, V. P, Lodhi, S. A., Garrett, D. K., Mahan, J. R. e Allen, R. D. 2000. Stress tolerance in transgenic tobacco seedlings that overexpress glutathione S-transferase glutathione peroxidase. *Plant Cell Physiology,* 41: 1229-34

Ruegger, M., Dewey, E., Gray, W. M., Hobbie, L., Turner, J. e Estelle, M. 1998 A proteína TIR1 da *Arabidopsis* funciona na resposta à auxina e está relacionada com a SKP2 humana e a grr1p da levedura. *Genes and Development,* 12: 198-207.

Ruidang, Q., Mei, S., Hui, Z., Yanxiu, Z. e Juren, Z. 2004. A engenharia da síntese melhorada de glicina betaína melhora a tolerância à seca no milho. *Plant Biotechnology Journal,* 2: 477486.

Sage-One, K., Ono, M., Harada, H. e Kamada, H. 1998. Acumulação de mRNA induzida pelo escuro para um homólogo da proteína tumoral controlada por tradução (TCTP) em Pharbitis. *Plant Cell*

Physiol, 39: 357- 360.

Sagerstrom, C. G., Sun, B. I. e Sive, H. L., 1997. Subtractive cloning: past, present, and future (Clonagem subtractiva: passado, presente e futuro). *Annual Review of Biochemistry*, 66: 751-783.

Sahi, C, Agarwal, M., Reddy, M. K., Sopory, S. K. e Grover, A. 2003. Isolamento e análise da expressão de ESTs associadas ao stress salino de cultivares de arroz contrastantes utilizando um método de subtração baseado em PCR. *Theoretical and Applied Genetics*, 106: 620-8.

Saijo, Y., Hata, S., Kyozuka, J., Shimamoto, K. e Izui, K. 2000. A sobre-expressão de uma única proteína cinase dependente de Ca^{2+}- confere tolerância ao frio e ao sal/seca em plantas de arroz. *Plant Journal*, 23: 319-327.

Sairam, R. K.1994. Effect of moisture stress on physiological activities of two contrasting wheat genotypes. Indian Jouranal of Experimental Biology, 32: 594-597.

Sakamoto, H., Kyonoshin, M., Yoh, S., Tetsuo, M., Masaki, I., Shinozaki, K. e Yamaguchi- Shinozaki, K. 2004. Arabidopsis Cys2/His2-Type Zinc-finger proteins function as transcription pepressors under drought, cold and high-salinity stress conditions. Plant Physiology, 135: 2734-2746.

Salekdeh, G. H., Siopongco, J., Wade, L. J., Ghareyazie, B. e Bennett J. 2002. Proteomic analysis of rice leaves during drought stress and recovery (Análise proteómica das folhas de arroz durante o stress e a recuperação da seca). Proteomics 2: 1131-45.

Sambrook, J., Fritsch, E. F.e Maniatis. T. 1989. Molecular cloning- A laboratory mannual. 2nd eds. Nova Iorque: Cold Spring Habor press.

Sanders, D., Brownlee, C., e Harper, J. F. 1999. Comunicando com o cálcio. Plant Cell, 11: 691-706.

Sanders, D., Pelloux, J., Brownlee, C., e Harper, J. F. 2002 Calcium at the crossroads of signaling. Plant Cell, 14: S401-S417.

Sang, Y. M., Zheng, S. Q., Li, W. Q., Huang, B. R e Wang, X. M. 2001. Regulação da perda de água das plantas através da manipulação da expressão da fosfolipase D alfa. Plant Journal, 28: 135-144.

Santoro, M. M., Y. Liu, S. M. A. Khan, L.-X. Hou e D. W. Bolen. 1992. Aumento da estabilidade térmica das proteínas na presença de osmólitos naturais. Biochemistry, 31: 5278-5283.

Scandalios, J. G. 1990. Resposta dos genes de defesa antioxidante das plantas ao stress ambiental. Avanços em Genética, 28: 1-41.

Schena, M., Shalon, D., Davis, R.W. e Brown, P. O. 1995. Monitorização quantitativa dos padrões de expressão genética com um microarray de ADN complementar. Science, 270: 467-470.

Schneider, K., Wells, B., Schmelzer, E., Salamini, F. e Bartels, D. 1993. A dessecação leva à rápida acumulação de proteínas citosólicas e cloroplásticas na planta de ressurreição Craterostigma plantagineum Hochst. Planta, 189: 120-131

Schroeder, J. I., Allen, G. J., Hugouvieux, V., Kwak, J. M., e Waner, D. 2001. Guard cell signal transduction. Annual Review of Plant Physiology and Plant Molecular Biology, 52: 627658.

Schulman, B. A., Carrano, A. C., Jeffrey, P. D., Bowen, Z., Kinnucan, E. R., Finnin, M, S., Elledge, S. J., Harper, J. W., Pagano, M. e Pavletich, N. P. 2000. Insights sobre as ubiquitina ligases SCF a partir da estrutura do complexo Skp1-Skp2. *Nature,* 408: 381-386.

Schumaker, K. S. e Sze, H. 1987. O inositol 1, 4, 5-trisfosfato liberta Ca^{2+} das vesículas da membrana vacuolar das raízes de aveia. *Journal of Biological Chemistry,* 262: 3944-3946

Schwacke, R., Grallath, S., Breitkreuz, K. E., Stransky, E., Stransky, H., Frommer, W. B. e Rentsch, D. 1999. LeProTl, um transportador de prolina, glicina-betaína e ácido Y-aminobutírico no pólen de tomate. *Célula Vegetal,* 11: 377-391

Schwechheimer, C., Serino, G., Callis, J., Crosby, W. L., Lyapina, S., Deshaies, R. J., Gray, W. M., Estelle, M. e Deng, X. W. 2001. Interações do sinalossoma COP9 com a E3 ubiquitina ligase SCFTIRI na mediação da resposta à auxina. *Science,* 292: 1379-1382.

Scippa, G. S., Griffiths, A., Chiatante, D. e Bray, E. A., 2000. A variante da histona H1 do tomate, H1-S, é direcionada para o núcleo e acumula-se na cromatina em resposta ao stress do défice hídrico. *Planta,* 211:173-181.

Scott, J. W., Hawley, S. A. Green, K. A., Anis, M., Stewart, G., Scullion, G. A., Norman, D. G e Hardie, D. G. 2004. Os domínios CBS formam módulos de deteção de energia cuja ligação de ligandos de adenosina é perturbada por mutações patogénicas. *Journal of Clinical Investigations,* 113: 274-284.

Seki, M., Narusaka, M., Abe, H., Kasuga, M., Yamaguchi-Shinozaki, K., Carninci, P., Hayashizaki, Y. e Shinozaki, K. 2001 Monitorização do padrão de expressão de 1.300 genes *de Arabidopsis* sob stress de seca e frio utilizando um microarray de cDNA completo. *Plant Cell,* 13: 6172.

Seki, M., Kamei, A., Yamaguchi-Shinozaki, K. e Shinozaki, K. 2003 Respostas moleculares à seca, salinidade e geada: caminhos comuns e diferentes para a proteção das plantas. *Current Opinion in Biotechnology,* 14: 194-199.

Seki, M., Narusaka, M., Ishida, J., Nanjo, T., Fujita, M., Oono, Y., Kamiya, A., Nakajima, M., Enju, A., Sakurai, T., Satou, M., Akiyama, K., Taji, T., Yamaguchi-Shinozaki, K., Carninci, P., Kawai, J., Hayashizaki, Y., e Shinozaki, K. 2002. Monitorização dos perfis de expressão de cerca de 7000 genes *de Arabidopsis* sob stress de seca, frio e alta salinidade utilizando um microarray de cDNA completo. *Plant Journal,* 31: 279-292.

Seki, M., Satou, M., Sakurai, T., Akiyama, K., Iida, K., Ishida, J., Nakajima, M., Enju, A., Narusaka, M., Fujita, M., Oono, Y., Kamei, Y., Yamaguchi-Shinozaki, K. e Shinozaki, K. 2004. RIKEN Arabidopsis full-length (RAFL) cDNA e suas aplicações para perfis de expressão em condições de stress abiótico. Journal of Experimental Botany, 55: 213-223.

Sharma, P. e Kumar, S. 2005. Differential display-mediated identification of three drought- responsive expressed sequence tags in tea [Camellia sinensis (L.) O. Kuntze] Journal of Bioscience, 30: 231-235

Sheen, J. 1996. Ca2+-dependent protein kinases and stress signal transduction in plants. Science 274: 1900-1902.

Shen, B., Jensen, R. G. e Bohnert, H. J. 1997. Aumento da resistência ao stress oxidativo em plantas transgénicas através da orientação da biossíntese de manitol para os cloroplastos. Plant Physiology, 113:1177-1183.

Shen, Q, Ho, T. H. D. 1995. "Functional dissection of an ABA-inducible gene reveal two independent ABA responsive complexes each containing a G-box and a novel cis- acting element", Plant Cell, 7: 295-307.

Shen, W. H., Parmentier, Y., Hellmann, H., Lechner, E., Dong, A., Masson, J., Granier, F., Lepiniec, L., Estelle, M. e Genschik, P. 2002. Null mutation of AtCUL1 causes arrest in early embryogenesis in Arabidopsis. Molecular Biology of Cell, 13: 1916-1928.

Sheveleva, E., Chmara, W., Bohnert, H. J. e Jensen. R. G. 1997. Aumento da tolerância ao sal e à seca através da produção de D-ononitol em Nicotiana tabacum L. transgénica. Fisiologia Vegetal, 115: 1211-1219

Shi, J., Gonzales, R. A. e Bhattacharyya, M. K. 1996. Identificação e caraterização de um cDNA de S-adenosil-L-metionina: Δ^{24}-sterol-C-metiltransferase de soja. *Journal of Biological Chemistry,* 271: 9384-9389.

Shinozaki, K., e Yamaguchi-Shinozaki, K. 1997. Expressão de genes e transdução de sinais na resposta ao stress hídrico. *Fisiologia Vegetal,* 115: 327-334

Shinozaki, K. e Yamaguchi-Shinozaki, K. 2000 Molecular responses to dehydration and low temperature: differences and cross-talk between two stress signaling pathways. *Current Opinion in Plant Biology,* 3: 217-223.

Shinozaki, K., Yamaguchi-Shinozaki, K., e Seki, M. 2003. Regulatory network of gene expression in the drought and cold stress responses. *Current Opinion in Plant Biolology,* 6: 410-417.

Shiozaki, N., Yamada, M. e Yoshiba, Y. 2005. Analysis of salt-stress-inducible ESTs isolated by PCR-subtraction in salt-tolerant rice. *Theoretical and Applied Genetics,* 110: 1177-1186.

Shoji, S., Hironori, K., Zbigniew, R., Rafael, C., Julio, S., Kyoko, M., Masaru, O. T. e Hiroshi, T. 2004. O gene de dedo de zinco responsivo ao stress ZPT2-3 desempenha um papel na tolerância à seca em petúnia. *Plant Journal,* 36: 830-841.

Shou, H., Bordallo, P., Fan, J. B., Yeakley, J. M., Bibikova, M., Sheen, J. e Wang, K. 2004. A expressão da proteína quinase *de Nicotiana* (NPK1) aumentou a tolerância à seca no milho transgénico *Journal of Experimental Botany,* 399: 1013-1019.

Sieber, P., Schorderet, M., Ryser, U., Buchala, A., Kolattukudy, P. E., Metraux, J.-P., e Nawrath, C. 2000. Plantas transgénicas *de Arabidopsis* que expressam uma cutinase fúngica mostram alterações na estrutura e propriedades da cutícula e fusões de órgãos pós-genitais. *Plant Cell,* 12: 721-738.

Siedow, J. N. 1991. Plant lipoxygenase: structure and function. *Revisão Anual de Fisiologia Vegetal e Biologia Molecular Vegetal,* 42: 145-188.

Singh, K. B., Malhotra, R. S., Saxena, M. C. e Bejiga, G. 1997. Superioridade da intersementeira sobre a sementeira tradicional de primavera do grão-de-bico na região mediterrânica. *Agronomy Journal,* 89: 112-118.

Singsaas, E., Ort, D. e DeLucia, E. 2001. Variação do rendimento quântico fotossintético em estudos ecofisiológicos. *Oecologia,* 128:15-23.

Sivamani, E., Bahieldin, A., Wraith, J. M., Al-Niemi, T., Dyer, W. E., Ho, T. H. D. e Qu, R. D. 2000. Melhoria da produtividade da biomassa e da eficiência da utilização da água em condições de défice hídrico no trigo transgénico que exprime constitutivamente o gene HVA1 da cevada. *Plant Science,* 155: 19.

Sivaramakrishnan, S., Patell, V. Z., Flower, D. J. e Peacock, J. M. 1988. Proline accumulation and nitrate reductase activity in contrasting sorghum lines during mid-season drought stress. *Physiologia Plantarum,* 74: 418-426.

Slavik, B.1974. Methods of studying plant water relations. Nova Iorque: Springer Verlag.

Smirnoff, N. 1998. Resistência das plantas ao stress ambiental. Opinião atual em Biologia Vegetal, 9: 214-219.

Smirnoff, N. e Cumbes, Q. J. 1989. Atividade de eliminação do radical hidroxilo de solutos compatíveis. Phytochemistry, 28: 1057-1060.

Smith, A. G. e Griffiths, W. T. 1993. Enzimas da biossíntese de clorofila e heme. Em PM Dey, JB Harborne, eds, Methods in Plant Biochemistry, Vol 9. Academic Press, Londres, pp 299344.

Smith, T. F., Gaitatzes, C., Saxena, K. e Neer, E. J. 1999. A repetição WD: uma arquitetura comum para diversas funções. Trends in Biochemical Science, 24: 181-185.

Snedden W. A. e Fromm H 1998. Calmodulin, calmodulin-related proteins and plant responses to the environment. Trends in Plant Science, 3: 299-304.

Snedden, W. A. e Fromm, H. 2001. Calmodulin as a versatile calcium signal transducer in plants. New Phytologist, 151: 35-66.

Soderman, E., Mattsson, J. e Engstrom, P. 1996. O gene homeobox ATHB-7 da Arabidopsis é induzido pelo défice hídrico e pelo ácido abscísico. Plant Journal, 10: 375-381.

Soderman, E., Hjellstrom, M., Fahleson, J. e Engstrom, P. 1999. O gene HD-Zip ATHB6 em Arabidopsis é expresso no desenvolvimento de folhas, raízes e carpelos e é regulado positivamente por condições de défice hídrico. Biologia Molecular das Plantas, 40: 1073-1083.

Somerville, C. e Briscoe, J. 2001. Genetic engineering and water (Engenharia genética e água). Science, 292: 2217.

Srikanthbabu, V., Ganesh Kumar, Krishnaprasad, B. T., Gopalakrishna, R., Savitha, M., Udaya Kumar, M. 2002. Identificação de genótipos de ervilha com maior termotolerância utilizando a técnica de resposta por indução de temperatura (TIR). Journal of Plant Physiology, 159: 535-545.

Stockinger, E. J., Gilmour, S. J. e Thomashow, M. F. 1997. Arabidopsis thaliana CBF1 codifica um ativador transcricional contendo o domínio AP2 que se liga ao C-repeat/DRE, um elemento regulador de ADN cisactante que estimula a transcrição em resposta a baixas temperaturas e ao défice hídrico. Actas da Academia Nacional das Ciências, EUA, 94: 1035-1040

Su, J. e Wu, R. 2004. A síntese de prolina induzida pelo stress no arroz transgénico confere um crescimento mais rápido em condições de stress do que a síntese constitutiva. *Plant Science,* 166: 941-948.

Subbaiah, C. C., Bush, D. S. e Sachs, M.1998. Mitochondrial contribution to the anoxic Ca^{2+} signal in maize suspension-cultured cells. *Plant Physiology,* 118: 759-771.

Subbarao, G., Johansen, C., Slinkard, A., Nageswara, R., Saxena, N. e Chauhan, Y. 1995. Strategies for improving drought resistance in grain legumes. *Critical review in Plant Science,* 14: 469-523.

Sudhakar, C., Ramanlulu, S., Reddy, P. S. e Veeranjaneyulu, K. 1997. Resposta de algumas enzimas do ciclo de calvin sujeitas a choque de salinidade *in vitro. Revista Indiana de Biologia Experimental,* 35: 665-667.

Sun, W., Bernard, C., van de Cotte, Van Montagu, M., e Verbruggen, N. 2001. *At-HSP17. 6A*, que codifica uma pequena proteína de choque térmico em *Arabidopsis*, pode aumentar a osmotolerância após a sobreexpressão. *Plant Journal,* 27: 407-415.

Sunkar, R., Bartels, D. Kirch. E Hans-Hubert. 2003. A sobreexpressão de um gene de aldeído desidrogenase induzido pelo stress de *Arabidopsis thaliana* em plantas transgénicas melhora a tolerância ao stress. *Plant Journal,* 35: 452-464.

Sykes, K., M.-J. Gething, e J. Sambrook. 1993. Proline isomerases function during heat shock. *Proceedings of the National Academy of Sciences, EUA,* 90: 5853-5857.

Tabaei-Aghdaei, S. R., Harrison, P. e Pearce, R. S. 2000. Expressão de genes relacionados com o stress de desidratação nas coroas de espécies de erva de trigo (*Lophopyrum elongatum* (Host) A. Love e *Agropyron desertorum* (Fisch. ex Link.) Schult.) com aclimatação contrastante ao sal, ao frio e à seca. *Plant Cell and Environment,* 23 : 561-571.

Tabaeizadeh, Z. 1998. Respostas induzidas pela seca em células vegetais. *Revisão Internacional de Citologia,* 182:193-247.

Taji, T., Ohsumi, C., Iuchi, S., Seki, M., Kasuga, M., Kobayashi, M., Yamaguchi-Shinozaki, K. e Shinozaki, K. 2002. Important roles of drought- and cold-inducible genes for galactinol synthase in stress tolerance in *Arabidopsis thaliana. Plant Journal,* 29: 417-426.

Taji, T., Seki, M., Satou, M., Sakurai, T., Kobayashi, M., Ishiyama, K., Narusaka, Y., Narusaka, M., Zhu, J. K. e Shinozaki, K. 2004. Genómica comparativa da tolerância ao sal entre Arabidopsis e o agrião salgado halófito relacionado com Arabidopsis utilizando microarray de Arabidopsis. *Plant Physiology,* 135: 1697- 1709.

Tamas, M. J., Luyten, K., Sutherland, F. C. W., Hernandez, A., Albertyn, J., Valadi, H., Li, H., Prior, B.A., Killan, S.G, Ramos, J., Gustafsson, L., Thevelein, J. M.e Hohmann, S. 1999. Fps1p controla a acumulação e libertação do soluto compatível glicerol na osmorregulação da levedura. *Molecular Microbiology,* 31: 1087-1104.

Tamura, T., Hara, K., Yamaguchi, Y., Koizumi, N. e Sano, H. 2003. Osmotic stress tolerance of transgenic *Tobacco* expressing a gene encoding a membrane-located recetor-like protein from Tobacco plants. *Fisiologia Vegetal,* 131: 454-462

Tanner, N. K., e Linder, P. 2001. DExD/H box RNA helicases: De motores genéricos a funções de dissociação específicas. *Molecular Cell,* 8: 251-262.

Tarczynski, M. C., Jensen, R. G. e Bohnert, H. J. 1993. Proteção contra o stress do tabaco transgénico através da produção do osmólito manitol. *Science,* 259: 508-510.

Tepperman, J. M. e Dunsmuir, P. 1990. As plantas transformadas com níveis elevados de SOD dos cloroplastos não são mais resistentes à toxicidade do superóxido. *Plant Molecular Biology,* 14: 501-511.

Thimmanaik, 2002. Estudos sobre caraterísticas morfológicas e fisiológicas em duas cultivares de alto rendimento (Anantha e M-5) de amoreira, (*Morus alba.*, L) sob stress hídrico. Tese de doutoramento, Universidade Sri Krishnadevaraya, Anantapur.

Thipyapong, P., Melkonian, J., David, W. W. e Steffens, J. C. 2004. A supressão de polifenol oxidases aumenta a tolerância ao stress no tomateiro *Plant Science,* 167: 693-703.

Thomas, J. C., Sepahi, M., Arendall, B., Bohnert, H. J. 1995. Melhoria da germinação de sementes em alta salinidade através da engenharia da expressão de manitol em *Arabidopsis thaliana. Plant Cell Environment,* 18: 801-806.

Thomashow, M. F., Gilmour, S. J., Stockinger, E. J., Jaglo-Ottosen, K. R. e Zarka, D. G. 2001. Role of the *Arabidopsis* CBF transcriptional activators in cold acclimation (Papel dos activadores transcricionais do CBF de *Arabidopsis* na aclimatação ao frio). *Physiologia Plantarum,* 112: 171-175.

Todd, Y. E., Robert, M. B. e Daniel, G. R. 2004. A expressão da ACC sintase regula o desempenho das folhas e a tolerância à seca no milho. Plant Journal, 40: 813-825

Toivonen, P. e W. Vidaver. 1988. Variable chlorophyll a fluorescence and CO_2 uptake in water stressed white spruce seedlings. Plant Physiology, 86: 744-748.

Trevino, M. B. e O'Connell, M.A.1998. Três membros da família de genes da proteína de transferência de lípidos não específica em Lycopersicon pennellii, sensíveis à seca, apresentam diferentes padrões de expressão no desenvolvimento. Plant Physiology, 116: 1461-1468.

Tripathy, J. N., Zhang, J., Nguyen, T.T. e Nguyen, H. T. 2000. QTLs para estabilidade da membrana celular mapeados em arroz (Oryza sativa L.) sob stress de seca. Theoretical and Applied Genetics, 100: 1197-1202.

Turner, N. C., Schulze, E-D e Gollan, T. 1985. The response of stomata and leaf gas exchange to vapor pressure deficits and soil water content: II. Na espécie herbácea mesofítica Helianthus annuus. Oecologia, 65: 348-355

Tyree, M.T., Engelbrecht, B. M. J., Vargas, G., e Kursar, T. A. 2003. Tolerância à dessecação de cinco mudas tropicais no Panamá. Relação com uma avaliação de campo do desempenho da seca. Plant Physiology, 132: 1439-1447,

Ueda, H. R., Matsumoto, A., Kawamura, M., Iino, M., Tanimura, T. e Hashimoto, S. 2002. Genome-wide transcriptional orchestration of circadian rhythms in Drosophila. Journal of Biological Chemistry, 277: 14048-14052

Uma, S., Prasad, T. G. e Udaya Kumar, M. 1995. Genetic variability in recovery growth and synthesis of stress proteins in response to polyethylene glycol and salt stress in finger millet. Annals of Botany, 76: 43-49.

Umezawa, T., Yoshida, R., Maruyama, K., Yamaguchi-Shinozaki, K. e Shinozaki, K. 2004. SRK2C, uma proteína quinase 2 relacionada com SNF1, melhora a tolerância à seca através do controlo da expressão de genes sensíveis ao stress em *Arabidopsis thaliana.* *Actas da Academia Nacional de Ciências dos EUA,* 101: 17306-17311.

Uno, Y., Furihata, T., Abe, H., Yoshida, R., Shinozaki, K. e Yamaguchi-Shinozaki, K. 2000. Factores de transcrição básicos de zíper de leucina de *Arabidopsis* envolvidos num processo dependente de ácido abscísico

via de transdução de sinal em condições de seca e alta salinidade. Actas da Academia Nacional das Ciências, EUA, 97: 11632 -11637.

Urao, T., Katagiri, T., Mizoguchi, T., Yamaguchi-Shinozaki, K., Hayashida, N. e Shinozaki, K. 1994. Two genes that encode Ca^{2+}-dependent protein kinases are induced by drought and high-salt stresses in *Arabidopsis thaliana. Molecular Genetics and Genomics,* 244: 331-340.

Urao, T., Yakubov, B., Satoh, R., Yamaguchi-Shinozaki, K., Seki, M., Hirayama, T. e Shinozaki, K. 1999. Uma histidina quinase transmembrana de tipo híbrido em Arabidopsis funciona como um osmosensor. *Plant Cell,* 11: 1743-1754.

Ursin, V. M., Irvine, J. M., Hiatt, W. R. e Shewmaker, C. K 1991. Análise do desenvolvimento da expressão do fator de alongamento-1 alfa no tabaco transgénico. *Célula Vegetal,* 3: 583-91

Vayda, M. E., Shewmaker, C. K. e Morelli, J. K. 1995. A paragem da tradução em tubérculos de batata hipóxicos está correlacionada com a associação aberrante do fator de alongamento EF-1 alfa com polissomas. *Plant Molecular Biology,* 28: 751-757.

Verslues, P. E. e Bray, E. A. 2004. *LWR1* e *LWR2* são necessários para a osmorregulação e ajuste osmótico em *Arabidopsis*. *Plant Physiology,* 136: 2831-2842.

Vierling, E.1991. The roles of heat shock proteins in plants. *Revisão Anual de Fisiologia Vegetal e Biologia Molecular Vegetal,* 42: 579-620

Vierstra, R. D. 1996. Proteólise em plantas: mecanismos e funções. *Biologia Molecular das Plantas,* 32: 275-302.

Villalobos, M. A., Dorothea Bartels, D. e Iturriaga, G. 2004. Fenótipos de tolerância ao stress e de insensibilidade à glucose em *Arabidopsis* com sobreexpressão do gene do fator de transcrição CpMYB101. *Fisiologia Vegetal,* 135: 309-324.

Vincent, D., Lapierre, C., Pollet, B., Cornic, G., Negroni, L e Zivy, M (2005). Os défices hídricos afectam a Cafeato O-Metiltransferase, a lenhificação e as enzimas relacionadas nas folhas de milho. A Proteomic Investigation. *Fisiologia Vegetal,* 137: 949-960

Virmani, S. M. e Singh, P., 1986. Caraterísticas agroclimatológicas das regiões de cultivo de amendoim nos trópicos emiáridos. Actas do simpósio internacional ICRISAT, ÍNDIA, 3546.

von Wettstein, Gough, S. e Kannangara, C. G. 1995. Chlorophyll biosynthesis. Plant Cell, 7: 1039-1057.

Vos, P., Hogers, R., Bleeker, M., Reijans, M., van der Lee. T., Hornes, M., Frijters, A., Pot, J., Peleman, J., Kuiper, M. e Zabeau, M. 1995. AFLP: a new technique for DNA fingerprinting. *Nucleic Acids Research, 23:* 4407-4414.

Waie, B. e Rajam, M. V. 2003. Effect of increased polyamine biosynthesis on stress responses in transgenic tobacco by introduction of human S-adenosylmethionine gene. *Ciência das Plantas, 164:* 727-734.

Wall, M. A., Coleman, D. E., Lee, E., Iniguez-Lluhi, J. A., Posner, B. A., Gilman, A. G., e Sprang, S. R. 1995. A estrutura do heterodímero da proteína G G-ia1b1g2. *Cell, 83:* 1047-1058.

Wang, F. Z., Wang, Q. B., Kwon, S. Y., Kwak, S. S. e Su ,W. A. 2005. Aumento da tolerância à seca de plantas de arroz transgénicas que expressam uma superóxido dismutase de manganês de ervilha. *Journal of Plant Physiology, 162:* 465-72.

Wang, J., H. Zhang e R. D. Allen. 1999. A sobreexpressão de um gene de peroxidase de ascorbato peroxisomal *de Arabidopsis* no tabaco aumenta a proteção contra o stress oxidativo. *Plant Cell Physiology, 40:* 725-732

Wang, X. 2002. Phospholipase D in hormonal and stress signalling. *Opinião atual em Biologia Vegetal, 5:* 408-414.

Wang, Z. I., Li, P.H., Fredricksen, M., Gong, Z. H., Kim, C. S., Zhang, C. Q., Bohnert, H. J., Zhu, J. K., Bressan, R. A., Hasegawa, P. M., Zhao, Y. X. e Zhang, H. 2004. Expressed sequence tags from *Thellungiella halophila*, a new model to study plant salt-tolerance. *Plant Science, 166:* 609-616.

Way, H., Chapman, S., McIntyre, L., Casu, R., Xue, G. P., Manners, J. e Shorter, R. 2005. Identificação de genes diferencialmente expressos em trigo submetido a stress por défice hídrico gradual utilizando uma abordagem de hibridação subtractiva . *Plant Science, 168:* 661-670

Welford, S. M., Gregg, J., Chen, E., Garrison, D., Sorensen, P. H., Denny, C. T. e Nelson, S. F. 1998. Deteção de genes diferencialmente expressos em tecidos tumorais primários usando análise de diferenças representacionais acoplada à hibridização de microarray. Nucleic Acids Research, 26: 3059-3065.

Westgate, M. E. e Boyer, J. S. 1985. Osmotic adjustment and the inhibition of leaf, root, stem and silk growth at low water potentials in maize. *Planta,* 164: 540-549.

White, J. W. e Castillo, J.A. 1988. Estudos no CIAT sobre os mecanismos de tolerância à seca no feijão. In: *Research on Drought Tolerance in Common bean.* (pp. 146-151), White, J.W., G. Hoogeboom, F.Ibarra, e S.P.Singh. Eds., CIAT, Colômbia.

Whittaker, A., Bochicchio, A., Vazzana, C., Lindsey, G. e Farrant, J. M. 2001. Changes in leaf heoxkinase activity and metabolite levels in response to drying in the desiccation-tolerant species *Sporobolus stapfianus* and *Xerophyta viscosa. Jouranl of Experimental Botany,* 52: 961-969.

Wierstra, I., e Kloppstech, K. 2000. Differntial effects of methyl jasmonates on the expression of the early light inducible proteins and other light regulated genes in barley. *Plant Physiology,* 124: 833- 844.

Wilson, J. R., Ludlow, M. M., Fisher, M. J. e Schulze, E. D. 1980. Adaptação ao stress hídrico das relações hídricas foliares de quatro espécies forrageiras tropicais. *Australian Journal of Plant Physiology,* 7: 207-220.

Wong, C. E., Li, Y., Whitty, B. R., Diaz-Camino, C., Akhter, S. R., Brandle, J. E., Golding, G. B, Weretilnyk, E. A, Moffatt, B. A. e Griffith, M. 2005. Expressed sequence tags from the Yukon ecotype of *Thellungiella* reveal that gene expression in response to cold, drought and salinity shows little overlap. *Plant Molecular Biology,* 58: 561-74.

Wong, W. S., Ning, W., Xu, P. L., Kung, S. D., Yang, S. F. e Li, N. 1999. Identificação de dois genes da 1-aminociclopropano-1-carboxilato sintase regulados pelo arrefecimento em citrinos (*Citrus sinensis* Osbeck). *Biologia Molecular das Plantas,* 41: 587-600.

Woo, H. R., Chung, K. M., Park, J. H., Oh, S. A., Ahn, T., Hong, S. H., Jang, S. K. e Nam, H. G. 2001. ORE9, uma proteína F-box que regula a senescência das folhas em *Arabidopsis. Plant Cell,* 13: 1779-1790.

Wood, A. J, Duff, R. J. e Oliver, M. J. 1999. Expressed sequence tags (ESTs) from desiccated Tortula ruralis identify a large number of novel plant genes, Plant and Cell Physiology, 40: 361-368.

Wright, G. C., Hubick, K. T. e Farquhar, G. D. 1991. Physiological analysis of peanut cultivar response to timing and duration of drought stress. Australian Journal of Agricultural *Research, 42:* 453-470.

Wu, Y., Wang, Q., Ma, Y. e Chu, C. 2005. Isolamento e análise da expressão de ESTs regulados por sal em arroz de terras altas utilizando o método de hibridação de supressão subtractiva baseado em PCR. *Plant Science, 168:* 847-853.

Xie, D. X., Feys, B. F., James, S., Nieto-Rostro, M. e Turner, J. G. 1998 *COI1*: um gene *de Arabidopsis* necessário para a defesa e fertilidade reguladas pelo jasmonato. *Science, 280:* 1091-1094.

Xiong, L. e Yang, Y. 2003. A resistência às doenças e a tolerância ao stress abiótico no arroz são inversamente moduladas por uma proteína cinase activada por mitogénio induzida pelo ácido abscísico. *Plant Cell, 15:* 745-759.

Xiong, L., e Zhu, J. K. 2001. Abiotic stress signal transduction in plants: Molecular and genetic perspectives. *Physiologia Plantarum, 112:* 152-166.

Xiong, L., Ishitani, M., Lee, H. e Zhu, J. K. 2001. O locus los5/aba3 *de Arabidopsis* codifica uma sulfurase de cofator de molibdénio e modula a expressão de genes responsivos ao stress frio e ao stress osmótico. *Plant Cell, 13:* 2063-2083.

Xiong, L., Schumaker, K. S., Zhu e J. K. 2002. Cell signaling during cold, drought, and salt stress. *Plant Cell, 14:* 165S-183S.

Xu, D. P., Duan, X. L., Wang, B. Y., Hong, B. M., Ho, T. H. D. e Wu, R. 1996. A expressão de um gene de proteína abundante na embriogénese tardia, HVA1, da cevada, confere tolerância ao défice hídrico e ao stress salino no arroz transgénico. *Plant Physiology, 110:* 249-257.

Xu, L., Liu, F., Lechner, E., Genschik, P., Crosby, W. L., Ma, H., Peng, W., Huang, D. e Xie, D. 2002. Os complexos de ubiquitina-ligase SCFCOI1 são necessários para a resposta ao jasmonato em *Arabidopsis. Plant Cell, 14:* 1919-1935.

Yamaguchi-Shinozaki, K.e Shinozaki, K. 1993. A hormona vegetal ácido abscísico medeia a expressão induzida pela seca mas não a expressão específica da semente de rd22, um gene que responde ao stress da desidratação em Arabidopsis thaliana. Molecular Genetics and Genomics, 238: 1725.

Yamaguchi-Shinozaki K.e Shinozaki, K. 1994. Um novo elemento cis-acting num gene de Arabidopsis está envolvido na reação à seca, baixa temperatura ou stress de sal elevado. Plant Cell, 6: 251-264.

Y an, J., He, C., Wang, J., Mao, Z., Holaday, S. A., Allen, R. D. e Zhang, H. 2004. A sobreexpressão da proteína GF14{lambda} de Arabidopsis 14-3-3 no algodão conduz a um fenótipo "Stay-Green" e melhora a tolerância ao stress em condições de seca moderada. Plant Cell Physiology, 45: 1007 - 1014.

Y ang, G. P., Ross, D. T., Kang, W. W., Brown, P. O. e Weigel, R. J. 1999. Combining SSH and cDNA microarrays for rapid identification of differentially expressed genes. Nucleic Acids *Research, 27:* 1517-1523.

Y ang, T. e Poovaiah, B. W. 2003. Rede de sinais mediada por cálcio/calmodulina em plantas. *Trends in Plant Science, 8:* 505-512.

Y ao, K., Lockhart, K. M., Kalanack, J. J. 2005. Clonagem de sequências de codificação de deidrina de *Brassica juncea* e *Brassica napus* e sua expressão induzida por baixas temperaturas em sementes em germinação. *Plant Physiology and Biochemistry, 43:* 83-9.

Y i-Guo Shen, Bao-Xing, Du, Wan-Ke, Zhang, Jin-Song Zhang e Shou-Yi Chen. 2002. AhCMO, regulado por tensões em *Atriplex hortensis*, pode melhorar a tolerância à seca no tabaco transgénico. *Theoretical and Applied Genetics, 105:* 815-821.

Y okota, A., Kawasaki, S., Iwano, M., Nakamura, C., Miyake, C. e Akashi, K. 2002. Citrulina e proteína DRIP-1 (ArgE homologue) na tolerância à seca da melancia selvagem. *Annals of Botany, 89:* 825-832.

Y okotani, N., Tamura, S., Nakano, R., Inaba, A. e Kubo, Y. 2003. Caracterização de um novo gene semelhante ao EIN3 do tomateiro (LeEIL4). *Journal of Experimental Botany, 54:* 2775-2776.

Yoon, G. M., Cho, H.S., Ha, H. J., Liu, J. R. e Lee, H. S. P. 1999. Characterization of NtCDPK1, a calcium-dependent protein kinase gene in Nicotiana tabacum, and the activity of its encoded protein. *Plant Molecular Biology,* 39: 991-1001.

Yoshiba, Y., Kiyosue. T., Nakashima, K., Yamaguchi-Shinozaki. K. e Shinozaki, K. 1997. Regulação dos níveis de prolina como osmólito em plantas sob stress hídrico. *Fisiologia Celular das Plantas*, 38: 1095-1102

Yoshiba, Y., Aoki, C., Iuchi, S., Nanjo, T., Seki, M., Sekiguchi, F., Yamaguchi-Shinozaki, K. e Shinozaki, K. 2001. Characterization of four extensin genes in *Arabidopsis thaliana* by differential gene expression under stress and non-stress conditions. *DNA Research,* 8: 115122.

Yu, L., Gaitatzes, C., Neer, E. e Smith, T. F. 2000. Trinta e mais famílias funcionais a partir de um único motivo. *Protein Science,* 9: 2470-2476.

Zegzouti, H., Jones, B., Marty, C., Lelievre, J. M., Latche, A., Pech, J. C. e Bouzayen, M. 1997. ER5, um cDNA de tomate que codifica uma proteína LEA-like sensível ao etileno: caraterização e expressão em resposta à seca, ABA e ferimentos. *Biologia Molecular das Plantas,* 35: 847-854.

Zeng, Q., Chen, X. e Wood, A. J. 2002. Dois cDNAs da proteína induzível por luz (ELIP) da planta de ressurreição *Tortula ruralis* são diferencialmente expressos em resposta à dessecação, reidratação, salinidade e luz alta. *Journal of Experimental Botany,* 53: 1197-1205.

Zhang, J. Y., Broeckling, C. D., Blancaflor, E. B., Sledge, M. K., Sumner, L. W., Wang, Z. Y. 2005. A sobreexpressão de WXP1, um gene putativo do fator de transcrição contendo o domínio AP2 *de Medicago truncatula*, aumenta a acumulação de cera cuticular e melhora a tolerância à seca na alfafa transgénica (*Medicago sativa*). *Plant Journal,* 42: 5, 689-707

Zhang, X., Zhang, L., Dong, F., Gao, J., Galbraith, D.W.e Song, C. P. 2001. Hydrogen peroxide is involved in abscisic acid-induced stomatal closure in *Vicia faba*. *Plant Physiology,* 126:1438-1448.

Zheng, J., Zhao, J., Tao, Y., Wang, J., Liu, Y., Fu, J., Jin, Y., Gao, P., Zhang, J., Bai, Y. e Wang, G. 2004. Isolamento e análise de genes induzidos pelo stress hídrico em plântulas de milho por PCR subtrativo e macroarray de cDNA. Plant Molecular Biology, 55: 807-823.

Zheng, N., Schulman, B. A., Song, L., Miller, J. J., Jeffrey, P. D., Wang, P., Chu, C., Koepp, D. M., Elledge, S. J. e Pagano, M. 2002. Structure of the Cul1- Rbx1-Skp1-F box Skp2 SCF ubiquitin ligase complex. *Nature,* 416: 703-709.

Zhu, B., Su, J., Chang, M. C., Verma, D. P. S., Fan, Y. L. e Wu, R. 1998. Sobre-expressão de um gene da pirrolina-5-carboxilato sintetase e análise da tolerância ao stress hídrico e salino no arroz transgénico. *Ciência das Plantas,* 139: 41-48.

Zhu, B., D.W. Choi, R. Fenton, e T. J. Close. 2000. Expression of the barley dehydrin multigene family and the development of freezing tolerance (Expressão da família multigénica da desidrina da cevada e desenvolvimento da tolerância ao congelamento). *Molecular Genetics and Genomics,* 264:145-153.

Zhu, J. K. 2002. Salt and drought stress signal transduction in plants. *Revisão Anual de Biologia Vegetal,* 53: 247-273.

Zhu, J.-K. 2001. Cell signaling under salt, water and cold stresses (Sinalização celular sob stress de sal, água e frio). *Opinião atual em Biologia Vegetal,* 4: 401-406.

Zielinski, R. E. 1998. Calmodulin and calmodulin-binding proteins in plants. *Revisão Anual de Fisiologia Vegetal e Biologia Molecular Vegetal,* 49: 697-725.

Zivy, M. e Vienne D. De. 2000. Proteomics: a link between genomics, genetics and physiology. *Biologia Molecular das Plantas,* 44: 575-580.

Tabela 2. Clones de cDNA induzidos pela seca isolados de horsegram por hibridação subtractiva

S. Não.	ID do clone	Tamanho	N.º de acesso	Gene homólogo	Fonte	N.º de acesso do homólogo	Valor E
GENES RELACIONADOS COM O STRESS							
1	Hdi C 14	363	DR988764	proteína do tipo metalotioneína	*Arachis hypogaea*	gb | AAO92264.1	5.OOE-22
2	Hdi C 19	407	DR988803	glutatião peroxidase	laranja doce	nir S33618 | |	1.OOE-21
3	Hdi D 12	516	DR988886	glutatião S-transferase GST	*Glicina max*	gb | AAG34797.1	2.00E-33
4	Hdi E 2	189	DR988934	catalase	*Glicina max*	gb AAB881724 |	6.OOE-12
5	Hdi E 25	457	DR988935	tioredoxina m2 putativa	*Pisum sativum*	emb | CAC6985 4.1	3.00E-40
6	Hdi F 23	424	DR989061	catalase	feijão-mungo	nir | IT 10902	2.00E-28
7	Hdi G 80	332	DR989175	redutase putativa	*Oryza sativa*	gblAAL58200.1	1.00E-06
8	HdiHl	292	DR989182	proteína da família da glutaredoxina	*Arabidopsis thaliana*	ref]NP 200661.1	0.015
9	HdiC74	186	DR988791	uroporfirinogénio descarboxilase	*Nicotiana tabacum*	emb | CAA58040.1	3,00E-l 7
10	Hdi C 57	263	DR988820	metalotioneína tipo 2	*Vigna radiata*	dbj BAD18375.1	0.17
11	Hdi D 85	507	DR988879	NADH desidrogenase	*Oryza sativa*	emb | CAA33910.1	4.00E-30
12	HdiF58	690	DR989075	proteína da família das monooxigenases	*Arabidopsis thaliana*	reflNPl96694.1	1.00E-55
13	HdiF9	501	DR989091	NADH desidrogenase, putativa	*Arabidopsis thaliana*	gb | AAM65847.1	3.00E-ll
14	HdiG41	383	DR989116	Forte semelhança com a família do citocromo P450	*Arabidopsis thaliana*	gb | AAD30254.1	8.00E-ll
15	Hdi G 80	332	DR989175	redutase putativa	*Oryza sativa*	gb | AAL58200.1	1.00E-06
16	HdiH85	244	DR989223	NADH-UbiquinonaZplasto relacionado com a quinona	*Sulfolobus Solfataricus P2*	ref]NP 342 497.1	0.015
17	HdiH72	276	DR989260	NADH-UbiquinonaZplasto relacionado com a quinona	*Sulfolobus Solfataricus P2*	ref]NP 342 497.1	0.026
18	HdiJ40	111	DR989386	Cadeia da NADH? desidrogenase (ubiquinona) ndhK	soja	pirllS27978	1.00E-08
19	HdiJ91	272	DR989454	glutatião S-transferase	*Phaseolus acutifolius*	gb | AAO69664.1	0.83
20	Hdi K 17	346	DR989464	Lipoxigenase	*Cicer arietinum*	emb | CAB76909.1	2.00E-09
21	Hdi K 2	335	DR989466	glicolato oxidase putativa	*Vitis vinifera*	gb AAP69813 |	0.64
22	Hdi K 33	631	DR989512	dehidroascorbato redutase	*Oryza sativa*	gb | AAN64478.1	7.OOE-21
23	Hdi B 90	494	DR988721	proteína semelhante ao alergénio BRSn20	*Arabidopsis thaliana*	gb | AAM62935.1	2.00E-20
24	Hdi C 6	400	DR988785	Proteína CCR	*Citrofortunella miti*	gb | AAP23943.1	7.OOE-14
25	HdiDl 5	289	DR988843	proteína reprimida pela auxina	*Robinia pseudoacacia*	gb | AAG33924.1	2.OOE-23
26	Hdi D 16	675	DR988844	metil transferase putativa do ácido cafeico	*Arachis hypogaea*	gb | AAO33590.1	
27	HdiD4	686	DR988857	proteína semelhante a um tumor controlada por tradução	*Glicina max*	gb | AAL18814.1	5.00E-80
28	HdiD53	194	DR988866	proteína semelhante a um tumor controlada por tradução	*Glicina max*	gblAAL18814.1	2.OOE-19
29	HdiD76	536	DR988876	quinona oxidoredutase	*Fragaria x ananasso*	gb | AAO22131.1	1.OOE-42
30	HdiD78	426	DR988878	proteína semelhante a um tumor controlada por tradução	*Glicina max*	gb | AAL18814.1	6.00E-05
31	HdiD88	403	DR988882	proteína fosforilada putativa da dentina	*Oryza sativa*	gb | AAP54439.1	3.00E-08
32	HdiD34	648	DR988896	semelhante à ORF indutora de lesões HR *de Nicotiana*	*Medicago sativa*	gb | AAC77929.1	2.00E-3 8
33	Hdi D 55	314	DR988903	proteína relacionada com o amadurecimento	*Glicina max*	gb | AAD50376.1	9.OOE-22
34	Hdi D 68	368	DR988909	provável lipoxigenase (EC 1.13.11.12) CPRD46, induzível pela seca -	feijão-frade	pirllTl 1578	9.OOE-29
35	Hdi D 7	606	DR988911	Bl 2D proteína associada à senescência, putativa	*Arabidopsis thaliana*	ref]NP 190397.1	1.00E-05
36	HdiD83	166	DR988919	Simportador putativo de Na+/mio-inositol	*Mesembryanthemu m Crystallinum*	gb | AAO 74897.1	7.00E-08
37	Hdi D 93	594	DR988924	ciclofilina	*Phaseolus vulgaris*	emb CAA52414.1	5.OOE-44
38	Hdi D 96	258	DR988927	lipoxigenase	*Phaseolus vulgaris*	emb | CAA45086.1	2.00E-3 8
39	Hdi E 65	684	DR988961	desidratação	feijão vermelho	gb | AAB00554.1	0.003
40	Hdi E 78	404	DR988968	Proteína GHl	*Glicina max*	gbAAB70005.1	7.OOE-17
41	Hdi E 90	376	DR988970	fosfatase ácida	*Lupinus luteus*	emb | CAD30328.1	2.OOE-16
42	HdiElO	480	DR988971	proteína putativa induzida pela fome de Pi	*Cicer arietinum*	emb | CAA07232.1	7.00E-3 7
43	HdiE31	397	DR988979	Ntdin Dark Induzível associado à senescência	*Nicotiana tabacum*	dbj BAA88985.2	3.OOE-18
44	HdiF4	476	DR989026	proteína putativa associada à senescência	*Pisum sativum*	dbjlBAB33419.1	0.004
45	HdiF40	543	DR989027	proteína estável 1 -relacionada	*Arabidopsis thaliana*	reflNP 566569.1	9.OOE-41
46	HdiF54	201	DR989035	epsilon-adaptina putativa	*Arabidopsis thaliana*	gblAAN15587.1	9.00E-08
47	Hdi F 62	252	DR989038	proteína da senescência foliar	*Oryza sativa*	dbilBAB90429.1	9.00E-06
48	Hdi F 31	338	DR989063	proteína relacionada com o amadurecimento	*Glicina max*	gb | AAD50376.1.	6.00E-07
49	HdiF93	551	DR989094	proteína análoga ao gene da resistência putativa	*Lens culinaris*	emblCAD56833.1	5.OOE-34

50	HdiG13	535	DR989098	proteína de tipo sintetase latina de fitoque	*Phaseolus vulgaris*	gblAAR13304.1	1.OOE-36
51	Hdi G 14	395	DR989099	proteína putativa induzida pelo frio	*Saliva de Oryza*	emblCAC81268.1	2.00E-23
52	HdiG49	287	DR989118	precursor putativo da fosfatase ácida 1	*Saliva de Oryza*	dbjlBAD54156.1	8.00E-04
53	Hdi G 61	498	DR989125	proteína Lil3 putativa	*Saliva de Oryza*	dbj | BAD08011.1	7.00E-40
54	HdiG56	339	DR989161	fosfatase ácida putativa associada à defesa	*Phaseolus vulgaris*	gblAAL17638.1	2.00E-06
55	HdiH82	298	DR989265	proteína com domínio associado a metais pesados	*Arabidopsis Ihaliana*	reflNP 566273.1	0.058
56	HdiH92	358	DR989270	proteína putativa de biossíntese de tiamina	*Saliva de Oryza*	refXP 478512.1	4.OOE-29
57	HdiH95	465	DR989273	Homólogo da proteína tumoral controlada translacionalmente (TCTP) (HTP)	Cevada	splO9M5G3ITCTP HORVU	5.00E-38
58	HdiI54	370	DR989302	proteína tumoral controlada por translação	*Elaeis guineensis*	gblAAO87663.1	2.OOE-12
59	HdiI59	151	DR989345	domínio CP12 putativo induzido por auxina	*Arachis hypogaea*	gblAAV63570.1	0.38
60	Hdi I 94	153	DR989365	AG	*Pisum sativum*	emblCAA46272.1	1.9
61	Hdi J 4	420	DR989385	PsaL	*Cucumis salivus*	dbj | BAA09047.1	2.OOE-29
62	Hdi _J_6	409	DR989396	chaicone sintase	*Cardamina pralensis*	gblAAG43358.1	1.OOE-14
63	Hdi_J_62	166	DR989398	homólogo do gene de resistência às doenças Mi-copy2	*Lycopersicon esculentum*	gblAAC32252.1	0.026
64	Hdi J 19	275	DR989419	fosfatase ácida	*Glicina max*	emb | CAAl 1075.1	3.OOE-12
65	Hdi J 35	283	DR989429	fosfatase ácida putativa	*Saliva de Oryza*	gb | AAU90121.1	1.00E-12
66	Hdi J 49	386	DR989436	proteína ultravioleta-B-repressível	*Pisum sativum*	gb | AAL50314Л	2.OOE-21
67	Hdi_K_39	389	DR989474	proteína de resposta precoce ao stress de desidratação (ERD4)	*Arabidopsis*	ref NP 564354.1	0.016
68	Hdi K 73	270	DR989492	AG	*Pisum sativum*	emblCAA46272.1	1.9
69	Hdi_L_34	302	DR989603	proteína semelhante à senescência das folhas	*Oryza sativa*	dbj!BAB92 665.1	1.00E-05
70	Hdi L 21	217	DR989596	lipoxigenase	*Phaseolus vulgaris*	emblCAA45088.1	5.5
71	Hdi B 8	326	DR988749	proteína de choque SRC2	*soja*	ar T07080 | |	3e-25
72	Hdi D 8	494	DR988916	chaperon putativo P13.9	*Castanea sativa*	gb | AAK25754.j,	2.00E-07
73	Hdi E 30	509	DR988941	chaperonina 21 do cloroplasto	*Vitis vinifera*	gb AAT808894 |	5.OOE-29
74	Hdi E 92	433	DR989006	chaperon putativo P13.9	*Castanea sativa*	gb | AAK25754.1	1.OOE-34
75	Hdi F 26	317	DR989018	proteína 70 cognata de choque térmico	*Phaseolus vulgaris*	gb | AAO08997.1J	1.00E-04
76	HdiF43	419	DR989069	cloroplasto Chaperonina 10, putativa	*Arabidopsis thaliana*	refNP 191580.1	3.00E-35
77	HdiG26	258	DR989106	Proteína DNAJ com domínio N-terminal de choque térmico	*Arabidopsis ihaliana*	gblAAO73883.1	6.00E-05
78	HdiG63	535	DR989127	Proteína 2 cognata de choque térmico de 70 kDa	*Vigna radiata*	gblAAS57913.1	3.OOE-67
79	HdiE67	284	DR988995	relacionado com a proteína de choque térmico	*Arabidopsis ihaliana*	refNP 187434.1	6.9
FACTORES DE TRANSCRIÇÃO							
1	Hdi B 9	368	DR988755	fator de transcrição homólogo da proteína BTF3-like	*Lotus Corniculatus*	emblCAE45592.1	6e-05
2	HdiC13	462	DR988763	Proteína contendo o domínio ACT (ACR4)	*Arabidopsis thaliana*	refNP 974107.1	6.00E-08
3	HdiD13	497	DR988841	proteína bHLH putativa	*Arabidopsis thaliana*	gblAAO6388Q.1	9.00E-18
4	HdiDl 4	513	DR988842	putativo induzido por auxina Proteína contendo o domínio CP12	*Arachis hypogaea*	gblAAV63570.1	1.00E-08
5	HdiD31	511	DR988893	Proteína contendo o domínio CBS	*Arabidopsis thaliana*	ref NPl 95096.2	3.00E-20
6	HdiEl 5	464	DR988930	proteína putativa de dedo de zinco RING	*Arabidopsis thaliana*	gblAAF19558.1	2.OOE-21
7	HdiEl 7	408	DR988932	Relacionado com o dedo de zinco do tipo TRAF	*Arabidopsis thaliana*	refNP 563857.1	7.00E-08
8	HdiEl 8	400	DR988933	Proteína contendo o domínio CBS	*Arabidopsis thaliana*	ref NP 176711.1	8.00E-3
9	HdiE29	462	DR988939	Proteína de ligação ao ADN	*Lycopersicon esculentum*	refNP 176711.1	1.00E-09
10	HdiE5	479	DR988950	proteína de ligação a ácidos nucleares, putativa	*Arabidopsis thaliana*	gblAAM67293.1	1.00E-07
11	HdiE54	400	DR988955	proteína da família do dedo de zinco (tipo C2H2)	*Arabidopsis thaliana*	refNP 565854.1	5.OOE-37
12	HdiE19	445	DR988974	Proteína contendo o domínio CBS	*Arabidopsis thaliana*	refNP 196647.1	1.00E-31
13	HdiE22	463	DR988977	proteína de ligação ao ácido nuclear, putativa	*Arabidopsis thaliana*	gblAAM67293.1	4.00E-07
14	HdiE35	255	DR988982	proteína da família EF hand de ligação ao cálcio	*Arabidopsis thaliana*	refNP 200224.1	4.OOE-14
15	HdiG33	382	DR989151	Proteína contendo o domínio BAF60b do complexo SWIB	*Arabidopsis thaliana*	refNP 565810.1	5.OOE-19
16	HdiH54	299	DR989209	proteína semelhante ao fator de desencadeamento	*Arabidopsis thaliana*	dbjlBAB08591.1	
17	HdiI31	435	DR989331	fator de transcrição putativo do tipo EREBP	*Oryza sativa*	gblAAM00285.1	5.00E-07
18	HdiI34	458	DR989334	família putativa da proteína F-box,	*Arabidopsis ihaliana*	gblAAL60026.1	2.00E-24

				AtFBL6			
19	HdiK30	147	DR989471	Proteína da família F-box / Parceiro de interação SKP1 3-reacionado	*Arabidopsis ihaliana*	refINP 190868.1	8.00E-04
20	HdiK58	342	DR989525	ARF Proteína ZIGA3 que contém o dedo de zinco semelhante ao GAP (ZIGA3)	*Arabidopsis ihaliana*	reflNP 568807.1	3.00E-07
21	HdiF79	575	DR989085	proteína da família do dedo de zinco (dedo de RING do tipo C3HC4)	*Arabidopsis ihaliana*	reflNP 199108.1	5.00E-29
22	HdiGl 7	603	DR989102	fator de transcrição bHLH	*Arabidopsis ihaliana*	emblCAE09169.1	5.00E-11
23	HdiC50	465	DR988780	Proteína da família de repetições WD-40	*Gossypium hirsutum*	gblAAX18231.1	2.00E-14
24	Hdi E 57	292	DR988991	proteína tipo dedo de zinco	*Oryza sativa*	refiXP 464687.1	0.02
TRANSPORTADORES							
1	HdiB82	639	DR988752	Localizador de fosfato transacionado	*Arabidopsis ihaliana*	reflNP 568469.1	7.00E-25
2	Hdi B 94	392	DR988759	proteína de transferência de lípidos I	*Vigna radiata*	gb | AAO746274	1.OOE-10
3	Hdi C 76	204	DR988793	proteína de transferência de lípidos	*Nicotiana glauca*	gblAAT68262.1	0.82
4	HdiC45	179	DR988816	proteína de transporte de sacarose SUTl	*Pisum sativum*	gblAAD41024.1	3.OOE-15
5	HdiC49	371	DR988779	Proteína semelhante ao fator de ribosilação ADP	*Arabidopsis thaliana*	gblAAM62611.1	4.00E-17
4	Hdi D 27	349	DR988850	proteína de transferência de lípidos 1	*Vigna radiata*	gblAAO74627.1	1.00E-09
5	Hdi F 22	410	DR989060	transportador de fosfato	*Sesbania rostrata*	emb | CAC28219.1	3.OOE-15
6	Hdi G 79	454	DR989173	proteína de transferência de lípidos II	*Vigna radiata*	gb | AAO74628.1	5.00E-26
7	Hdi-H4	302	DR989199	família de transportadores de soluto 5 (co-transportador de sódio/glicose), membro 12	*Mus musculus*	reflNP 001003915.1	9.1

S. NÃO	ID do clone	Tamanho	Número de acesso	Gene homólogo	Fonte	N.º de acesso do homólogo	Valor E
PROTEÍNASES							
1	Hdi B 62	384	DR988709S	inibidor da cisteína proteinase	*Vigna unguiculata*	emblCAA79954.1	5.OOE-32
2	Hdi C 9	487	DR988833	Proteína da família das cisteíno-proteases semelhante à OTU	*Arabidopsis thaliana*	refNP 191853.1	7.OOE-32
3	HdiD28	318	DR988851	Clp protease dependente de ATP subunidade proteolítica ClpP5	*Arabidopsis thaliana*	gblAAM60971.1	3.OOE-27
4	Hdi D 41	164	DR988859	cisteína proteinase	*Glicina max*	gblAAO96835.1	6.00E-18
5	HdiE89	371	DR988969	fosfoproteína fosfatase 2A isoforma 4	*Arabidopsis thaliana*	gblAAM65153.1	7.00E-05
6	HdiG76	312	DR989133	inibidor de proteases/armazenamento de sementes/proteína da família das proteínas de transferência de lípidos (LTP)	*Arabidopsis thaliana*	ref NP 565872.1	5.00E-15
7	HdiB53	497	DR988705	precursor putativo da cadeia gama da orizaína	*Oryza sativa*	dbjlBAD38077.1	3.OOE-41
8	HdiB74	405	DR988713	proteína da família da peptidase M50 / proteína da família da protease do sítio 2 da proteína de ligação do elemento regulador do esterol (SREBP)	*Arabidopsis thaliana*	refNP 198372.1	2.OOE-28
9	Hdi C 67	467	DR988823	cisteína proteinase	*Glicina max*	gblAAO96835.1	4.00E-08
10	Hdi E 42	320	DR988948	inibidor de tripsina DE-3	feijão coral	ar | A24082	0.02
11	HdiE64	375	DR988960	aminopeptidase putativa	*Arabidopsis thaliana*	gblAAN72085.1	1.00E-06
12	HdiI51	235	DR989299	inibidor de proteases/armazenamento de sementes/família da proteína de transferência de lípidos (LTP)	*Arabidopsis thaliana*	ref NP 564682.1	2.00E-05
13	HdiI87	446	DR989318	Proteína putativa do tipo subtilisina	*Oryza sativa*	refXP 468091.1	7.OOE-12
14	HdiI12	278	DR989324	Proteína contendo o domínio La (LON) da protease dependente de ATP	*Arabidopsis thaliana*	ref NPl 77679.1	4.OOE-33
FOTOSSÍNTESE E TRANSPORTE DE ELECTRÕES							
1	Hdi B 26	617	DR988688s	Cadeia alfa do citocromo b599 do PSII	*Beta vulgaris subsp. vulgaris*	emblCAA60972.1	1.00E-05
2	Hdi B 3	606	DR988692	Subunidade IV A do centro de reação do fotossistema I, precursor do cloroplasto	*Arabidopsis thaliana*	splO41228IPSEl NICS Y	2.OOE-29
3	Hdi B 39	405	DR988696	subunidade Vb putativa da citocromo c oxidase	*Arabidopsis thaliana*	gblAAM64879.1	8.OOE-19
4	HdiB41	540	DR988699	citocromo b561	*Citrullus lanatus*	dbjlBAD26572.1	2.OOE-48
5	Hdi B 6	486	DR988707	Proteína ribossómica plasmática CLl 5	*Pisum sativum*	emb | CAA77595.1	5.OOE-38
6	Hdi B 61	489	DR988708	proteína do fotossistema II	*Espinácia (Spinacia oleracea)*	emb | CAA59409.1	3.00E-08

7	HdiB76	698	DR988715	Citocromo b6	*Arabidopsis thaliana*	sp P05642ICYB6MAI | ZE	5.OOE-87
8	HdiBlO	435	DR988722	proteína do tipo ubiquinol-citocromo redutase	*Arabidopsis thaliana*	emblCAB89234.1	2.OOE-23
9	Hdi B 11	558	DR988723	proteína psaH do fotossistema I	*Trifolium pratense*	gblAA021121.1	3.OOE-45
10	HdiC2	391	DR988769	ribulose-1,5-bisfosfato CarboxilaseZoxigenase subunidade pequena	*Arabidopsis thaliana*	gblAAW31667.1	8.00E-30
11	HdiC4	686	DR988776	ligação da clorofila a/b pré-proteína (AA32 a 231)	*Glicina max*	emblCAA31419.1	5.OOE-65
12	HdiC61	192	DR988786	proteína putativa de ligação à clorofila a/b	*Arabidopsis thaliana*	gblAAF07831.1	1.00E-04
13	HdiC75	576	DR988792	precursor da plastocianina -	***tomate***	pirllS05303	8.00E-50
14	HdiDl 8	406	DR988846	ribulose-1,5-bisfosfato carboxilase subunidade pequena	*Glicina max*	gblAAA81328.1	6.OOE-32
15	HdiD64	441	DR988871	subunidade X do centro de reação do fotossistema I psaK	*Nicotiana tab acum*	gblAAP03873.1	4.OOE-49
16	Hdi D 20	421	DR988888	proteína do fotossistema I psaL	*pepino*	B,ir | | JC4281	3.OOE-29
17	HdiD32	491	DR988894	precursor da proteína 2 do complexo de evolução do oxigénio do fotossistema II	ervilha-de-cheiro	pirllJS0771	2.OOE-45
18	HdiE3	430	DR988940	proteína PAP associada aos lípidos plasmáticos / proteína da família da fibrilina	*Arabidopsis thaliana*	reflNP 196544.3	3.OOE-29
19	Hdi D 33	495	DR988895	precursor da cadeia IV do fotossistema I	espinafre	pir | | FlSP4	3.OOE-23
20	HdiE60	360	DR988994	proteína putativa de transferência de lípidos ancorada em GPL	*Cicer arietinum*	emblCAG14984.1	6.00E-07
21	HdiD52	254	DR988865	proteína semelhante à proteína regulada pela luz	*Thellungiella halophila*	gblAAM19704.1	0.17
22	Hdi D 23	754	DR988891	proteína plastídica putativa	*Oryza sativa*	dbi | BAC22214.1	9.OOE-55
23	Hdi D 47	267	DR988902	proteína do fotossistema I psaL -	*pepino*	pirllJC4281	4.00E-06
24	Hdi D 56	476	DR988904	Centro de reação do fotossistema I, subunidade XI, cloroplasto (PSI-L) / PSI subunitv	*Arabidopsis thaliana*	ref NP 193016.1	8.00E-15
25	Hdi D 60	626	DR988908	Ribulose bisfosfato carboxilase de cadeia pequena 4, cloroplasto	*Glicina max*	splP12468IRBS4 SOY BN	2.00E-20
26	Hdi D 79	373	DR988915	cadeia do fotossistema I PSI-E	*tabaco de madeira*	∏ir | IT 16962	7.OOE-19
27	Hdi E 13	389	DR988928	cadeia fotossistémicaPSI-E	*tabaco de madeira*	PirIIT 16962	7.OOE-19
28	Hdi E 14	491	DR988929	proteína do fotossistema II	*Espinácia (Spinacia oleracea)*	emb | CAA59409.1	4.OOE-27
29	HdiE21	465	DR988976	Polipéptido do fotossistema II10 kDa, precursor do cloroplasto	*Glicina max*	splP06183IPSBR SOL TU	2.OOE-45
30	Hdi E 44	645	DR988985	CF(o)Π ATP sintase Siihimit 9	*Espinácia (Spinacia oleracea)*	emblCAA50520.1	1.00E-40
31	HdiE45	695	DR988986	ligação da clorofila a/b pré-proteína (AA - 32 a 231)	*Glicina max*	emblCAA31419.1	e-117
32	Hdi F 13	435	DR989011	proteína de ligação do ARN do cloroplasto	*Phaseolus vulgaris*	emblCAA57551.1	2e-034
33	HdiF41	319	DR989028	Proteína PSIII	*Arabidopsis thaliana*	dbj!BAA84369.1	9.00E-08
34	HdiF76	435	DR989045	proteína de ligação da clorofila a/b 5	soja	pirllB34013	9.OOE-75
35	HdiF34	366	DR989066	Fosfoproteína de membrana tilacoide 14 kDa, precursora do cloroplasto	*Arabidopsis*	sp| O8LCAHTP14AR ATH	3.OOE-18
36	HdiF47	444	DR989071	proteína 4 de ligação à clorofila a/b	soja	pirlA34013	2.OOE-45
37	HdiF70	502	DR989082	ribulose bifosfato carboxilase, subunidade pequena	*Arabidopsis*	gblAAN15681.1	2.OOE-13
38	HdiG27	365	DR989107	Fosfoproteína 14 kDa da membrana tilacoide, precursora do cloroplasto	*Arabidopsis*	sp| O8LCAHTP14AR ATH	8.00E-15
39	HdiG51	310	DR989120	cadeia do fotossistema I PSI-E	tabaco de madeira	PirIITl 6962	3.OOE-31
40	HdiG24	338	DR989148	polipeptídeo de ligação à clorofila a/b de colheita de luz do tipo 1	*Pinus palustris*	gblAAB19041.1	0.63
41	HdiG34	500	DR989152	TatC] proteína de formação da membrana do tilacoide / CpTatC	*Pisum sativum*	gblAAK93948.1	4.OOE-39
42	HdiG44	438	DR989155	ligação da clorofila a/b pré-proteína (AA32 a 231)	*Glicina max*	emblCAA31419.1	4.00E-51
43	Hdi H 73	209	DR989217	proteína hipotética do cloroplasto	*Zea mays*	gb | AAR91119.1	6.00E-10
44	Hdi H 56	339	DR989251	proteína do fotossistema I psaL r	pepino	dbi | BAA09047.1	8.00E-23
45	HdiI89	102	DR989320	proteína de ligação da clorofila A-B / LHCI tipo I (CAB)	*Arabidopsis*	gblAAK00370.1	2.00E-12
46	HdiI47	337	DR989341	ATP sintase epsilon subunidade	*Phyllonoma ruscifolia*	emblCAD23987.1	7.00E-40
47	HdiI58	260	DR989344	ATP sintase epsilon subunidade	*Gelsémio Sempervirens*	emblCAD23938.1	4.OOE-14
48	HdiJ14	268	DR989369	ribulose bifosfato carboxilase	*Phaseolus vulgaris*	emblCAA42618.1	0.058
49	Hdi J 1 1	238	DR989417	rubisco activase alfa	*Gossypium hirsutum*	gblAAM94806.1	3.00E-04
50	HdiK57	303	DR989524	fosfeno piruvato carboxilase	*Mnium hornum*	emblCAB90666.1	2.00E-04
51	Hdi E 49	469	DR988949	citocoma b5	*Olea europaea*	emblCAA04703.1	6.OOE-46

52	Hdi E 50	583	DR988951	proteína 4 de ligação à clorofila a/b	soja	pirllA34013	e-103
53	HdiG8	408	DR989174	ribulose-1,5-bisfosfato carboxilase subunidade pequena	*Glicina max*	gblAAA81328.1	5.OOE-42
TRANDÜCÇÃO DE SINAL E CINASES							
1	Hdi B 42	607	DR988700	Proteína 14-3-3	*Fagus sylvatica*	emblCAE54082.1	
2	Hdi B 59	176	DR988740	subunidade catalítica da proteína serina/treonina fosfatase PP2A-5	*Oryza sativa*	gblAAF86353.1	0.002
3	HdiCl 6	647	DR988766	proteína cinase activada por mitogénio cinase cinase cinase	*Arabidopsis*	ref NP 055908.1	5.6
4	HdiC52	355	DR988782	fosfoglicerato quinase, putativo	*Arabidopsis thaliana*	gblAAN15569.1	2.OOE-12
5	Hdi D 1	367	DR988840	Proteína quinase 16 que interage com o CBL	*Arabidopsis thaliana*	gblAAK50348.1	6.00E-15
6	HdiD58	730	DR988906	precursor da proteína fosfatase associada à cinase	*Arabidopsis*	pirlA55174	2.OOE-62
7	HdiF52	547	DR989033	proteína da família das fosfatidilinositol 3 e 4-quinase	*Arabidopsis thaliana*	ref NP 564242.1	2.OOE-24
8	Hdi G 66	120	DR989130	glicerol quinase	*Glicina max*	gb | AAR86687.1	5.OOE-11
9	HdiG78	118	DR989134	fosfoglicerato quinase (CE 2.7.2.3), citosólico	*tabaco comum*	pirllT03661	6.00E-09
10	HdiG21	544	DR989145	Homólogo da quinase do recetor S (EC 2.7.1.) precursor da PKl	milho	pirllS10930	2.00E-15
11	HdiH24	212	DR989237	proteína da família das proteínas cinase / ligação de glicano a péptido LysM	*Arabidopsis thaliana*	gblAAC17086.1	0.64
12	HdiFl	736	DR989010	recetor putativo de etileno	*Arabidopsis thaliana*	gblAAF04908.1	9.OOE-45
13	Hdi E 37	476	DR988942	Skpl	*Medicago sativa*	gb AAD344584 |	5.OOE-48
14	HdiE12	281	DR988973	calmodulina putativa	*Solanum demissum*	gblAAT40490.1	8.OOE-12
15	HdiF88	418	DR989051	RabGAPZTBC domain-containing protein-like	*Oryza sativa*	dbjlBAD82321.1	3.OOE-38
16	HdiF68	434	DR989079	Proteína semelhante ao domínio RabGAPZTBC	*Oryza sativa*	dbjlBAD82321.1	3.OOE-38
17	HdiF96	418	DR989097	Proteína semelhante ao domínio RabGAPZTBC	*Oryza sativa*	dbjlBAD82321.1	4.OOE-38
18	HdiG28	212	DR989108	RabGAP/ Proteína semelhante ao domínio TBC	*Oryza sativa*	dbjlBAD82321.1	2.00E-15
19	HdiG30	391	DR989110	Proteína semelhante ao domínio RabGAPZTBC	*Oryza sativa*	dbjlBAD82321.il	1.OOE-16
20	HdiG62	368	DR989126	Proteína semelhante ao domínio RabGAPZTBC	*Oryza sativa*	dbjlBAD82321.1	2.00E-38
21	Hdi G 66	120		glicerol quinase	*Glicina max*	gblAAR86687.1	5.00E-11
22	Hdi G 6	369	DR989124	Proteína semelhante ao domínio RabGAPZTBC	*Oryza sativa*	dbjlBAD82321.1	2.00E-38
23	HdiG36	430	DR989153	Proteína semelhante ao domínio RabGAPZTBC	*Oryza sativa*	dbjlBAD82321.1	5.OOE-29
24	HdiG43	402	DR989154	proteína putativa de ligação ao cálcio, Calreticulina	*Arabidopsis*	gblAAP40454.1	6.OOE-19
25	HdiG45	418	DR989156	Proteína semelhante ao domínio RabGAPZTBC	*Oryza sativa*	dbjlBAD82321.1	3.00E-38
26	HdiG48	327	DR989159	Produto do gene GAST-Iike	*Fragaria x ananasso*	gblAAB97006.1	1.00E-19
27	HdiG58	598	DR989163	proteína do tipo calmodulina	*Arabidopsis ihaliana*	gblAAF02827.1	4.OOE-21
28	HdiI30	223	DR989288	Fosfoglicerato quinase, precursor do cloroplasto	*Arabidopsis*	emblCAA48479.1	2.00E-04
29	HdiI35	341	DR989336	proteína putativa da membrana externa	*Escherichia coli K12*	refNP 415543.1	1.OOE-45
30	HdiI79	201	DR989354	Precursor da isoforma b do recetor alfa 4 da família GDNF	*Homo sapiens*	emblCAI23466.1	1.9
31	lidi K 12	299	DR989506	proteína de ligação à calmodulina	*Arabidopsis ihaliana*	reflNP 565379.1	7.00E-06
32	HdiE39	789	DR988944	proteína do tipo calmodulina	*Arabidopsis ihaliana*	gblAAM91235.1	3.OOE-29
33	HdiL80	310	DR989627	proteína de ligação à calmodulina	*Arabidopsis ihaliana*	ref NPl 76899.1	8.00E-31
DESCONHECIDO							
1	Hdi B 1	437	DR988679	proteína desconhecida	*Arabidopsis ihaliana*	dbi | BAC42187.2	4.00E-07
2	HdiB13	210	DR988680	proteína hipotética CaO 19.63	*Candida albicans SC5314*	gblEAK90720.1	7.00E-07
3	Hdi B 27	541	DR988689	proteína desconhecida	*Oryza sativa*	dbj | BAD46075J.	1.00E-31
4	HdiB4	481	DR988697	proteína de membrana PTMl-Iike	*Oryza sativa*	dbjlBAD36145.1	7.00E-07
5	Hdi B 5	549	DR988701	Proteína desconhecida	*Arabidopsis ihaliana*	gb AAF984044 |	2.OOE-62
6	HdiBSl	315	DR988703	proteína hipotética	*Plasmodium yoelii yoelii*	gblEAA16547.1	9.00E-ll
7	Hdi B 54	424	DR988706	proteína desconhecida	*Oryza sativa*	refXP 479151.1	1.00E-13
8	Hdi B 85	289	DR98871	proteína hipotética	*Plasmodium berghei*	emb | CAI04999.j.	0.28
9	Hdi B 20	181	DR988726	desconhecido	*Schistosoma japonicum*	gb | AAW27274H	0.84
10	HdiB24	205	DR988728	Proteína hipotética	*Caenorhabditis briggsae*	emblCAE68896.1	5.4
11	HdiB32	141	DR988729	proteína hipotética	*Streptomyces avermitilis*	dbj!BAC74832.1	

12	HdiB47	286	DR988735	proteína de interação ABI3 putativa 2	*Oryza sativa*	reflXP 450264.1	0.044
13	Hdi B 71	498	DR988746	proteína desconhecida	*Arabidopsis thaliana*	gblAAK93 690.1	1.00E-06
14	Hdi C 12	462	DR988802	proteína desconhecida	*Arabidopsis thaliana*	gblAAD24844.1	2.00E-30
15	Hdi C 55	304	DR988818	desconhecido	*Arabidopsis thaliana*	gblAAM66058.1	0.22
16	Hdi C 71	491	DR988826	proteína desconhecida	*Oryza sativa*	gb | AAV31400.1	2.00E-10
17	HdiC83	158	DR988832	proteína hipotética	*Ureaplasma parvum serova*	refNP 078311.1	3.2
18	Hdi C 93	453	DR988836	proteína expressa	*Arabidopsis thaliana*	ref NP 850223.2	7.OOE-26
19	HdiD25	411	DR988848	Proteína de ligação NSF alfa-solúvel (Alpha-SNAP)	*videira*	P93798	1.00E-12
20	Hdi D 29	536	DR988852	proteína desconhecida	*A.thaliana*	gblAAN13142.1	1.00E-32
21	Hdi D 90	647	DR988884	proteína expressa	*Arabidopsis thaliana*	reflNP 567772.1	2e-013
22	Hdi D 11	468	DR988885	proteína hipotética	*Synechocystis sp.*	gb AAF88015H |	2.00E-16
23	Hdi D 69	600	DR988910	desconhecido	*Arabidopsis thaliana*	gb | AAM60951.1	2.00E-12
24	Hdi D 92	393	DR988923	proteína na região intergénica ycf9-tmS (ORF75)	*Oryza sativa*	dbjlBAD17352.1	1.00E-17
25	Hdi D 94	341	DR988925	proteína desconhecida	*Arabidopsis thaliana*	dbi | BAC43226.j.	5.00E-16
26	Hdi E 40	443	DR988946	At5g62960	*Arabidopsis thaliana*	gblAAR24772.1	4.00E-20
27	Hdi E 11	300	DR988972	proteína putativa	*Arabidopsis thaliana*	emb | CAB71894.j.	2.00E-07
28	Hdi E 59	620	DR988993	AT4g27390/M4I22 200	*Arabidopsis thaliana*	gb | AAL31107 J.	2.00E-13
29	HdiE81	343	DR989004	proteína contendo repetições de pentatricopeptídeo (PPR)	*Arabidopsis thaliana*	ref NPl 95906.1	1.00E-14
30	Hdi F 2	478	DR989016	proteína hipotética	*Arabidopsis thaliana*	gbAAC42253.j	6.OOE-29
31	HdiF49	361	DR989029	POssivelmenterffE; (UDP-GlcNAc- 2-epimerase)	*Escherichia coli*	gb!AAA67588.1	2.00E-12
32	Hdi F 50	525	DR989031	desconhecido	*Arabidopsis thaliana*	gblAAM63 768.1	2.00E-30
33	Hdi F 87	301	DR989050	proteína putativa	*Arabidopsis thaliana*	emblCAC01789.1	2.00E-06
34	Hdi F 89	412	DR989052	proteína expressa	*Arabidopsis thaliana*	gb | AAN15510.1	2.OOE-39
35	Hdi F 10	532	DR989054	proteína expressa	*A. thaliana*	ref NP 172652.2	1.3
36	Hdi F 11.	617	DR989055	proteína expressa	*Arabidopsis thaliana*	reflNP 567772.1	2.00E-13
37	Hdi F 12	582	DR989056	proteína expressa	*Arabidopsis thaliana*	reflNP 567772.1	2.00E-10
38	Hdi F 44	554	DR989070	proteína putativa	*Arabidopsis thaliana*	gblAAM48036.1	3.00E-05
39	Hdi F 8	354	DR989086	proteína expressa	*Arabidopsis thaliana*	reflNP 175267.1	4.00E-17
40	Hdi G 39	513	DR989113	proteína desconhecida	*Oryza sativa*	gblAAT85144.1	8.00E-40
41	Hdi G 53	603	DR989122	proteína desconhecida	*Arabidopsis thaliana*	gb AAN154954 |	1.OOE-49
42	Hdi G 57	618	DR989162	proteína desconhecida	*Arabidopsis ihaliana*	dbi | BAD43180.1	5.00E-17
43	HdiG67	568	DR989166	orfl 69	*Beta vulgaris subsp. vulgaris*	dbjlBAD66717.1	4.00E-11
44	Hdi G 68	511	DR989167	proteína desconhecida	*Oryza sativa*	gb AAT851444 |	8.00E-40
45	Hdi G 69	514	DR989168	proteína desconhecida	*Oryza sativa*	gblAAT85144.1	8.00E-40
46	Hdi H 19	320	DR989232	Proteína da família SNF7]	*Arabidopsis ihaliana*	reflNP 568143.1	0.033
47	Hdi H 57	382	DR989252	putativo PGPS/D 12	*Oryza sativa*	refXP 467936Л	2.4
48	HdiH80	212	DR989263	Proteína hipotética do tipo MO25 At5g47540	*Arabidopsis thaliana*	dbjlBAB09080.1	2.OOE-26
49	HdiJ48	328	DR989389	proteína desconhecida	*Arabidopsis thaliana*	gblAAN15495.1	8.OOE-25
50	HdiK42	189	DR989478	semelhante à proteína da capa da raiz	*Oryza sativa*	ref NP 914317.1	1.9
51	Hdi K 6	269	DR989485	ATFP3	*Arabidopsis thaliana*	gblAAD09507.1	0.034
52	HdiKl 1	364	DR989505	Proteína hipotética de 214,8 kDa ycՈ	*Lotus japonicus*	sp | O9BBN6IYCFlL OTJA	0.001
53	Hdi K 35	266	DR989514	proteína desconhecida	*Oryza sativa*	gblAAT85144.1	0.001
54	Hdi K 94	302	DR989543	proteína desconhecida	*Arabidopsis thaliana*	gb | AAM51298.1	9.00E-06
55	HdiL15	145	DR989547	proteína P do sistema de clivagem da glicina	*Legionella pneumophila subsp.*	reflYP 094168.1	0.38
56	Hdi L 26	238	DR989552	proteína desconhecida	*Arabidopsis thaliana*	gb | AAO63919.1	2.00E-04
57	HdiL27	294	DR989553	Yc Ո proteína	*Calycanthus Jloridus var. glaucus*	emblCAD28780.1	1.00E-14
58	Hdi I 88	325	DR989319	proteína T23E23.16	*Arabidopsis thaliana*	pir H86373 | |	1.9
59	Hdi B 7.	527	DR988744	Proteína NIN-Iike 2	***Lótus***	emblCAE30325.1	1.00E-06
60	Hdi D 39	627	DR988856	proteína regulada pelo amadurecimento DDTFR10	*Lycopersicon esculentum*	gblAAG49034.1	1.00E-10
61	HdiF27	426	DR989019	fosfatase ácida púrpura putativa truncada	*Arabidopsis thaliana*	gblAAM16285.1	6.1
62	HdiF77	352	DR989046	8 domínios transmembranares	*Caenorhabditis elegans*	emblCAB05257.2	1.1
63	HdiF91	548	DR989092	precursor proteico ferro-enxofre da plastoquinol-plastocianina redutase	ervilha-de-cheiro	pirllS26199	4.00E-70
64	Hdi I 39	241	DR989291	precursor da extensina -	tabaco de folha enrolada	pirllJU0465	1.00E-12
METABOLISMO DOS LÍPIDOS, DOS ÁCIDOS GORDOS E DOS ISOPRONÓIDES							
1	Hdi B 16	274	DR988682	provável esterol 24-C-metiltransferase	soja	pirllT06780	2.00E-08
2	Hdi B 29	774	DR988691	acil-CoA oxidase de cadeia curta putativa	*Tropaeolum majus*	SblAATll 172.1	e-101
3	HdiB88	467	DR988720	Proteína semelhante à Iecitina colesterol aciltransferase	*Medicago truncatula*	sblAAP47635.1	3.00E-17
4	Hdi B 92	350	DR988757	geranil difosfato sintase subunidade grande	*Antirrhinum majus*	sblAAS82860.1	4.OOE-19
5	HdiC56	352	DR988819	enzima de condensação de ácidos	*Arabidopsis thaliana*	ref NP 177020.1	1.00E-16

				gordos de cadeia muito longa (CUTl)			
6	Hdi G 37	466	DR989111	serina palmitoiltransferase	*Lotus Corniculatus var. Iaponicus*	dbj!BAC55228.1	0.053
7	Hdi H 6	275	DR989210	provável esterol 24-C-metiltransferase	*soja*	pirllT06780	1.00E-08
8	HdiJlO	275	DR989322	provável esterol 24-C-metiltransferase	*soja*	pirllT06780	1.00E-08
9	Hdi J 94	274	DR989457	provável esterol 24-C-metiltransferase	*soja*	pirllT06780	2.00E-08
10	Hdi F 72	350	DR989084	esterase putativa	*Cicer arietinum*	emb | CAG34222.j.	8.00E-15
11	Hdi F 56	288	DR989073	serina palmitoiltransferase	***Lótus***	dbi | BAC55228.1	0.034
12	Hdi B 37	446	DR988694	esterase D putativa	*Euphorbia esula*	gb | AAF34769.1	1.00E-35
METABOLISMO DOS HIDRATOS DE CARBONO							
1	Hdi B 73	268	DR988712	enzima beta-manosidase	*Lycopersicon esculentum*	sblAAL37714.1	1.00E-08
2	Hdi B 78	497	DR988717	Desidrogenase de isocitrato dependente de NADP	*Glicina max*	sblAAC64182.1	1.00E-12
3	Hdi B 79	151	DR988748	frutose-1,6-bifosfato citosólica	*Lactuca sativa*	SbIAAF 19790.1	1.00E-19
4	Hdi C 17	556	DR988767	malato desidrogenase putativa	*Oryza sativa*	refXP 475913.1	6.OOE-47
5	Hdi C 59		DR988822	acetolactato sintase	*Amaranthus powellii*	gb | AAK50821.1	5.3
6	HdiCJ	469	DR988825	(1 -4)-beta-marman endohidrolase	*Coffea arabica*	emblCAC08442.1	3.00E-11
7	Hdi D 5	280	DR988862	proteína de imbibição de sementes alcalina alfa-galactosidase putativa	*Oryza sativa*	refXP 483143.1	2.00E-10
8	Hdi D 84	248	DR988920	pectinesterase	*Prunus persica*	emblCAA65237.1	0.22
9	Hdi D 9	363	DR988921	Antocianidina rhamnosil-transferase putativa	*Oryza sativa*	ref NP 915628.1	0.043
10	HdiFJ 5	346	DR989067	POssiblyrffE; (UDP-GlcNAc-2-epimerase)	*Escherichia coli*	sblAAA67588.1	2.00E-12
11	HdiF57	469	DR989074	pectina metilesterase iso forma alfa	*Vigna radiata*	sblAAF35897.1	3.00E-53
12	Hdi F 71	392	DR989083	isoamilase isoforma 3	*Solanum tuberosum*	sb | AAN15319.1	2.00E-10
13	HdiGl 9	614	DR989143	UDP-xilose glicosiltransferase fenólica	*Lycopersicon esculentum*	emblCAI62049.1	5.00E-35
14	HdiH59	272	DR989253	1 -deoxi-D-xilulose-5-fosfato redutase	*Lycopersicon esculentum*	gblAAK96063.2	8.00E-07
15	HdiL87	381	DR989587	Proteína da família da cinase de hidratos de carbono do tipo pfkB	*Arabidopsis thaliana*	ref NP 849466.1	3.00E-09
OUTRO METABOLISMO							
1	HdiD73	125	DR988873	precursor putativo da proteína Fe-S de Rieske	*Solanum tuberosum*	gblAAO9Q151.1	0.012
2	HdiE76	415	DR988966	proteína relacionada com a biossíntese do caroteno	*cbr - alga verde Dunaliella*	pirlA39458	0.29
3	HdiF67	301	DR989078	glicina descarboxilase complexo H-proteína precursora mitocondrial	*Arabidopsis thaliana*	gblAAM64413.1	3.OOE-26
4	HdiGl 2	223	DR989142	alanina aminotransferase putativa	*Arabidopsis thaliana*	gblAAL34156.1	2.00E-05
5	HdiG23	430	DR989147	provável gama-glutamil hidrolase -	*soja*	pirllT08837	1.00E-38
6	HdiH93	385	DR989271	precursor putativo da proteína Fe-S de Rieske	*Solanum tuberosum*	gblAAO9Q151.1	2.00E-40
7	Hdi I 29	287	DR989286	serina descarboxilase putativa	*Oryza sativa*	dbi | BAD28221.1	2.00E-18
8	Hdi I 46	172	DR989340	serina descarboxilase putativa	*Oryza sativa*	dbi | BAD28221.1	4.00E-09
9	Hdi I 56	235	DR989343	gama glutamil hidrolase	*Glicina max*	gb | AAB26960.j.	1.8
10	lidi K 15	212	DR989462	proteína da família das chiquimato-quinase	*Arabidopsis thaliana*	ref NP 189325.2	4.00E-06
11	HdiB77	354	DR988716	proteína da família da membrana integral	*Arabidopsis thaliana*	ref NP 567580.1	2.00E-04
12	Hdi B 87.	422	DR988719	proteína de armazenamento da vagem	*Phaseolus vulgaris*	dbilBAC82457.1	1.OOE-22
13	Hdi B 70	423	DR988745	OSJNBb0061C13.16	*Oryza sativa*	refXP 473207JI	2.OOE-25
14	HdiB83	507	DR988753	proteína do tipo miosina	*Oryza sativa*	refXP 466557.1	0.002
15	HdiCl 5.	362	DR988765	contém semelhanças com a endo-1,3- 1,4-beta-D-glucanase	*Arabidopsis*	gblAAM61180.1	2.00E-12
16	HdiC88	411	DR988798	proteína de armazenamento da vagem	*Phaseolus vulgaris*	dbj!BAC82457.1	9.OOE-25
17	Hdi C 21	160	DR988805	fosfatase ácida	*Lupinus Iuteus*	emb | CAD30328.1	7.00E-08
18	HdiC58	129	DR988821	cadeia pesada de imunoglobulina V- região D-J [	*Oryctolagus cuniculus*	gblAAM44698.1	2.4
19	HdiC91	473	DR988834	Contém uma fraca semelhança com uma proteína famesilada GMFP5 mRNA	*Arabidopsis thaliana*	gblAAF81309.1	2.00E-05
20	Hdi D 75	588	DR988875	proteína de armazenamento da vagem	*Phaseolus vulgaris*	dbi | BAC82457.j.	2.OOE-57
21	HdiD72	230	DR988914	proteína de fibra Fbl]	*Gossypium barbadense*	gblAAN77144.1	2.00E-11
22	Hdi E 43	662	DR988984	proteína de armazenamento da vagem	*P. vulgaris*	dbilBAA23563.1	1.00E-50
23	Hdi E 70	333	DR988999	fator 2 de polimerização da actina	*Petúnia X hybrida*	gblAAK72616.1	4.OOE-44

24	Hdi H 44	250	DR989245	proteína rica em prolina	*Triticum aestivum*	emb | CAA36712.1	0.19
25	HdiK77	211	DR989496	Glicosiltransferases envolvidas na biogénese da parede celular	*Enterococcus faecium*	reflZP 00285790.1	1.9
26	HdiL84	240	DR989631	proteína H do complexo da glicina descarboxilase	*Arabidopsis thaliana*	gblAAM64413.1	1.00E-06
PROCESSAMENTO DO ADN E METABOLISMO DOS NUCLEÓTIDOS							
1	Hdi B 50	349	DR988702	ADN primase	*Coprinopsis cinerea*	dbilBAD86530.1	0.49
2	HdiB52	324	DR988704	Proteína ribossómica putativa específica da fase S	*Arabidopsis thaliana*	emblCAB80184.1	5.00E-17
3	Hdi B 21	373	DR988727	translocador de nucleótidos de adenina	*Lupinus albuş*	emb | CAA05979.1	2.OOE-46
4	Hdi D 19	459	DR988887	proteína da família da tríade de histidina / proteína da família HIT	*Arabidopsis thaliana*	refNP 974907.1	1.00E-17
5	Hdi D 36	441	DR988897	putativo metilenotetrahidrofolato redutase	*Arabidopsis thaliana*	gblAAC23420.2	2.OOE-46
6	HdiF53	490	DR989034	proteína da família da citidina/desoxicitidilato desaminase	*Listeria monocytogenes*	refYP 015287.1	1.1
7	Hdi F 86	443	DR989049	dihidropirimidinase putativa]	*Arabidopsis thaliana*	gb AAL341894 |	9.OOE-27
8	HdiG46	402	DR989157	proteína contendo o domínio de ligação metil-CpG	*Arabidopsis thaliana*	refNP 563971.1	2.00E-23
9	Hdi H 78	241	DR989222	dedicador da citocinese 6	*Pan troglodytes*	refXP 512387JI	1.9
10	Hdi H 86	302	DR989224	Sinaptopodina 2-like	*Homo sapiens*	refNP 079151.2	0.82
11	HdiBl 7	442	DR988684	Polipéptido de 16 kDa da RNA polimerase I dirigido pelo ADN (RPAl6	*Arabidopsis*	sp Q9Y2S0 RPA9 | |	5.OOE-12
12	Hdi B 19	524	DR988725	ribonucleoproteína nuclear heterogénea, putativa / hnRNP, putativa	*Arabidopsis thaliana*	refNP 201402.21	2.OOE-27
13	Hdi B 36	435	DR988732	Homólogo da proteína ribossómica 40S S21	*Arabidopsis thaliana*	gblAAM10109.1	3.00E-32
14	HdiB44	352	DR988733	fator de alongamento	*Saccharum officinarum*	gblAAF99703.1	0.034
15	Hdi B 93	483	DR988758	Proteína ribossómica 40S S16	*Euphorbia esula*	gb | AAF34799.1	8.00E-55
16	Hdi C 30	264	DR988774	Fator de ADP-ribosilação	*Oryza sativa*	dbilBAD82682.1	0.009
17	HdiC62	394	DR988787	fator de iniciação eucariótico 5A (2)	*Nicotiana p lumb agin if olia*	emblCAA45104.1	3.00E-33
18	Hdi C 85	120	DR988795	cisteína-RNAt ligase	*Arabidopsis thaliana*	emb | CAB87429.j.	6.00E-05
19	HdiC95	558	DR988838	fator de especificidade de clivagem e poliadenilação (CPSF) subunidade A	*Arabidopsis thaliana*	ref NP 187802.2	5.00E-14
20	Hdi D 62	490	DR988869	Cadeia beta da polimerase do ARN dirigida pelo ADN (PEP) (ARN codificado pelos plastídeos	*Arabidopsis thaliana*	emblCAA31238.1	2.00E-83
21	Hdi D 46	172	DR988901	precursor da ubiquitina	*Hevea brasiliensis*	gb | AAF04147J.	4.00E-11
22	Hdi D 59	410	DR988907	fator de iniciação eucariótico 5A (2)	*Nicotiana p lumb agin if olia*	emblCAA45104.1	4.00E-33
23	HdiD70	274	DR988912	proteína de fusão ubiquitina/ribossomal	*Malus x domestica*	gblAAO38879.1	9.00E-ll
24	HdiD81	526	DR988918	DEAH-box RNA helicase	*Chlamydomonas reinhardtii*	gblAAG33228.2	
25	Hdi D 95	530	DR988926	Proteína ribossómica S7	*Hordeum vulgare*	emblCAC44242.1	4.OOE-14
26	Hdi E 27	743	DR988937	Proteína S7 do ribossoma 40S	*Avicennia marina*	gblAAD03 501.1	2.OOE-52
27	HdiE28	502	DR988938	fator de alongamento IA proteína relacionada com a resistência ao SMV	*Glicina max*	gblAAT72900.1	2.OOE-47
28	HdiE41	335	DR988947	fator de alongamento	*Sacarina Officinarum*	gblAAF99703.1	0.034
29	HdiE77	478	DR988967	proteína ribossómica L10, cloroplasto	tabaco comum	PirIITOl 743	
30	Hdi E 32	635	DR988980	proteína ribossómica S7	*Triticum aestivum*	gblAAW50993.1	3.OOE-64
31	HdiE36	609	DR988983	treonil-tRNA sintetase, putativo / treonina-tRNA ligase,	*Arabidopsis thaliana*	refNP 671778.1	1.00E-28
32	HdiE95	439	DR989008	provável proteína ribossómica S8	arroz	pirllT04082	2.OOE-44
33	Hdi F 14	651	DR989012	fator de alongamento eucariótico IA	*Bruguiera sexangula*	dbi BAC221254 |	1.OOE-92
34	HdiFl 5	243	DR989013	proteína com 12 domínios transmembranares	*Cryptosporidium **parvum***	gblEAK89207.1	5.5
35	Hdi F 38	371	DR989024	proteína ribossómica L32	*Mercurialis annua*	gb | AAK48950.1J	1.00E-33
36	HdiF51	301	DR989032	fator de alongamento	*Saccharum officinarum*	gblAAF99703.1	0.034
37	Hdi F 64	362	DR989040	r-proteína BnS 15 a	*Brassica napus*	emb | CAA42599.1	5.00E-33
38	Hdi F 66	356	DR989042	proteína ribossómica putativa	*Arabidopsis thaliana*	gb | AAM63166.1	6.OOE-21
39	HdiF73	295	DR989043	fator de alongamento	*Saccharum officinarum*	gblAAF99703.1	0.034
40	Hdi F 8	151	DR989086	r-proteína BnSl 5a	*Brassica napus*	emblCAA42599.1	3.00E-11
41	HdiF48	625	DR989072	Proteína do tipo DEAD-Box RNA helicase	*Arabidopsis thaliana*	gblAAM13255.1	5.00E-08
42	Hdi F 59	575	DR989076	Fator de iniciação da tradução eucariótica 5 A (eI5A	*Manihot esculenta*	gblAAK55848.1	3.OOE-57
43	Hdi F 69	329	DR989080	proteína ribossómica Ll 7	*Castanea sativa*	gblAAK25758.1	7.OOE-22

44	Hdi F 81	360	DR989087	r-proteína BnS 15 a	*Brassica napus*	emb	CAA42599.1	5.00E-33
45	Hdi G 38	427	DR989112	proteína ribossómica L33	*Castanea sativa*	gblAAK25760.1	3.OOE-34
46	Hdi G 50	288	DR989119	fator de alongamento	*Saccharum officinarum*	gblAAF99703.1	0.033
47	HdiG-65	302	DR989129	fator de alongamento	*Saccharum officinarum*	gblAAF99703.1	0.034
48	Hdi G 31	296	DR989149	fator de alongamento 1 alfa	*Zea mays*	gblAAF42982.1	0.033
49	HdiG-47	287	DR989158	fator de alongamento	*Saccharum officinarum*	gblAAF99703.1	0.034
50	Hdi G 71	318	DR989171	fator de alongamento 1 alfa	*Zea mays*	gb	AAF42982.1	0.033
51	Hdi_G_M9	369	DR989181	proteína putativa de dedo de zinco rica em CHP	*Arabidopsis thaliana*	emblCAB77744.1	6.9
52	Hdi H 28	348	DR989193	proteína ribossómica Ll 7	*Castanea sativa*	gb	AAK257584	2.00E-35
53	Hdi H 88	323	DR989226	helicase putativa 2	*Mamestraconffigurata nucleopolyhedrovirus B*	reflNP 689201.1	7.1
54	Hdi I 41	357	DR989294	Precursor da proteína de ligação ao ARN	*Persea americana*	emb	CAD18921.1	2.00E-20
55	Hdi I 74	295	DR989311	proteína ribossómica S19	*Glicina max*	prflll909359A	7.OOE-16
56	HdiIJl	221	DR989352	proteína de função relacionada com a topoisomerase	*Homo sapiens*	gblAAD45198.1	7
57	Hdi J_83	323	DR989451	fator de alongamento	*Saccharum officinarum*	gblAAF99703.1	2.5
58	Hdi_K_89	386	DR989502	enzima conjugadora de ubiquitina putativa	*Arabidopsis thaliana*	gblAAM13381.1	7.OOE-14
59	Hdi K 67	295	DR989528	r-proteína BnSl 5a	*Brassica napus*	emblCAA42599.1	7.OOE-24
60	Hdi L 5	250		r-proteína BnSl 5a	*Brassica napus*	emb	CAA42599Л	5.00E-33
61	Hdi B 2	416	DR988686	fator de iniciação da tradução eucariótica 5 A iso forma VII	*Hevea brasiliensis*	gblAAOQ8197.1	3.00E-23
62	HdiDJO	337	DR988854	Proteína de ligação ao ARN 30	*Nicotiana p lumb agin if olia*	emblCAA46234.1	7.OOE-24
63	Hdi D 22	372	DR988890	Proteína ribossómica 60SL19	*Glicina max*	gblAAR83877.1	3.00E-16
64	HdiEJO	342	DR988975	fator de alongamento	*Saccharum officinarum*	gblAAF99703.1	0.033
65	Hdi B 15	299	DR988682	histona H2A	*Euphorbia esula*	gblAAF65769.1	3.00E-18
66	Hdi B 66	434	DR988711	histona H4 -	trigo	EirIIHS WT4	9.OOE-36
67	HdiF3	459	DR989021	fosforibosil pirofosfato sintase isozima 3	*Espinácia (Spinacia oleracea)*	emblCAB43601.1	7.00E-05
68	Hdi L 67	367	DR989618	r-proteína BnS 15 a	*Brassica napus*	emb	CAA42599.1	5.00E-33
69	Hdi L 5	250	DR989566	r-pr otein BnS 15 a	*Brassica napus*	emb	CAA42599.1	5.00E-33
70	HdiL25	177	DR989551	nucleosídeo difosfato quinase II, precursor	*Pisum sativum*	emblCAA86071.il	6.00E-09
TAGS DE SEQUÊNCIAS EXPRESSAS (ESTs)							
1	Hdi B 56	419	DR988737	Biblioteca EST inoculada com antracnose	Plântula de feijão comum	gi	59937098lgblCB54 2429.1	7e-49
2	HdiB67	330	DR988742	Segmento de 48h de stress hídrico 2 gmrtDrNS01	*Glicina max*	gi	58023681 lgblCX71 0422.1	le-83
3	Hdi B 68	308	DR988743	Clones de cDNA do ácido salicílico	*Glicina max*	gi	31308712 gblCD39	3915.1	3e-71
4	Hdi B 72	133	DR988747	Clone de cDNA de stress de Glycine max	*Glicina max*	CA819713.	
5	HdiB75	273	DR988714	Clone de cDNA de Mus musculus	*Mus musculus*	gi 28289642 gb CB23 8064.1	0.77
6	Hdi B 12	194	DR988724	pod EST Iibraiy	*Phaseolus vulgaris*	gi 62714512 gb CV54 1108.1	6e-10
7	Hdi B 60	213	DR988741	cDNA da raiz P- EST Iibraiy	*Phaseolus vulgaris*	gi 62715216 gbCV54 1812.1	le-38
8	HdiB67	330	DR988742	Segmento de 48h de stress hídrico 2 gmttDrNS01 cDNA	*Phaseolus vulgaris*	gi 58023681 gb		CX71 0422.1	le-83
9	Hdi B 68	308	DR988743	CDNA do ácido salicílico	*Glicina max*	gi	31308712 gb		CD39 3915.1	3e-71
10	HdiB72	133	DR988747	clone de cDNA	*Glicina max*	gi 26268650 gbCA81 9713.1	4e-10
11	Hdi B 95	360	DR988760	biblioteca de cDNA	*Daphnia magna*	gi	66936532 dbj BJ92		6171.1	1.0
12	Hdi B 96	459	DR988761	clone de cDNA	*Glicina max*	gi 15663816 gbBI70 1187.1	2e-33
13	HdiCl	462	DR988762	clone de cDNA	*Glicina max*	gi 16344382 gb BI96 9977.1	3e-143
14	HdiCl 6	647	DR988766	biblioteca amplificada de cDNA	*Aplysia Californiea*	gi 59687014 gbCK32 2012.1	7.5
15	HdiC26	346	DR988770	biblioteca de cDNA da panícula fértil	*Oryza sativa cv. PA64s*	gi 58667428 gb CK05 6114.1	3.9
16	HdiC29	465	DR988772	clone de cDNA	*Glicina max*	gi 6951742 gb AW42 3810.1	2e-09
17	HdiC37	262	DR988775	cDNA	*Bombyx mori*	gi 40868796 gbCK50 7999.1	0.73

18	HdiC40	112	DR988777	cDNA	*Homo sapiens*	gi 47401634 gbCN41 4040.1	4.3
19	HdiC41	146	DR988778	biblioteca de cDNA de plasmídeos de folhas II	*Oryza sativa*	gi | 33672833 gb | | CF30 1072.1	1.5
20	HdiC86	116	DR988796	clone de cDNA	*Xenopus tropicalis*	gi 58397830 gbCX82 0364.1	0.073
24	HdiC89	396	DR988799	biblioteca de cDNA subtraído de pêlos radiculares	*Glicina max*	gi 38191547 gbCF92 0753.1	3e-04
21	HdiC20	166	DR988804	CDNA de comprimento total	*Homo sapiens*	gi | 51488925 gb | | CV03 0655.1	6.9
22	HdiC32	352	DR988809	P- biblioteca EST de raiz	*Phaseolus vulgaris*	gi 62715186 gbCV54 1782.1	5e-21
23	HdiC34	169	DR988811	P- biblioteca EST de raiz	*Phaseohts vulgaris*	gi 62716501 gbCV54 3097.1	6e-19
24	HdiC43	228	DR988814	CDNA do segmento 5h sujeito a stress hídrico	*Glicina max*	gi 58023151 gb | | CX70 9892.1	2e-04
25	HdiC72	402	DR988827	clone de cDNA	*Glicina max*	gi 14516372 gb BI09 5044.1	le-31
26	HdiC8	419	DR988828	ADNc da região embrionária-própria	*Phaseolus Coceineus*	gi 27385184 gbCA89 8193.1	le-43
27	HdiC81	204	DR988830	P- biblioteca EST de raiz	*Phaseolus vulgaris*	gi | 62715564 gb | | CV54 2160.1	le-26
28	HdiC92	125	DR988835	isolado NRG048 Região Rpgl, sequência genómica	*Hordeum vulgare subsp. vulgare*	gi 21929752 gbAF50 9771.1	1.3
29	Hdi C 96	250	DR988839	CDNA do segmento 1 5h sujeito a stress hídrico	*Glicina max*	gi 58015132 gb CX70 1874.1	2e-66
30	HdiDl 7	244	DR988845	clone de cDNA	*Homo sapiens*	gi | 19813185 gb | | BQ05 3845.1	2.7
31	Hdi D 2	HO	DR988847	Segmento de stress hídrico 48h cDNA IgmrtDrNSOI	*Glicina max*	gi 58018353 gb CX70 5095.1	2e-17
32	Hdi D 3	280	DR988853	plântula Biblioteca ESTinoculada com antracnose	*Phaseolus vulgaris*	gi | 59936329 gb | | CB54 1766.1	2e-66
33	HdiD37	414	DR988855	Biblioteca leafEST PV GEa	*Phaseolus vulgaris*	gi 62703275 gb CV52 9871.1	9e-14
34	Hdi D 39	627	DR988856	Biblioteca leafEST PV GEa	*Phaseolus vulgaris*	gi 62704063 gb CV53 0659.1	0.0
35	HdiD40	330	DR988858	Água stressada 5h segmento 2 gmrtDrNS01 cDNA	*Glicina max*	gi 58019845 gb CX70 6587.1	2e-38
36	Hdi D 50	356	DR988863	calo induzido a partir de clone de cDNA de caule	*Eufórbia Hrucalli*	gi 58206312 dbjBP9 56956.1	4.0
37	Hdi D 6	436	DR988868	Arroz transgénico com sobreexpressão de OsHDAC 1 λ phage cDNA libraryl	*Oryza sativa*	gi 33678405 gb CF30 6644.1	0.020
38	Hdi D 63	413	DR988870	biblioteca de cDNA	*Limonium bicolor*	gi 56906487 gbCX26 3146.1	1.2
39	Hdi D 65	567	DR988872	clone de cDNA WS00841 PIO	*Picea glauca*	gi 70659572 gb DR59 4829.1	6.5
40	HdiD74	256	DR988874	clone do cDNA do pelo da raiz	*Vigna unguiculaía*	gi 5133882 gb | | | AI755 289.1	5e-05
41	Hdi D 86	201	DR988880	FGAS: Biblioteca 2 Porta 3 cDN	*Triticum aestivum*	gi 55685402 gbCV78 0462.1	8.6
42	HdiD87	500	DR988881	Clone de cDNA MTUS-16H8	*Medicago truncatula*	gi 27406640 gbCA91 9710.1	le-62
43	HdiD21	304	DR988889	Embrião de feijão verde - cDNA da região própria	*Phaseolus Coceineus*	gi 27386604 gbCA89 9613.1	3e-53
44	HdiD43	425	DR988898	Biblioteca EST da raiz P cDNA	*Phaseohts vulgaris*	gi | 62715186 gb | | CV54 1782.1	8e-36
45	HdiD57	386	DR988905	Biblioteca de ESTs de plântulas de feijão comum - cDNA do PVEPSE2	*Phaseolus vulgaris*	gi | 59934328 gb | | CB53 9765.1	9e-17
46	HdiD71	383	DR988913	Clone de cDNA de plântulas tratadas com ácido abscísico	Sorghum bicolor	gi 30163508 gb CB92 7237.1	1.1
47	HdiD80	237	DR988917	clone de cDNA	*Xenopus tropicalis*	gi 58851157 gbDNO 07517.1	0.66
48	Hdi D 91	356	DR988922	Biblioteca leafEST Clone de cDNA do PV GEa	*Phaseohts vulgaris*	gi 62703572 gbCV53 0168.1	0.065
49	HdiE38	504	DR988943	clone de cDNA	*Glicina max*	gi | 27425118 gb | | CA93 6638.1	0.0
50	HdiE6	398	DR988956	clone do cDNA da flor e do botão floral	*Ipomoea nula*	gi | 27245992 dbj BJ56 | | 4172.1	0.005
51	HdiE61	377	DR988957	Ácido salicílico Glycine max cDNA	*Glicina max*	gi | 31474156 gbCD41 6184.1	le-65
52	HdiE66	222	DR988962	Biblioteca de cDNA da cabeça da fase solitária	*Locusta migratoria*	gi | 55914283 gb | | CO85 4476.1	0.61
53	HdiE73	340	DR988963	clone do cDNA da flor e do botão floral	*Ipomoea nula*	gi | 27253422 dbj BJ57 | | 1594.1	3.8

54	HdiE74	319	DR988964	clone de cDNA	*Glicina max*	gi 9819324 gbBE554 837.1	9e-35
55	HdiE75	228	DR988965	clone de cDNA	*Solanum chacoense*	gi 67770816 gbDN9 82991.1	2.5
56	HdiE23	459	DR988978	cDNA 5' semelhante a Reativo à aclimatação ao frio	*Phaseolus Coceineus*	gi 27396454 gbCA90 9462.1	le-34
57	HdiE33	425	DR988981	biblioteca de cDNA subtraído de pêlos radiculares	*Glicina max*	gi 41146404 gbCK60 6615.1	4e-25
58	HdiE47	475	DR988988	clone de cDNA	*Glicina max*	gi 9900319 gbBE609 287.1	3e-109
59	HdiE56	369	DR988990	Feijão-de-corda escarlate ADNc da região suspensora	*Phaseolus Coceineus*	gi 27393573 gb CA90 6581.1	0.004
60	HdiE58	384	DR988992	biblioteca de cDNA	Salmo salar	gi 45324934 gbCK89 5201.1	4.4
61	HdiE7	262	DR988998	CDNA do ácido salicílico	*Glicina max*	gi | 31472610 gbCD41 4638.1	8e-47
62	HdiE71	435	DR989000	clone de cDNA	*Glicina max*	gi 16349468 gb BI97 5063.1	2e-33
63	HdiE80	160	DR989003	Clone do cDNA do gravitropismo da raiz	*Pinus taeda*	gi 49008393 gb CO19 7218.1	0.43
64	HdiE82	149	DR989005	cDNA	*Zea mays*	gi | 71426281 gb D | | R807331.1	1.5
65	HdiE96	143	DR989009	clone de cDNA	*Saccharum officinarum*	gi | 3503421 I gb C | | A140832.1	1.5
66	HdiF16	170	DR989014	clone de cDNA	*Xenopus tropicalis*	gi | 57280004 gb C | | X464173.1	0.007
67	HdiFl 8	410	DR989015	Feijão-de-corda escarlate ADNc da região suspensora	*Phaseolus coccineus*	gi | 27393060 gb C | | A906068.1	6e-58
68	HdiF25	354	DR989017	Feijão-de-corda escarlate ADNc da região suspensora	*Phaseolus coccineus*	gi 27397633 gb CA91 0641.1	3e-112
69	HdiF29	252	DR989020	clone de cDNA	Hordeum vulgare	gi 40951547 gbCK56 5973.1	0.011
70	HdiF37	345	DR989023	clone de cDNA	*Glicina max*	gi | 10847991 gb | | B F070564.1	7e-14
71	HdiF39	145	DR989025	clone de cDNA	*Xenopus tropicalis*	gi | 71525825 gb D | | R869235.1	5.9
72	HdiF5	273	DR989030	clone de cDNA da raiz nodulante	*Lótus Corniculatus var. japonicus*	gi | 45630549 dbj B | | P073855.1	0.77
73	HdiF6	348	DR989036	biblioteca de plasmídeos	*Populus tremula*	gi | 38583560 gb C | | K099235.1	1.00
74	HdiF61	335	DR989037	biblioteca pod EST	*Phaseolus vulgaris*	gi | 62714467 gb C | | V541063.1	0.016
75	HdiF63	351	DR989039	clone de cDNA	*Glicina max*	gi | 10253250 gb B | | E821016.1	le-30
76	HdiF75	285	DR989044	Biblioteca cDNApRS423	*Magnaporthe grisea*	gi | 45375511 gb C | | K916806.1	0.81
77	HdiF78	600	DR989047	clone de cDNA	*Medicago truncatula*	gi | 30098464 gb C | | B891296.1	0.0
79	HdiF19	414	DR989057	Folhas sujeitas a stress por frio	*Glicina max*	gi 14205838 gb BG83 9516.1	8e-79
80	HdiF21	310	DR989059	clone de cDNA	*Gallus gallus*	gi | 25760316 gb | | B U391278.1	0.014
81	HdiF32	354	DR989064	clone de cDNA	*Glicina max*	gi 51338164 gbCO98 2030.1	2e-05
82	HdiF7	381	DR989081	clone de cDNA	*Glicina max*	gi 9258051 gbBE346 198.1	8e-51
83	HdiF92	217	DR989093	Biblioteca leafEST	*Phaseolus vulgaris*	gi 62705924 gbCV53 2520.1	5e-29
84	HdiF95	324	DR989096	clone de cDNA	*Glicina max*	gi 10253250 gbBE82 1016.1	3e-59
85	HdiGl 5	402	DR989100	biblioteca de cDNA subtraído	*Oryza minuta*	gi 46931757 gbCD02 6425.1	le-12
86	HdiGl 6	351	DR989101	clone do cDNA do floema	*Citrus sinensis*	gi | 71601041 gb | | DR91 1792.1	4e-09
87	HdiGl 8	297	DR989103	Biblioteca leafEST PV GEa	*Phaseolus vulgaris*	gi | 62703741 gb | | CV53 0337.1	le-89
88	HdiG2	277	DR989104	Biblioteca leafEST PV GEa	*Phaseolus vulgaris*	gi | 62703741 gb | | CV53 0337.1	8e-78

89	HdiG25	415	DR989105	clone de cDNA de pods	*Lotus Corniculatus*	gi | 45604632 dbj B | | P047952.1	3e-04
90	HdiG3	399	DR989109	clone de cDNA	*Glicina max*	gi | 16342524 gb | | BI96 8119.1	4e-62
91	HdiG40	356	DR989115	cDNA da raiz	*Phaseolus acutifolius*	gi 56706928 gb CX12 9764.1	8e-20
92	HdiG52	294	DR989121	clone de cDNA	*Glicina soja*	gi 12487852 gb BG04 1627.1	9e-41
93	HdiG54	467	DR989123	clone de cDNA	*Glicina max*	gi 51343322 gb CO98 4055.1	9e-39
94	HdiG73	353	DR989131	P- biblioteca EST de raiz	*Phaseolus vulgaris*	gi 62715264 gbCV54 1860.1	2e-08
95	HdiG74	485	DR989132	Clone do cDNA do Pods	*Lotus japonicus*	gi 45355605 dbj AV7 72372.1	0.001
96	HdiG20	452	DR989144	biblioteca de plasmídeos	*Xenopus tropicalis*	gi 45855303 gb CN07 9246.1	0.33
97	HdiG32	395	DR989150	Segmento de 48h de stress hídrico	*Glicina max*	gi 58024948 gb CX71 1689.1	3e-13
98	HdiG7	319	DR989169	Clone de cDNA de raízes de pinheiro-manso bem irrigadas	*Pinus taeda*	gi | 34359505 gb | | CF40 1088.1	3.6
99	HdiG70	384	DR989170	Água stressada 5h segmento 1	*Glicina max*	gi 58024466 gbCX71 1207.1	2e-ll
100	HdiG82	215	DR989176	clone de cDNA	*Glicina max*	gi 16344653 gb BI97 0248.1	4e-14
101	HdiGM2	127	DR989136	Biblioteca de cDNA de Pequim	*Glicinna max*	gi 33388872 gb CA85 2079.1	2e-08
102	HdiGM3	121	DR989137	clone de cDNA	*Glicina max*	gi | 1 1414202 gb BF42 6213.1	0.020
103	HdiGM5	152	DR989139	cDNA	*Tetrahymena thermophila*	gi | 57679831 gb CX58 | | 3532.1	6.3
104	HdiGM8	159	DR989180	clone de cDNA	*Tupaia bclangori*	gi 44891838 gb CF52 6004.1	0.42
105	HdiH13	366	DR989183	clone de cDNA	*Glicina max*	gi 9987436 gbBE661 544.1	2e-94
106	lidi Il 14	231	DR989184	clone de cDNA	*Glicina max*	gi 22929016 gbBU54 6155.1	4e-05
107	lidi Il 18	228	DR989188	Clone de cDNA de soja induzido por ácido salicílico	*Glicina max*	gi 31311154 gb CD39 6357.1	7e-04
108	HdiH2	169	DR989189	clone de cDNA	*Homo sapiens*	gi 47063666 emb BX 457043.2	7.1
109	HdiH25	157	DR989190	biblioteca pod EST	*Phaseolus vulgaris*	gi 62714219 gbCV54 0815.1	9e-27
HO	HdiH29	217	DR989194	biblioteca pod EST	*Phaseolus vulgaris*	gi 62714507 gbCV54 1103.1	3e-61
111	HdiH3	237	DR989195	clone de cDNA	*Oryza sativa*	gi | 40493709 | emb | BX 900909.1	0.17
112	HdiH30	134	DR989196	Biblioteca de cDNA do botão axilar	*Vigna Unguiculata*	gi 67046100 gbDR06 8443.1	2e-36
113	HdiH39	116	DR989198	Biblioteca EST de plântulas	*Phaseolus vulgaris*	gi | 59938748 gb | | CB55 6119.1	le-18
114	HdiH41	284	DR989201	clone de cDNA de células mesofílicas equalizadas	*Zinnia elegans*	gi 41121946 dbjAU3 06010.1	0.052
115	HdiH42	220	DR989202	biblioteca de cDNA subtraído de pêlos radiculares	*Glicina max*	gi | 41146280 gbCK60 6491.1	7e-07
116	HdiH49	171	DR989203	clone de cDNA	*Glicina max*	gi 26268508 gb CA81 9571.1	6e-25
117	Hdi H 5	276	DR989204	CDNA do ácido salicílico	*Glicina max*	gi | 31457374 gbCD39 9402.1	9e-13
118	HdiH50	186	DR989205	Região do suspensor do feijão verde	*Phaseolus Coceineus*	gi 27396245 gb CA90 9253.1	3e-05
119	HdiH51	276	DR989206	Região do suspensor do feijão verde	*Phaseolus Coccineus*	gi 27392397 gbCA90 5405.1	3e-68
120	HdiH52	213	DR989207	Biblioteca leafEST	*Phaseolus vulgaris*	gi 62705887 gbCV53 2483.1	3e-09
124	HdiH53	217	DR989208	biblioteca pod EST	*Phaseolus vulgaris*	gi 62714507 gbCV54 1103.1	3e-61
125	HdiH62	221	DR989212	Clone de cDNA de stress hídrico	*Glicina max*	gi 58019198 gb CX70 5940.1	3e-21
126	HdiH63	296	DR989213	clone de cDNA	*Solanum tuberosum*	gi 53775639 gbCV49 3291.1	0.84
127	HdiH65	182	DR989215	Biblioteca leafEST	*Phaseolus vulgaris*	gi 62705620 gbCV53 2216.1	5e-04
128	Hdi H 66	150	DR989216	Biblioteca EST de plântulas	*Phaseolus vulgaris*	gi 59936556 gbCB54 1993.1	le-28
129	HdiH77	304	DR989221	Clone do cDNA da flor	*Lotus Corniculatus*	gi 45410873 dbj BPO	3e-37

						33713.1	
130	HdiH87	154	DR989225	Clone de cDNA de stress hídrico	*Glicina max*	gi 58018857 gbCX70 5599.1	3e-20
131	HdiH89	115	DR989227	clone de cDNA	*Sus scrofa*	gi 46177117 gbCN16 2687.1	0.29
132	HdiH90	468	DR989228	clone de cDNA	*Glicina max*	gi 9984117 gb | | | BE658 169.1	4e-50
133	lidi Il IO	IOO	DR989229	biblioteca de cDNA subtraído de pêlos radiculares	*Glicina max*	gi 41146078 gb CK60 6289.1	2e-23
134	lidi Il 12	123	DR989231	biblioteca de cDNA do desenvolvimento do fruto	*Cucumis sativus*	gi 62895316 gbDN9 10553.1	1.2
135	HdiH20	213	DR989233	clone de cDNA	*Glicina max*	gi 51337178 gb CO98 1044.1	4e-05
136	HdiH21	370	DR989234	clone de cDNA	*Glicina max*	gi | 51343127 gb | | CO98 3860.1	6e-107
137	HdiH22	247	DR989235	clone de cDNA	*Glicina max*	gi 20814046 gbBQ29 8524.1	6e-20
138	HdiH31	278	DR989238	clone de cDNA	*Glicina max*	gi 27424297 gbCA93 5817.1	9e-50
139	HdiH32	115	DR989239	clone de cDNA	*Glicina max*	gi 15200612 gb BI42 4439.1	8e-05
140	HdiH34	283	DR989241	Biblioteca leafEST PV Gea	*Phaseolus vulgaris*	gi 62703068 gb CV52 9664.1	4e-15
141	HdiH36	160	DR989243	clone de cDNA	*Schistosoma monsoni*	gi 4224850 gbAI3 95 303.1	0.11
142	HdiH45	155	DR989246	genoma completo	*Staphylococcus haemolyticus*	gi | 68445725 dbj | | AP0 06716.1	0.10
143	HdiH47	225	DR989248	Água stressada 5h segmento 2	*Glicina max*	gi 58015819 gbCX70 2561.1	le-54
144	HdiH48	216	DR989249	clone de cDNA	*Glicina max*	gi | 51337178 gb | | CO98 1044.1	4e-05
145	Hdi H 69	167	DR989256	clone de cDNA	*Glicina max*	gi | 31474611 gb | | CD41 6639.1	3e-14
146	HdiH7	117	DR989257	Água stressada gmrtDrNS01	*Glicina max*	gi | 58025056 gb CX71 | | 1797.1	9e-20
147	HdiHJl	311	DR989259	P- biblioteca EST de raiz	*Phaseohts vulgaris*	gi | 62715564 gb | | CV54 2160.1	le-33
148	HdiH81	134	DR989264	clone de cDNA	*Arabidopsis thaliana*	gi 59844594 dbj BP8 08515.1	5.4
149	HdiH83	321	DR989266	clone de cDNA	*Medicago truncatula*	gi | 27811052 gb | | CB06 5474.1	7e-17
150	HdiH91	135	DR989269	clone de cDNA	*Salmo salar*	gi 24345028 gb CA04 4057.1	0.35
151	HdiJl	221	DR989275	Água stressada 5h segmento 1	*Glicina max*	gi 58023827 gbCX71 0568.1	5e-20
152	Hdi I 13	200	DR989276	biblioteca de cDNA subtraído de pêlos radiculares	*Glicina max*	gi 41146273 gb CK60 6484.1	le-17
153	Hdi I 14	228	DR989277	clone de cDNA	*Eptatretus burgeri*	gi | 53879447 dbj | | BJ66 4584.1	2.5
154	Hdi I 15	206	DR989278	clone de cDNA	*Glicina max*	gi 9985161 gbBE659 269.1	6e-04
155	Hdi I 16	202	DR989279	P- biblioteca EST de raiz	*Phaseolus vulgaris*	gi | 62715564 gb | | CV54 2160.1	8e-34
156	Hdi I 18	218	DR989281	clone de cDNA	*Glicina max*	gi 6725690 gbAW31 0089.1	6e-32
157	Hdi I_2	192	DR989282	Biblioteca EST de plântulas	*Phaseohts vulgaris*	gi | 59934041 gb | | CB53 9478.1	2e-25
158	Hdi 126	321	DR989283				
159	Hdi 127	319	DR989284	clone de cDNA	*Glicina max*	gi | 31458858 gb CD40 0886.1	4e-12
160	Hdi I J	178	DR989287	clone de cDNA	*Hydra m agn ip ap Ulata*	gi 47541085 gb CN77 0451.1	1.9
161	Hdi I 37	252	DR989289	clone de cDNA	*Glicina max*	gi 16105418 gb BI89 3158.1	3e-09
162	Hdi 138	314	DR989290	48º segmento com stress hídrico2	*Glicina max*	gi 58017040 gbCX70 3782.1	4e-77
163	Hdi 149	257	DR989296	clone de cDNA	*Glicina max*	gi | 23726519 gb | | BU76 1254.1	3e-09
164	HdiI5	113	DR989297	48º segmento com stress hídrico2	*Glicina max*	gi | 57575808 gb CX54 | | 8779.1	3e-07
165	Hdi 150	279	DR989298	Biblioteca EST de plântulas	*Phaseohts vulgaris*	gi | 59937029 gb | | CB54 2360.1	6e-54
166	Hdi 152	197	DR989300	CDNA do suspensor do feijão verde	*Phaseolus coccineus*	gi 27395568 gb CA90 8576.1	9e-09

167	Hdi I 6	151	DR989303	clone mth2-31Ы, sequência completa	*Medicago truncatula*	gi 56044599 gbAC12 7019.29	6.2
168	Hdi 161	196	DR989304	clone de cDNA	*Theileria annidata*	gi 67505829 embAJ9 35387.1	0.13
169	Hdi 162	221	DR989305	clone de cDNA	*Glicina max*	gi 51337178 gb CO98 1044.1	4e-05
170	Hdi 163	123	DR989306	biblioteca de cDNA	*Sus scrofa*	gi 40426050 dbj BP4 35983.1	0.020
171	Hdi 164	275	DR989307	Biblioteca leafEST	*Phaseolus vulgaris*	gi 62702594 gbCV52 9190.1	4e-27
172	Hdi 166	232	DR989309	clone de cDNA	*Glicina max*	gi 18848733 gb BM5 67845.1	2e-32
173	Hdi 173	149	DR989310	clone de cDNA	*Glicina max*	gi | 7691683lgbAW75 9806.1	4e-10
174	Hdi 186	392	DR989317	Clone do cDNA do ácido salicílico	*Glicina max*	gi | 31472766 gbCD41 4794.1	le-06
175	Hdi 190	226	DR989321	Clone de cDNA da infeção e propagação de Phytophthora sojae	*Glicina max*	gi | 37997266 gb | | CF80 8855.1	2e-34
176	Hdi I 19	150	DR989325	clone de cDNA	*Plasmodium berghei*	gi | 13943336 gb BF29 | | 4375.1	6.1
177	HdiJl 1	127	DR989323	clone de cDNA	*Glicina max*	gi 16345842 gb BI97 1437.1	0.021
178	Hdi IJO	248	DR989326	biblioteca pod EST	*Phaseolus vulgaris*	gi 62714443 gb CV54 1039.1	3e-15
179	Hdi I 21	263	DR989327	clone de cDNA	*Glicina max*	gi 6726723 gb AW31 1077.1	le-39
180	HdiI22	252	DR989328	clone de cDNA	*Glicina max*	gi | 21888141 gb BQ74 | | 1363.1	7e-38
181	HdiI23	280	DR989329	Biblioteca de cDNA do botão axilar	*Vigna unguiculaîa*	gi 67045968 gb DR06 8318.1	le-30
182	HdiI24	168	DR989330	biblioteca pod EST	*Phaseolus vulgaris*	gi | 62711629 gb | | CV53 8225.1	5e-07
183	HdiI36	187	DR989336	biblioteca nodule EST	*Phaseolus vulgaris*	gi | 62711316 gb | | CV53 7912.1	4e-ll
184	HdiI43	314	DR989337	Água stressada gmrtDrNS01	*Glicina max*	gi 58018857 gbCX70 5599.1	7e-20
185	HdiI44	204	DR989338	cDNA	*Gibberella moniliformis*	gi 70752030 gb | | DR66 3554.1	2.2
186	HdiI60	137	DR989346	biblioteca pod EST	*Phaseolus vulgaris*	gi 62713898 gb CV54 0494.1	2e-08
187	HdiI68	130	DR989348	clone de cDNA	*Glossina morsitans*	gi 33373052 emb BX 550073.1	0.33
188	HdiI69	184	DR989349	cDNA	*Ajellomyces capsulatus*	gi 54616829 gbCV62 3965.1	0.50
189	HdiI7	142	DR989350	biblioteca de cDNA do desenvolvimento do fruto	*Cucumis sativus*	gi 62895505 gb DN9 10742.1	1.5
190	HdiI70	267	DR989351	P- biblioteca EST de raiz	*Phaseohts vulgaris*	gi | 62715186 gb | | CV54 1782.1	9e-16
191	HdiI8	421	DR989355	clone de cDNA	*Glicina max*	gi 51344418 gb CO98 5151.1	4e-62
192	HdiI81	208	DR989357	Biblioteca EST de plântulas	*Phaseolus vulgaris*	gi | 59937322 gb | | CB54 2653.1	6e-07
193	HdiI82	222	DR989358	biblioteca pod EST	*Phaseolus vulgaris*	gi | 62714287 gb | | CV54 0883.1	4e-08
194	HdiI84	142	DR989360	biblioteca pod EST	*Phaseolus vulgaris*	gi 62714507 gbCV54 1103.1	6e-43
195	Hdi I 9	159	DR989361	clone de cDNA	*Citrus aurantium*	gi | 63070133 gb CX30 | | 1279.1	1.7
196	HdiI91	103	DR989362	clone de cDNA de biblioteca multi-tecidos	*Oncorhynchus mykiss*	gi 42603377 emb BX 073845.2	0.25
197	HdiI93	165	DR989364	Biblioteca leafEST	*Phaseolus vulgaris*	gi 62705909 gbCV53 2505.1	6e-31
198	HdiI96	138	DR989367	clone de cDNA	*Arabidopsis thaliana*	gi | 19876553 dbj | | AU2 37384.1	0.36
199	Hdi J 1 5	359	DR989370	biblioteca pod EST	*Phaseolus vulgaris*	gi | 62712574 gb | | CV53 9170.1	3e-72
200	HdiJ16	238	DR989371	biblioteca pod EST	*Phaseolus vulgaris*	gi | 62713505 gb | | CV54 0101.1	2e-72
201	Hdi J 1 7	274	DR989372	Clone de cDNA de stress a frio	*Glycine clandestina*	gi 14204628 gb BG83 8306.1	2e-63
202	Hdi J 1 8	286	DR989373	clone de cDNA	*Xenopus tropicalis*	gi 58624862 gb CX88 5518.1	0.20
203	Hdi _J_2	135	DR989374	clone de cDNA	*Saccharum officinarum*	gi 34974614 gbCA12 1306.1	0.35
204	HdiJ24	315	DR989375	Biblioteca leafEST	*Phaseolus vulgaris*	gi 62703898 gb CV53	6e-05

						0494.1	
205	HdiJ26	111	DR989376	clone de cDNA	*Xenopus Iaevis*	gi 56704202 gb CX13 3180.1	4.3
206	HdiJ27	141	DR989377	clone de cDNA	*Phaseolus coccineus*	gi 27402129 gbCA91 5137.1	2e-18
207	HdiJ28	227	DR989378	clone de cDNA	*Glicina max*	gi | 5760073 gb | | AI965 436.1	6e-66
208	HdiJ30	272	DR989381	Água stressada 5h segmento 2	*Glicina max*	gi 58025054 gbCX71 1795.1	5e-08
209	HdiJ36	171	DR989382	clone de cDNA	*Glicina max*	gi 6666579 gbAW27 8038.1	8e-12
210	HdiJ39	144	DR989384	clone de cDNA	*Gallus gallus*	gi | 25331 186 gb | | BU12 1380.1	5.9
211	HdiJ42	165	DR989388	Biblioteca EST de plântulas	*Phaseohts vulgaris*	gi 59937077 gbCB54 2408.1	8e-12
212	Hdi _J_5	380	DR989390	clone de cDNA	*Nicotiana tab acum*	gi 52833454 dbjBP5 29727.1	0.28
213	HdiJ50	281	DR989391	Biblioteca EST de plântulas	*Phaseolus vulgaris*	i | 59938308 gb | | CB543 637.1	3e-62
214	HdiJ51	231	DR989392	Clone do cDNA do ácido salicílico	*Glicina max*	gi | 31472191 gb | | CD41 4219.1	0.041
215	HdiJ52	186	DR989393	clone de cDNA	*Sus scrofa*	gi 59774638 gb DNl 01862.1	0.13
216	HdiJ54	141	DR989395	Biblioteca leafEST	*P. vulgaris*	gi 62707503 gb CV53 4099.1	6e-09
217	HdiJ63	166	DR989399	Clone do cDNA do ácido salicílico	*Glicina max*	gi | 31472664 gbCD41 4692.1	3e-14
218	HdiJ64	127	DR989400	clone de cDNA	*Rattus norvégiens*	gi | 41115845 gb CK60 2534.1	0.082
219	HdiJ65	237	DR989401	clone de cDNA	*Glicina max*	gi 51341336 gbCO98 2653.1	2e-07
220	HdiJ66	109	DR989402	Clone do cDNA do ácido salicílico	*Glicina max*	gi | 31471633 gb | | CD41 3661.1	2e-33
221	HdiJ74	283	DR989403	biblioteca pod EST	*Phaseolus vulgaris*	gi 62713497 gbCV54 0093.1	le-27
222	HdiJ77	141	DR989406	Clone de cDNA de stress hídrico	*Phaseolus vulgaris*	gi 58018857 gbCX70 5599.1	3e-20
223	HdiJ78	228	DR989407	biblioteca pod EST	*Phaseolus vulgaris*	gi 62714075 gb CV54 0671.1	4e-05
224	HdiJ84	310	DR989408	leafcDNA	*P. acutifolius*	gi 23842134 gbBU79 1120.1	le-73
225	HdiJ86	200	DR989409	P- biblioteca EST de raiz	*Phaseohts vulgaris*	gi | 62715626 gb | | CV54 2222.1	3e-64
226	HdiJ87	208	DR989410	cDNA	*Phytophthora infestans*	gi 58136737 gbCV94 6981.1	0.14
227	HdiJ88	232	DR989411	Biblioteca de cDNA do botão axilar	*Vigna unguiculata*	gi 67046076 gb | | DR06 8420.1	7e-10
228	HdiJ89	229	DR989412	P- biblioteca EST de raiz	*Phaseolus vulgaris*	gi | 62715564 gb | | CV54 2160.1	le-33
229	HdiJ90	206	DR989413	clone de cDNA	*Plasmodium yoelii*	gi | 17308262 gb | | BMl 62581.1	0.56
230	HdiJ96	207	DR989414	cDNA subtraído de stress por seca	*Macrotyloma uniflorum*	gi 71812023 gb DR98 9414.1	le-85
231	Hdi JlO	225	DR989416	cDNA subtraído de stress por seca	*Macrotyloma uniflorum*	gi 71812025 gb DR98 9416.1	5e-94
232	HdiJJO	302	DR989420	clone de cDNA	*P. vulgaris*	gi | 27397934 gb | | CA91 0942.1	9e-44
233	HdiJ 22	177	DR989422	biblioteca pod EST	*P. vulgaris*	gi 62712337 gbCV53 8933.1	8e-06
234	HdiJ 23	106	DR989423	clone de cDNA	*Sacarina Officinarum*	gi | 3 5051281 gb | | CA14 9335.1	0.017
235	HdiJ 25	164	DR989424	Biblioteca EST da folha	*P. vulgaris*	gi | 62702441 gb | | CV52 9037.1	7e-40
236	HdiJ 32	192	DR989426	biblioteca de cDNA subtraído de pêlos radiculares	*Glicina max*	gi 38193744 gbCF92 2950.1	2e-50
237	HdiJ 33	310	DR989427	biblioteca de cDNA subtraído de pêlos radiculares	*Glicina max*	gi | 38193063 gb | | CF92 2269.1	2e-48
238	HdiJ37	309	DR989430	clone de cDNA	*Glicina soja*	gi 26048640 gbCA78 5093.1	6e-08
239	HdiJ43	193	DR989431	biblioteca pod EST	*Phaseolus vulgaris*	gi 62713497 gbCV54 0093.1	6e-10
240	HdiJ44	178	DR989432	Biblioteca EST da folha	*Phaseohts vulgaris*	gi 62705842 gbCV53 2438.1	2e-22
241	HdiJ45	258	DR989433	mudas verdes Biblioteca leafEST	*Hordeum vulgare*	gi 8904332 gbBE216 720.1	0.73
242	HdiJ47	119	DR989435	biblioteca de cDNA	*Glicina max*	gi | 22928555 gb | |	0.005

						BU54 5694.1	
243	HdiJ55	317	DR989437	plântula EST s	*P. vulgaris*	gi 59938199 gbCB54 3528.1	le-27
244	HdiJ59	250	DR989439	cDNA subtraído de stress por seca	*Macrotyloma uniflorum*	gi 71812048 gb DR98 9439.1	2e-127
245	HdiJ61	202	DR989440	cDNA subtraído de stress por seca	*Macrotyloma uniflorum*	gi 71812049 gbDR98 9440.1	8e-99
246	HdiJ67	172	DR989441	Segmento de 5h de stress hídrico lcDNA	*Glicina max*	gi 58024143 gb CX71 0884.1	4e-17
247	HdiJ69	319	DR989442	Clone do cDNA do ácido salicílico	*Glicina max*	gi 31458858 gb CD40 0886.1	4e-12
248	Hdi *JJ*	188	DR989443	Clone de cDNA dos genes de Phytophthora sojae durante a infeção e a propagação	*Glicina max*	gi 37995178 gb CF80 6767.1	2e-28
249	HdiJ70	246	DR989444	clone de cDNA	*Glicina max*	gi | 13789162 gb | | BG65 1753.1	3e-49
250	HdiJ73	235	DR989445	P- biblioteca EST de raiz	*Phaseolus vulgaris*	gi 62716873 gb CV54 3469.1	2e-07
251	HdiJ79	133	DR989446	Biblioteca leafEST	*P. vulgaris*	gi 62707235 gb CV53 3831.1	7e-58
252	Hdi _J_8	152	DR989447	biblioteca pod EST	*P. vulgaris*	gi 62712296 gbCV53 8892.1	9e-33
253	HdiJ80	280	DR989448	biblioteca pod EST	*P. vulgaris*	gi | 62711809 gb | | CV53 8405.1	5e-42
254	HdiJ81	124	DR989449	biblioteca pod EST	*P. vulgaris*	gi 62712103 gb CV53 8699.1	4e-19
255	HdiJ82	126	DR989450	Biblioteca LeafEST	*P. vulgaris*	gi 62705664 gbCV53 2260.1	2e-18
256	HdiJ92	166	DR989455	clone de cDNA	*Glicina max*	gi 22540879 gbBU09 0722.1	5e-10
257	HdiKl	262	DR989459	clone de cDNA	*Glicina max*	gi 6912875 gb AW39 4405.1	le-08
258	HdiK13	303	DR989460	Biblioteca P-root EST	*Phaseolus vulgaris*	gi 62717357 gbCV54 3953.1	2e-128
259	lidi K 14	247	DR989461	Água stressada 5h segmento 2	*Glicina max*	gi 58016847 gbCX70 3589.1	2e-63
260	lidi K 16	247	DR989463	clone de cDNA	*Glicina max*	gi 21600477 gbBQ61 0808.1	le-08
261	HdiK25	202	DR989467	biblioteca pod EST	*P. vulgaris*	gi 62714219 gbCV54 0815.1	8e-31
262	HdiK26	213	DR989468	biblioteca pod EST	*P. vulgaris*	gi 62714084 gbCV54 0680.1	8e-31
263	HdiK28	270	DR989469	Clone do cDNA do ácido salicílico	*Glicina max*	gi | 31475671 gb | | CD41 7699.1	2e-32
264	HdiK37	224	DR989472	clone de cDNA	*Glicina max*	gi | 1 1413804 gb | | BF42 5815.1	2e-04
265	HdiK38	164	DR989473	clone de cDNA	*A. thaliana*	gi 59836452 dbj BP8 00373.1	1.7
266	HdiK4	215	DR989475	Biblioteca EST de plântulas	*Phaseolus vulgaris*	gi 59934217 gbCB53 9654.1	2e-07
267	HdiK40	146	DR989476	ponta da raiz, induzida precocemente por DMBQ transcrição de cDNA	*Triphysaria versicolor*	gi 68032530 gbDR16 9903.1	6.0
268	HdiK41	292	DR989477	biblioteca nodule EST	*Phaseolus vulgaris*	gi 62709037 gbCV53 5633.1	0.013
269	Hdi K 5	149	DR989480	Clone do cDNA do ácido salicílico	*Phaseolus vulgaris*	gi | 31473237 gbCD41 5265.1	0.025
270	HdiK51	288	DR989482	biblioteca de cDNA subtraído de pêlos radiculares	*Glicina max*	gi 38192708 gb CF92 1914.1	4e-43
271	HdiK53	158	DR989484	Biblioteca de cDNA	*Salvia miltiorrhiza*	gi | 51960401 gb | | CV17 1261.1	le-04
272	HdiK61	215	DR989486	Clone do cDNA do ácido salicílico	*Phaseolus vulgaris*	gi31561562 gbCD48 7400.1	8e-25
273	HdiK64	124	DR989489	Clone do cDNA do ácido salicílico	*Phaseolus vulgaris*	gi31466217 gbCD40 8245.1	2e-18
274	HdiK65	170	DR989490	Clone de cDNA de tubérculo misto de comprimento total	*Solanum tuberosum*	gi | 62119426 gbDN7 43476.1	le-07
275	Hdi K 66	277	DR989491	biblioteca pod EST	*P. vulgaris*	gi | 62714435 gb | | CV54 1031.1	4e-58
276	HdiK74	148	DR989493	clone de cDNA	*Glicina max*	gi 22541450 gbBU09 1293.1	2e-15
277	HdiK75	310	DR989494	Água stressada 48h segmento 1	*Glicina max*	gi 58019696 gbCX70 6438.1	8e-103
278	HdiK76	202	DR989495	Biblioteca LeafEST	*P. vulgaris*	gi 62705606 gbCV53 2202.1	6e-50
279	HdiK78	319	DR989497	clone de cDNA	*Glicina max*	gi 21594768 gb BQ61 0260.1	4e-12
280	HdiK86	151	DR989499	Região do feijão-escarlate Suspensor	*Phaseolus vulgaris*	gi 27400984 gbCA91	4e-07

						3992.1	
281	HdiK87	138	DR989500	Biblioteca LeafEST	*P. vulgaris*	gi 62703368 gb CV52 9964.1	le-34
282	HdiK88	136	DR989501	biblioteca de cDNA não publicada	*Molgula tectiformis*	gi | 67789258 dbj CJ34 | | 9110.1	5.5
283	HdiKlO	206	DR989504	clone de cDNA	*Glicina max*	gi 22929535 gb BU54 6674.1	le-51
284	lidi K 19	173	DR989507	biblioteca pod EST	*P. vulgaris*	gi 62714219 gbCV54 0815.1	le-23
285	HdiK20	163	DR989508	Biblioteca leafEST	*P. vulgaris*	gi 62702464 gbCV52 9060.1	5e-35
286	HdiK21	183	DR989509	Biblioteca leafEST	*P. vulgaris*	gi | 62705261 gb | | CV53 1857.1	5e-35
287	HdiK22	107	DR989510	clone de cDNA	*Neurospora crassa*	gi 3046075 gb AA90 2098.1	3e-04
288	HdiK23	299	DR989511	clone de cDNA	*Saccharum officinarum*	gi35106573 gb CA17 6618.1	0.85
290	HdiK34	108	DR989513	clone de cDNA	*Glicina max*	gi | 51343116 gb | | CO98 3849.1	5e-18
291	HdiK36	109	DR989515	clone de cDNA	*Pyrococcus Juriosus*	gi 1642726 gbAA09 7145.1	0.75
292	HdiK43	161	DR989516	clone de cDNA	*Triticum aestivum*	gi 70967502 gb | | DR73 9319.1	6.7
293	HdiK44	214	DR989517	Clone do cDNA do ácido salicílico	*Phaseolus vulgaris*	gi 31469465 gb CD41 1493.1	2e-04
294	HdiK48	155	DR989521	clone de cDNA	*Glicina max*	gi | 51337258 gb | | CO98 1124.1	6.4
295	HdiK55	169	DR989522	clone de cDNA	*Glicina max*	gi 22928179 gbBU54 5318.1	2e-18
296	HdiK7	284	DR989530	Biblioteca de cDNA de isolado de campo	*Plasmodium vivax*	gi 56956638 gb CV64 9820.1	0.81
297	HdiK8	168	DR989533	clone de cDNA	*Glicina max*	gi 23734475 gb BU76 5468.1	5e-04
298	HdiK84	228	DR989538	clone de cDNA	*Glicina max*	gi 26048172 gb CA78 4738.1	7e-41
299	Hdi K 9	220	DR989539	Região do feijão-escarlate Suspensor	*Phaseolus Coceineus*	gi 27392022 gb CA90 5030.1	4e-08
300	HdiK91	136	DR989540	clone de cDNA	*Homo sapiens*	gi 9764213 gb BE53 5 568.1	0.023
301	HdiK92	162	DR989541	biblioteca pod EST	*Phaseolus vulgaris*	gi 62712936 gbCV53 9532.1	5e-10
302	HdiK93	302	DR989542	P- biblioteca EST de raiz	*P. vulgaris*	gi 62717260 gbCV54 3856.1	6e-39
303	HdiLl	140	DR989544	cDNA subtraído dos pêlos radiculares	*Glicina max*	gi 38193616 gbCF92 2822.1	4e-13
304	HdiL13	156	DR989545	biblioteca de cDNA	*Nori Satoh*	gi | 48597551 dbj | | BW4 61687.1	6.5
305	HdiL14	164	DR989546	Água stressada 48h segmento 2	*Glicina max*	gi 58018216 gbCX70 4958.1	8e-09
306	HdiL2	195	DR989550	clone de cDNA	*Xenopus tropicalis*	gi 59645736 gb DNO 56763.1	0.53
307	HdiL29	165	DR989555	clone de cDNA	*Hydra magnipapillat*	gi 68338676 gbDN2 47152.2	6.9
308	HdiL3	209	DR989556	clone de cDNA	*Sus scrofa*	gi 46177136 gbCN16 2706.1	0.15
309	HdiL30	193	DR989557	clone de cDNA	*Nori Satoh*	gi 24864998 dbj BW2 84387.1	2.1
310	HdiL37	337	DR989558	P- biblioteca EST de raiz	*P. vulgaris*	gi 62716464 gbCV54 3060.1	5e-135
311	HdiL38	213	DR989559	clone de cDNA	*Glicina max*	gi 16344653 gb BI97 0248.1	2e-07
312	HdiL41	217	DR989563	clone de cDNA	*Mus musculus*	gi 26955027 dbjBY6 19845.1	0.60
313	HdiL42	182	DR989564	clone de cDNA	*Glicina max*	gi 21889612 gb BQ74 2825.1	2e-09
314	HdiL49	185	DR989565	CDNA do ácido salicílico	*Glicina max*	gi | 31464440 gb | | CD40 6468.1	le-44
315	HdiL51	313	DR989568	CDNA do ácido salicílico	*Glicina max*	gi | 31310030 gbCD39 5233.1	2e-48
316	HdiL52	151	DR989569	clone de cDNA	*Capsicum annuum*	gi 25036973 gb CA52 2924.1	0.10
317	HdiL53	248	DR989570	Água stressada 48h segmento 1	*Glicina max*	gi 58017329 gbCX70 4071.1	8e-50
318	HdiL54	147	DR989571	Biblioteca EST de plântulas	*Phaseolus vulgaris*	gi | 59934217 gb | | CB53 9654.1	le-07
319	HdiL61	423	DR989573	clone de cDNA	*Gasterosteus aculeatus*	gi 62037721 gbDN6 87423.1	4.9

320	HdiL62	161	DR989574	biblioteca pod EST	*Phaseolus vulgaris*	gi 62712936 gbCV53 9532.1	0.007
321	HdiL63	136	DR989575	biblioteca de cDNA não publicada	*Molgula tectiformis*	gi | 67789258 dbj CJ34 | | 9110.1	5.5
322	HdiL64	163	DR989576	CDNA do ácido salicílico	*Glicina max*	gi | 31472686 gbCD41 4714.1	le-10
323	HdiL65	157	DR989577	clone de cDNA	*Sus scrofa*	gi 59827758 gb DNl 33441.1	0.11
324	HdiL66	292	DR989578	clone de cDNA	*Glicina max*	gi 22931950 gbBU54 9089.1	le-15
325	HdiL73	161	DR989579	biblioteca pod EST	*P. vulgaris*	gi 62712936 gbCV53 9532.1	5e-10
326	HdiL74	316	DR989580	P- biblioteca EST de raiz	*Phaseolus vulgaris*	gi | 62715281 gb | | CV54 1877.1	0.91
327	HdiL86	291	DR989586	clone de cDNA	*Glicina soja*	gi 12487852 gb BG04 1627.1	6e-48
328	HdiL89	127	DR989589	Região do feijão-escarlate Suspensor	*Phaseolus vulgaris*	gi | 27400119 gb | | CA91 3127.1	2e-35
329	HdiL90	109	DR989590	Clone do cDNA de Roots minus phosphorous	*Pinus taeda*	gi 68026563 gb DR16 6887.1	0.27
330	HdiLlO	128	DR989591	clone de cDNA	*Glicina max*	gi 22932697 gbBU54 9836.1	7e-24
331	HdiL19	312	DR989594	CDNA do ácido salicílico	*Glicina max*	gi | 31310030 gbCD39 5233.1	2e-48
333	HdiL22	313	DR989597	CDNA do ácido salicílico	*Glicina max*	gi | 31310030 gbCD39 5233.1	2e-48
334	HdiL23	193	DR989598	clone de cDNA	*Glicina max*	gi | 16345591 gb | | BI97 1186.1	5e-04
335	HdiL24	140	DR989599	Biblioteca leafEST	*Phaseolus vulgaris*	gi 59938524 gbCB54 4210.1	0.001
36	HdiL31	311	DR989600	CDNA do ácido salicílico	*Glicina max*	gi | 31561944 gbCD48 7782.1	4e-12
337	HdiL32	222	DR989601	biblioteca pod EST	*Phaseolus vulgaris*	gi 62714482 gb CV54 1078.1	8e-59
338	HdiL36	158	DR989605	clone de cDNA	*Glicina max*	gi 22932048 gb BU54 9187.1	2e-18
339	HdiL44	206	DR989607	Biblioteca EST de plântulas inoculadas com antracnose	*Phaseolus vulgaris*	gi | 59937338 gb | | CB54 2669.1	2e-34
340	HdiL45	195	DR989608	P- raiz EST s	*P. vulgaris*	gi 62717697 gbCV54 4293.1	3e-18
341	HdiL46	136	DR989609	clone de cDNA	*Glicina max*	gi | 1 1414202 gb BF42 6213.1	0.023
342	HdiL47	244	DR989610	Clone do cDNA de Coldstressedleaves	*Glicina max*	gi 14205466 gbBG83 9144.1	5e-05
343	HdiL48	215	DR989611	clone de cDNA	*Glicina max*	gi 16344653 gb BI97 0248.1	4e-14
344	HdiL55	118	DR989612	biblioteca nodule EST	*Glicina max*	gi | 62708181 gb | | CV53 4777.1	le-25
345	HdiL57	237	DR989614	clone de cDNA	*Glicina max*	gi 16344653 gb BI97 0248.1	3e-09
346	HdiL60	193	DR989617	clone de cDNA	*Glicina max*	gi | 16345591 gb | | BI97 1186.1	le-04
347	HdiL70	309	DR989622	Água sob pressão48h segmento 1	*Glicina max*	gi 58019620 gbCX70 6362.1	3e-19
348	HdiL71	111	DR989623	biblioteca pod EST	*P. vulgaris*	gi | 62712516 gb | | CV53 9112.1	0.018
349	HdiL72	116	DR989624	CDNA do ácido salicílico	*Glicina max*	gi | 31561348 gb | | CD48 7186.1	4e-19
350	HdiL81	125	DR989628	CDNA do ácido salicílico	*Glicina max*	gi | 31561348 gb | | CD48 7186.1	4e-19
351	HdiL82	193	DR989629	clone de cDNA	*Glicina max*	gi | 21675523 gb | | BQ62 7874.1	4e-05
352	HdiL83	223	DR989630	clone de cDNA	*Glicina max*	gi | 51338451 gb | | CO98 2317.1	0.010
353	HdiL9	171	DR989632	clone de cDNA	*Sus scrofa*	gi | 49419996 | emb | AJ6 87406.1	0.12
354	HdiL91	158	DR989633	biblioteca de cDNA do amadurecimento dos frutos	*Petúnia*	gi 52597064 gbCV30 1094.1	0.007
355	HdiL93	107	DR989635	CDNA do ácido salicílico	*Glicina max*	gi | 31471633 gb | | CD41 3661.1	6e-33
356	HdiL95	111	DR989636	clone de cDNA	*Bombyx mori*	gi 40936028 gb CK55	1.1

						1574.1	
357	HdiL96	350	DR989637	Água stressada 5h segmento 1	*Glicina max*	gi 58023878 gb CX71 0619.1	0.002

Tabela 3. Clones de cDNA induzíveis pela seca isolados do amendoim por hibridação subtractiva

S. Não.	ID do clone	Tamanho	N.º de acesso	Gene homólogo	Fonte	N.º de acesso do homólogo	Valor E
DESCONHECIDO							
1	GDIA13	175	DT044264	proteína de membrana regulada pelo ferro	*Rhodospirillum rubrum*	refZP 00267777.1	7.1
2	GDIA90	HO	DT044276	proteína hipotética	*Oryza sativa*	gb | AAO65868.1	0.015
3	GDIA91	169	DT044288	proteína transmembranar putativa	*Arabidopsis thaliana*	dbj BAB12402.1	0.001
4	GDI B 17	213	DT044294	orli 14a	*Beta vulgaris sub sp. Vulgaris*	gbAAM61036.1	2.OOE-12
5	GDI B 25	599	DT044296	proteína da família da membrana integral	*Arabidopsis thaliana*	ref NPl 87290.1	5e-007
6	GDI B 18	460	DT044295	proteína desconhecida	*Oryza sativa*	gbAAP46259.1	6e-008
7	GDI B 39	461	DT044303	proteína desconhecida	*Oryza sativa*	ref XP 483228.1	1.00E-28
8	GDI B 41	409	DT044305	proteína desconhecida	*Arabidopsis thaliana*	gb | AAL85039.1	2.00E-09
9	GDI B 6	570	DT044310	proteína alfa do grupo de alta mobilidade (HMGalfa) / proteína HMG alfa	*Arabidopsis thaliana*	ref]NPl 90756.1	4.OOE-21
10	GDI B 63	250	DT044311	proteína desconhecida	*Arabidopsis thaliana*	gb | AAO63943.1	5,00E-l 8
11	GDI B 10	202	DT044324	Proteína 1 de interação com a la do CMV	*Nicotiana tabacum*	gb | AAR28998.1	4.OOE-16
12	GDI B 11	150	DT044325	proteína desconhecida	*Oryza sativa*	gb | AAV59350.1	0.5
13	GDI B 19	208	DT044327	proteína associada aos microtúbulos	*Arabidopsis thaliana*	refNP 567836.21	8.00E-04
14	GDI B 45	397	DT044336	proteína putativa associada aos microtúbulos	*Arabidopsis thaliana*	gb | AAM64870.1	2.00E-50
15	GDI B 72	HO	DT044346	proteína expressa	*Oryza sativa*	gb | AAR06305.1	2.00E-08
16	GDI B 79	269	DT044347	proteína desconhecida	*Oryza sativa*	gb | AAP52448.1	0.003
17	GDI B 92	561	DT044353	Proteína DYW 7	*Arabidopsis thaliana*	emb | CAA06829.1	4.00E-32
18	GDI C 2	268	DT044360	desconhecido	*Arabidopsis thaliana*	gb | AAM63468.1	1.00E-05
19	GDI C 28	414	DT044361	DEM2	*Lycopersicon esculentum*	gb | AAQ90245.1	5.00E-09
20	GDI C 37	546	DT044364	proteína desconhecida	*Arabidopsis thaliana*		
21	GDI C 66	546	DT044379	Proteína da família Met-10+ like / proteína contendo repetições kelch	*Arabidopsis thaliana*	ref]NP 567268,2	1.00E-12
22	GDI C 90	477	DT044387	proteína desconhecida	*Oryza sativa*	ref NP 912350.1	2.OOE-21
23	GDI C 20	445	DT044390	proteína desconhecida	*Arabidopsis thaliana*	gb | AAM20290.1	5.OOE-47
24	GDI C 69	481	DT044409	produto proteico sem nome	*Vigna radiata*	emb | CAA34760.1	2.00E-33
25	GDI C 9	659	DT044419	Proteína contendo o domínio IQ / Proteína contendo o domínio BAG	*Arabidopsis ihaliana*	rei]NPl 82147.1	1.00E-06
26	GDI D 73	303	DT044380	desconhecido	*Arabidopsis ihaliana*	gb | AAM60973.1	7.OOE-H
RELACIONADO COM O STRESS							
S. Não.	**ID do clone**	**Tamanho**	**Adesão Não.**	**Gene homólogo**	**Fonte**	**N.º de acesso do homólogo**	**Valor E**
RELACIONADO COM O STRESS							
1	GDIA75	188	DT044275	proteína 2A induzida por submersão	*Arabidopsis ihaliana*	gb | AAM63805.1	0.17
2	GDIA35	325	DT044282	citocromo P450 monooxigenase	*Cicer arieiinum*	emb | CAB41490.1	9.OOE-17
3	GDIA82	143	DT044285	glicolato oxidase	*Cucurbiia cv. Kurokawa Amakuri*	dbj | BAA03131.1	0.13
4	GDI B 52	584	DT044309	proteína contendo repetições de pentatricopeptídeo (PPR)	*Arabidopsis*	reilNP 187576.1	2.00E-50
5	GDI B 78	329	DT044318	**Proteína CCR**	*Ciiroforiunella miiis*	gb | AAP23943.1	2.OOE-15
6	GDI B 88	586	DT044321	metalotioneína	**soja**	Pirl IJO2128	9.OOE-19
7	GDI B 23	126	DT044331	Proteína CCR	*Ciiroforiunella miiis*	gb | AAP23943.1	2.00E-04
8	GDIC49	433	DT044368	proteína putativa de indução luminosa precoce	*Arachis hypogaea*	gb | AAO33591.1	2.00E-40
9	GDIC78	500	DT044384	proteína antifúngica defensina	*Trigonella foenum-graecum*	gb | AAO72632.1	7.00E-20
10	GDI C 89	490	DT044386	cisteína protease específica da senescência putativa SAG 12	*Arabidopsis ihaliana*	gb | AAK43 946.1	9.OOE-16
11	GDI C 7	297	DT044410	proteína contendo repetições de pentatricopeptídeo (PPR)	*Arabidopsis ihaliana*	reilNP 190245.1	4.OOE-16
12	GDI D 52	499	DT044433	**enzima** P-450 relacionada com o amadurecimento	*Viiis vinifera*	emb | CAB8 5635.1	3.OOE-45
13	GDI D 53	361	DT044434	proteína antifúngica defensina	*Trigonella foenum-graecum*	gb | AAO72632.1	6.00E-17
14	GDI D 62	379	DT044437	proteína da família associada à dormência/auxina	*Arabidopsis ihaliana*	rei]NP 849820.1	3.OOE-IO
15	GDI D 65	111	DT044440	proteína da família das deidrinas	*Arabidopsis ihaliana*	reilNP 175843.1	9.00E-06
16	GDI D 86	331	DT044448	putativo induzido por auxina Proteína **contendo o domínio CP12**	*Arachis hypogaea*	gb | AAV63570.1	3.OOE-12

17	GDI D 88	156	DT044450	**Proteína CCR**	*Ciiroforiunella miiis*	gb | AAP23943.1	0.001
METABOLISMO DOS LIPÍDEOS, ÁCIDOS GORDOS e Isopronóides							
i	GDIA25	181	DT044266	Interação BRIl-KD proteína	*Oryza sativa*	dbj BADI 1359.1	0.17
2	GDI B 1	217	DT044291	S-adenosilmetionina sintetase	*Oryza sativa*	gb | AAT94053.1	5e-009
3	GDI C 30	577	DT044363	metionina adenosil transferase	*Pisum sativum*	emb | CAA57581.1	9.OOE-92
FACTORES DE TRANSCRIÇÃO							
1	GDIAJ	168	DT044269	Proteína com domínio SWIRM / Proteína da família de ligação ao ADN	*Arabidopsis thaliana*	reilNP 173589.1	2e-018
2	GDI B 5	259	DT044307	Proteína contendo o domínio CBS	*Arabidopsis thaliana*	ref NP 196647.1	4.OOE-14
3	GDIC41	567	DT044367	fator de transcrição putativo bHLH 13 3	*Arabidopsis thaliana*	emb | CAE12175.1	2.OOE-27
TRANSDUÇÃO DE SINAL							
1	GDIA31	252	DT044279	Ferredoxina-NADP redutase, isozima de tipo foliar, cloroplasto	*Nicotiana tabacum*	sp | OQ4977IFENRIT OBAC	4e-019
2	GDIA80	176	DT044284	semelhante à quinase relacionada com Ste-20 SPAK	*Gallus gallus*	reφO> 422019.1	9.4
3	GDI B 29	300	DT044299	proteína quinase 2 (caseína quinase)	*Beta vulgaris*	emb | CAC80988.1	9.OOE-43
4	GDI B 7	355	DT044314	proteína SRCl- Iike associada à maturação	*Carica papaya*	gb | AAL73185.1	1.00E-06
5	GDI C 16	343	DT044358	Proteína de interação RanGAP 1	*Arabidopsis thaliana*	gb | AAM78582.1	5.00E-05
6	GDI C 76	347	DT044383	proteína SRCl- Iike associada à maturação	*Carica papaya*	gb | AAL73185.1	1.00E-06
7	GDI C 68	443	DT044408	proteína quinase serina/treonina putativa	*Arabidopsis thaliana*	dbj!BAC42466.1	LOOE-IO
CICLO CELULAR e METABOLISMO DOS NUCLEÓTIDOS							
1	GDIA29	336	DT044268	proteína putativa relacionada com a apoptose	*Arabidopsis thaliana*	gbAAM20277.1	0.75
2	GDI A 11	236	DT044277	proteína ribossómica L37	*Glicina max*	gb | AAS47512.1	3e-034
3	GDI A 9	204	DT044287	proteína ribossómica S19	*Thraustochytrium aureum*	gb | AAG23673.1	9.1
4	MGA93	293	DT044289	Cadeia maior da RNA polimerase II dirigida pelo ADN	*Cryptosporidium hominis*	gblEAL3 5927.1	le-005
5	GDI B 16	632	DT044293	contém semelhanças com a proteína de ligação poli(A) II	*Arabidopsis thaliana*	gblAAM61036.1	4e-039
6	GDI B 27	588	DT044297	proteína SMT3 semelhante à ubiquitina	*Phaseolus vulgaris*	gblAAM21576.1	4e-041
7	GDIB74	252	DT044315	eIF4-gama/eIF 5/eIF2- proteína contendo o domínio epsilon	*Arabidopsis thaliana*	rei]NP 568534.1	7.00E-31
8	GDI B 24	126	DT044332	ubiquitina RiP-20	*Oryza sativa*	gb | AAF37225.1	0.001
9	GDICl 8	354	DT044359	proteína ribossómica 40S putativa S8	*Oryza sativa*	refXP 465742.1	7.OOE-24
10	GDI C 53	349	DT044373	Proteína contendo o motivo de recoGdi_ição do ARN (RRM)	*Arabidopsis ihaliana*	rei]NPl 72394.1	3.00E-10
11	GDI C 75	546	DT044382	proteína do ribossoma L23a	*Daucus carota*	gb | AAK30202.1	7.OOE-52
12	GDI C 24	247	DT044392	proteína ribossómica L23a	*Mus musculus*	gb | AAQ04686.1	1.00E-04
13	GDI C 35	258	DT044396	ribonucleoproteína, 33K, precursora	tabaco comum	pirllS12111	2.00E-06
14	GDIC44	685	DT044398	subunidade XI do centro de reação do fotossistema I	*Espinácia (Spinacia oleracea)*	emblCAA45 775.1	2.OOE-75
15	GDIC45	779	DT044399	proteína da família do fator de terminação da transcrição mitocondrial	*Arabidopsis ihaliana*	ref NP 568185.1	3.OOE-24
16	GDIC46	372	DT044400	cadeia beta do fator de iniciação da transação eIF-2	macieira	PirIITl 7104	9.00E-40
17	GDI C 58	435	DT044404	proteína semelhante à ubiquitina	*Arabidopsis thaliana*	dbj | BAB 10203.1	1.00E-31
18	GDI C 80	651	DT044414	proteína de ligação à capa nuclear; CBP20	*Arabidopsis thaliana*	gb | AAD29697.1	3.00E-38
19	GDI C 93	428	DT044421	Proteína ribossómica 30S S5	*Arabidopsis thaliana*	gblAAM65271.1	3.OOE-19
20	GDI D 30	268	DT044429	semelhante à família de histonas H3, membro I	*Rattus norvégiens*	refXP 220509.1	0.003
METABOLISMO DOS HIDRATOS DE CARBONO							
1	GDI B 75	237	DT044316	enzima putativa de degradação da insulina	*Oryza sativa*	dbj BAC79699.1	2.00E-06
2	GDI B 77	453	DT044317	proteína da família da aldo/ceto redutase putativa induzida por auxina	*Arachis hypogaea*	gb | AAV63565.1	2.OOE-29
3	GDIB48	246	DT044338	proteína do tipo fosfoglicerato mutase	*Glicina max*	gb | AAG38145.1	1.00E-04
4	GDI B 69	315	DT044343	proteína da família da remorina	*Arabidopsis thaliana*	refNP 568012.1	2.00E-04
5	GDI C 50	515	DT044370	6-fosfogluconato desidrogenase com domínio de ligação NAD	*Arabidopsis thaliana*	ref NP 564030.1	5.OOE-44
6	GDI C 32	292	DT044393	proteína da família 17 das glicosiltransferases	*Arabidopsis thaliana*	refNP 189391.1	1.00E-28
7	GDI C 96	681	DT044423	3 -deoxi-D-arabino-heptulosonato 7-fosfato sintase	*Morinda*	emb | CAA75093.1	8.OOE-42

OUTRO METABOLISMO							
1	GDIB42	406	DT044306	proteína H do complexo da glicina descarboxilase	*Arabidopsis thaliana*	gb | AAM64413.1	2.00E-08
2	GDI B 46	151	DT044337	psaH	*Espinácia (Spinacia oleracea)*	emb CAA34749.1	0.077
3	GDI B 55	158	DT044339	precursor putativo da proteína da parede celular vegetativa gpl	*Oryza sativa*	dbjlBAD23548.1	7.1
4	GDI B 59	101	DT044340	proteína putativa relacionada com a simbiose	*Oryza sativa*	ref]NP 914041.1	5.4
5	GDI B 80	314	DT044349	alfa-tubulina 2	*Populus tremuloides*	gb | AAO63 773.1	5.OOE-41
6	GDI C 59	474	DT044405	proteína da família das selenoproteínas	*Arabidopsis ihaliana*	ref NP 563 747.j.	4.OOE-36
7	GDI C 79	671	DT044413	proteína da família das repetições ricas em leucina	*Arabidopsis ihaliana*	reflNP 563980.2	1.OOE-59
8	GDI C 81	643	DT044415	serina carboxipeptidase I	*Arabidopsis ihaliana*	dbj | BAB01313.1	1.OOE-53
9	GDI C 84	660	DT044418	Fator de ligação MFPl 1	*Glicina max*	gb | AAF63659.1	1.OOE-34
FOTOSSÍNTESE TRANSPORTE DE ELECTRÕES							
1	GDI B 28	326	DT044298	proteína de ligação à clorofila a/b (cab-11) -	tomate	pirllS14305	3.OOE-44
2	GDI B 37	437	DT044301	complexo II de captação de luz do cloroplasto	*Chlorella pyrenoidosa*	gb | AAT66413.1	2.OOE-52
3	GDI B 38	491	DT044302	precursor da plastocianina	*tomate*	pirllS05303	3.OOE-15
4	GDI B 65	420	DT044313	precursor da proteína de ligação à clorofila a/b CP24	*Vigna radiata*	gb | AAD27882.2	6.OOE-34
5	GDI B 85	356	DT044319	proteína de ligação da clorofila a/b tipo I	*Asarina barclaiana*	gb | AAF44702.1	0.015
6	GDI B 12	135	DT044326	ribulose-bisfosfato carboxilase	*Seringueira do Pará*	pirllS16272	4.00E-09
7	GDI B 21	212	DT044329	proteína de ligação à clorofila a/b	*Arabidopsis thaliana*	gb | AAM65487.1	2.OOE-19
8	GDI B 22	296	DT044330	proteína de ligação à clorofila a/b tipo III	*Alonsoa meridionalis*	gb | AAF44703.1	5.OOE-19
9	GDI B 93	473	DT044354	Proteína de ligação à clorofila a/b do tipo III	*Lycopersicon esculentum*	emblCAA33330.1	2.OOE-24
10	GDI C 40	486	DT044366	piruvato descarboxilase	*Pisum sativum*	emb | CAA91444.1	3.OOE-39
11	GDIC54	359	DT044374	Isocitrato/isopropilmalato desidrogenase	*Arabidopsis thaliana*	ref]ZP 00178535.1	7.00E-05
12	GDIC74	366	DT044381	ribulose bifosfato carboxilase [	*Malus sp.*	emb CAA46475.1	4.OOE-25
13	GDI C 56	349	DT044403	ribulose-bisfosfato carboxilase	macieira	pirllJO2241	4.OOE-34
14	GDI C 83	553	DT044417	Precursor Fe-S de Rieske	*Oryza sativa*	gb | AAC78103.1	5.OOE-61
15	GDI C 95	507	DT044422	ribulose bifosfato carboxilase	*Phaseolus vulgaris*	emb | CAA42618.1	4.OOE-41
16	GDI D 63	281	DT044377	ribulose bifosfato carboxilase	*Phaseolus vulgaris*	emblCAA42618.1	1.00E-07
TRANSPORTADORES							
1	GDI B 40	486	DT044304	colina fosfotransferase 1		rei]XP 416331.1	2.4
2	GDI C 1	348	DT044357	ATPase vacuolar putativa	*Arabidopsis thaliana*	gb | AAM51311.1	0.37
3	GDIC64	405	DT044378	proteína da família do transporte de oligopeptídeos dependente de protões (POT)	*Arabidopsis thaliana*	ref]NP 196998.1	7.OOE-21
PROTEÍNASES							
1	GDIC70	498	DT044411	cisteína protease semelhante à catepsina B	*Arabidopsis thaliana*	ref]NP 563648.1	2.OOE-52
2	GDIA28	243	DT044267	**NÃO FOI ENCONTRADA NENHUMA SEMELHANÇA SIGNIFICATIVA**			
3	GDI A 30	132	DT044270				
4	GDI A 4	153	DT044271				
5	GDIA41	127	DT044272				
6	GDI A 65	187	DT044274				
7	GDIA12	140	DT044278	Biblioteca Lambda Express	*Arachis hypogaea*	gi 56690335 gb CXl 2823 8.1	7e-49
8	GDIA32	177	DT044280	clone de cDNA	*Theobroma cacao*	gi 26052992 gbCA795916.1	0.26
9	GDIA33	159	DT044281	Biblioteca Lambda Express	*Arachis hypogaea*	gi 56690310 gbCX128213.1	2e-21
10	GDIA72	157	DT044283	clone de cDNA	*Xenopus tropicalis*	gi 71785777 gb CX877187.2	1.7
11	GDIA84	112	DT044286	clone de cDNA	*Bos taurus*	gi 10072860 gbBE685236.1	0.28
12	GDIA94	123	DT044290	clone de cDNA	*Brassica napus*	gi 56842334 gbCX194910.1	4.9
13	GDI B 13	205	DT044292	clone de cDNA	*Canis familiaris*	gi 60581718 gbDN400497.1	0.14
14	GDI B 50	118	DT044308	clone de cDNA	*Gallus gallus*	gi 25961440 gbBU467863.1	4.7
15	GDI B 64	406	DT044312	biblioteca de cDNA	*Selaginella moellendorffii*	gi 170669193 gb DN83 7770.1	1.2
16	GDI B 73	491	DT044314	clone de cDNA	*Lotus Corniculatus*	gi 45626412 dbjBP069677.1	3e-08
17	GDI B 87	243	DT044320	biblioteca de cDNA de flores	*Populus trichocarpa*	gi 24068948 gbBU877424.1	2.7
18	GDI B 89	415	DT044322	LeafcDNA Libr	*Arachis hypogaea*	gi 30419608 gbCD037770.1	3e-04
19	GDI B 90	449	DT044323	Clone de cDNA de plântulas deficientes em azoto	*Sorghum bicolor*	gi 34443696 gbCF430995.1	1.3
20	GDI B 33	370	DT044334	clone de cDNA da raiz nodulante	*Lotus Corniculatus*	gi 45626412 dbjBP069677.1	le-09
21	GDIB34	260	DT044335	Biblioteca de cDNA do casulo imaturo	*Arachis hypogaea*	gi 30419973 gb CD038135.1	8e-78
22	GDI B 60	119	DT044341	clone de cDNA	*Picea sp.*	gi 69362040 gbDR467134.1	4.7
23	GDI B 70	117	DT044345	Biblioteca de cDNA de folhas	*Arachis hypogaea*	gi 30419482 gbCD037644.1	5e-46

24	GDI B 8	121	DT044348	clone de cDNA	*Bos taurus*	gi 68316573 | emb | AM015381.1	1.2
25	GDI B 91	126	DT044352	Biblioteca de cDNA de folhas	*Arachis hypogaea*	gi 30419469 gbCD037631.1	7e-30
26	GDI B 95	261	DT044356	clone de cDNA	*Mus musculus*	gi 6083621 dbj | | AU078 865.1	2.9
27	GDI C 29	144	DT044362	Biblioteca de cDNA de folhas	*Arachis hypogaea*	gi 30419480 gbCD037642.1	3e-54
28	GDI C 39	346	DT044365	clone de cDNA	*Bos taurus*	gii 5633 774 gbBI680860.1	0.064
29	GDI C 52	207	DT044372	Biblioteca de cDNA da casca de frutos armazenados de laranja Washington Navel	*Citrus sinensis*	gi 46216273 gb CN191334.1	2.3
30	GDI C 61	457	DT044375	Água stressada 5h segmento 2	*Glicina max*	gi 58018066 gbCX704808.1	2e-73
31	GDI C 62	241	DT044376	Biblioteca de cDNA do casulo imaturo	*Arachis hypogaea*	gi 30419934 gbCD038096.1	3e-86
32	GDIC73	435	DT044380	Clone do cDNA da semente em germinação	*Medicago truncatula*	gi 57564629 gbCX538678.1	1e-28
33	GDI C 86	388	DT044385	clone de cDNA	*Medicago runcatula*	gi | 2029463 l gb | | BQ157572.1	4.4
34	GDI C 22	305	DT044391	Clone do cDNA do ácido salicílico	*Glicina max*	gi | 31476217 gb | | CD418245.1	0.056
35	GDI C 33	239	DT044394	clone de cDNA	*Gossypium raimondii*	gi 48749388 gbC0079907.1	0.17
36	GDI C 55	344	DT044402	Biblioteca de cDNA do casulo imaturo	*Arachis hypogaea*	gi 30420338 gbCD038500.1	1e-58
37	GDI C 60	681	DT044406	clone de cDNA	*Xenopus tropicalis*	gi 71977432 gbCX498624.2	0.13
38	GDIC72	402	DT044412	clone de cDNA	*Glicina max*	gi | 14516372 gb | | BI095044.1	1e-31
39	GDI D 1	367	DT044424	clone de cDNA	*Glicina max*	gi 10254654 gbBE822420.1	1e-71
40	GDI D 13	497	DT044425	clone de cDNA	*Glicina max*	gi | 26058761 gb | | CA801675.1	7e-92
41	GDI D 3	280	DT044428	Biblioteca EST de plântulas	*Phaseolus vulgaris*	gi 59936329 gbCB541766.1	2e-66
42	GDI D 49	120	DT044430	Biblioteca de cDNA desafiada pelo CTV	***Poncirus** trifoliata*	gi 55291689 gbCV709321.1	4.7
43	GDI D 75	588	DT044444	biblioteca pod EST	*Phaseolus vulgaris*	gi | 62713515 gb | | CV540111.1	2e-58
44	GDI D 85	507	DT044447	biblioteca de cDNA stem	*Castanea **dentata***	gi | 35200706 gb | | CF569380.1	6e-117
45	GDI D 87	500	DT044449	clone de cDNA	*Glicina max*	gi 10256122 gbBE823888.1	2e-163
46	GDI D 90	647	DT044452	clone de cDNA	*Glicina max*	gi 51343921 gbCO984654.1	2e-92
47	GDI D 11	468	DT044454	clone de cDNA	*Glicina max*	gi | 15000129 gb | | BI320943.1	8e-64
48	GDI D 12	516	DT044455	Biblioteca leafEST	*Phaseolus vulgaris*	gi 62707330 gbCV533926.1	2e-107

MIX
Papier aus verantwortungsvollen Quellen
Paper from responsible sources
FSC® C105338

Printed by Books on Demand GmbH, Norderstedt / Germany